冶金工业出版社

高职高专"十四五"规划教材

应用物理基础

主　编　冯蒙丽

副主编　张　丽　周　娴

　　　　刘　进　胡建伟

本书数字资源

北　京

冶金工业出版社

2024

内 容 提 要

本书针对高等职业教育院校基础知识培养需求及军队院校职业教育的特殊性，对传统物理知识内容进行了优化整合、拓展丰富。全书共分 10 章，涉及力学、电磁学、机械振动与机械波、光学基础四大模块。在各章内容中根据教学对象调整了知识难度、合理设置了例题类型。每章在基本内容之外，设置了练习题和阅读材料。在内容上弱化了物理中的抽象推导、复杂计算，强化理论知识与生活、军事实践相融合，突出了在解决问题过程中科学方法的运用，同时体现了物理人文思想的熏陶，并有数字资源配套使用。

本书可作为高等职业技术教育院校的基础物理课程的教材，对于军队院校的职业教育具有极强针对性，可作为对口教材使用，其他专业也可根据需求按照模块选用和阅读。此外，本书也可作为中学教学的拓展延伸读物。

图书在版编目（CIP）数据

应用物理基础/冯蒙丽主编. —北京：冶金工业出版社，2021.6
(2024.7重印)

高职高专"十四五"规划教材

ISBN 978-7-5024-8817-8

Ⅰ.①应… Ⅱ.①冯… Ⅲ.①应用物理学—高等职业教育—教材
Ⅳ.①O59

中国版本图书馆 CIP 数据核字（2021）第 094781 号

应用物理基础

出版发行	冶金工业出版社	**电 话**	(010)64027926
地 址	北京市东城区嵩祝院北巷 39 号	**邮 编**	100009
网 址	www.mip1953.com	**电子信箱**	service@mip1953.com

责任编辑 于昕蕾 美术编辑 彭子赫 版式设计 郑小利
责任校对 石 静 责任印制 禹 蕊

三河市双峰印刷装订有限公司印刷

2021 年 6 月第 1 版，2024 年 7 月第 4 次印刷

787mm×1092mm 1/16；14.5 印张；352 千字；220 页

定价 36.00 元

投稿电话 (010)64027932 投稿信箱 tougao@cnmip.com.cn
营销中心电话 (010)64044283
冶金工业出版社天猫旗舰店 yjgycbs.tmall.com
（本书如有印装质量问题，本社营销中心负责退换）

前 言

自 21 世纪以来，高等职业技术教育呈现出蓬勃发展的趋势，作为我国高等教育体系的重要组成部分，以"素能"本位的人才培养模式，成为实现高等教育大众化的主渠道。随着国防现代化的发展，军队职业教育的地位也逐渐提高，成为实现强军目标、建设世界一流军队的有力支持。如何使物理学科在高等职业教育发展和国防建设中增砖添瓦，发挥更加强大的作用，也是当前物理教学研究的内容之一。笔者所在学校从 2020 年 5 月启动应用物理基础课程体系化改造，同步建设与课程改革发展相配套的教材资源。通过广泛了解兄弟院校课程开设情况，初步构建了教材体系；借鉴后续任职及专业课程需求调研结果，合理设置了教材具体内容，力求打造一本适应高职教育发展，凸显军队培养特色的物理教材。本书具有如下特点：

（1）结合任职需求，全面整合知识体系。选取了力学、电磁学、振动波动、几何光学四个模块，各专业根据情况酌情选学。

（2）根据读者特点，合理设置内容难度。一方面弱化物理中的抽象推导，尽量采用通俗易懂的客观描述；另一方面弱化分析问题时的复杂计算，着眼于定性描述。

（3）强调理论与实践相融合，凸显军队特色。在例题、习题设置上注重从生产、生活、军事实例入手，构建物理模型，激发学习兴趣，体现学科特点。

（4）设置思考与讨论内容，提升学习深度与广度。根据内容或者例题，进行必要的探讨，挖掘内容深度，延伸知识广度。

（5）增设内容选读，强化人文熏陶。在内容选读部分通过人物、科技发展等内容介绍，一方面拓展相关的知识体系，另一方面增强人文素养、科学精神培养。

本书由冯蒙丽担任主编，张丽、周娴、刘进、胡建伟担任副主编。具体分工如下：第1、2章由冯蒙丽编写，第3、7、8章由张丽编写，第4~6章由周娴编写，第9章由胡建伟编写，第10章由刘进编写。冯蒙丽对全书进行统稿和修订，并由我校专家组进行审定，最终定稿。

在本书的编写过程中，得到了我校诸多教师的帮助，在此表示衷心感谢。

由于编者水平有限，书中若有不当之处，恳请读者不吝指正，以待改进。

作　者

2021 年 1 月

目　录

1 力 与 运 动

在中国古代"物理"泛指万物之理。《庄子·知北游》中指出"天地有大美而不言，四时有明法而不议，万物有成理而不说。圣人者，原天地之美而达万物之理"，"达万物之理"即认识宇宙万物的道理。力学是物理学的重要组成部分，在现代科学技术中发挥着重要作用，它是物理这个百花园中的第一丛花。我国古代在力学方面有很多成就，在耕作器械、造船、建筑和机械等方面都有丰富的创造。三国时代就制成了指南车和离心抛石机，在宋代制造了世界上第一支利用火药爆炸反推力的火箭。在15~18世纪，随着西方文艺复兴时期的发展，力学逐步建立了完整的理论系统，哥白尼提出了日心说，开普勒总结了行星运动定律，伽利略提出了加速度的概念，第一次正确认识加速度与外部作用的关系，牛顿更是揭示了相互作用与运动的联系。本章在介绍力学基本概念的基础上，讨论了质点模型的运动以及推动这种运动变化的原因。

1.1 空间和时间

1.1.1 绝对空间和质点

宇宙万物都处在同一个三维的空间中，各种物质都在这样的一个抽象的空间内运动。我们把这样一个独立于任何物质，并向四周无限延伸，固定不动而永恒不变的空间称为**绝对空间**。任何物体都在这样一个唯一的绝对空间中运动和变化。

在绝对空间中，为了讨论物体的运动，其中首要的问题是要能够对物体的空间位置进行准确的标定，因为如果物体的具体位置都无法确定，那就谈不上去考察物体空间位置的变化了。然而在确定某个物体的空间位置时，就会涉及任何物体总会有一定的形状和大小，无法确切给定物体的具体位置。但是如果我们只关心物体的机械运动，在特定条件下，物体的形状、大小和结构及属性都不是重要的因素，我们就可以将它抽象成一个没有大小结构而只有质量的几何点，用它来代表整个物体，以便集中标定物体的空间位置，而这个抽象的点就称为**质点**。一个物体是否被视为质点是有条件的、相对的。例如，我们考察地球在太阳系中的运动时，地球就可以抽象成一个质点；但是当考察的运动是地球的自转时，地球就不能看作一个质点了。把一个物体抽象成一个质点的条件是：物体运动范围的尺度远大于物体本身的尺度。有了质点概念后，任何物体的空间位置都可以精确的用绝对空间一点的位置来确定了。物体的机械运动也就抽象为一个几何点在绝对空间内的位置的变化。

1.1.2 空间参考系和坐标系

任何物体的位置确定，必须相对于另一个物体而言才有意义，即物体的位置只能是相对于另一个已知物体的相对位置，这就是在绝对空间中质点位置的相对性。而这个事先已知或给定的物体就称为**参照物**。如果参照物也抽象为一个点，就称为**参考点**（或原点）。很多时候，人们总会默认地把观测者自己抽象出来当成参考物来考察质点的位置，此时我们统一称为**观测者**。为了进一步准确标定一个质点在绝对空间中的具体位置，我们都必须事先选择一个参照物，然后在参照物上再建立一个沿空间三个方向的三维空间框架作为参考，以此来标定要考察的质点的相对位置，这个在参照物上所建立起来的空间框架我们就称为**空间参考系**。为了定量描述质点的位置和运动，在空间参考系上可以引入一定空间度量标准，来标定空间位置的具体数值，我们将引入具有固定长度刻度轴的空间参考系，称为**空间坐标系**，如直角坐标系、自然坐标系、极坐标系等，在坐标系中的参考点自然称为**原点**。

我们介绍一种最为直观的坐标系，即直角坐标系，也称笛卡尔坐标系。如图 1-1 所示，在空间取三个互相垂直的方向 x、y、z，作为三个轴形成一个空间框架，并规定轴上有均匀的刻度标准。这样空间点 P 的位置就可用位置坐标 (x, y, z) 或矢量 r 来表示，可见在笛卡尔坐标系里空间的任何点都可用位置坐标 (x, y, z) 或一个从坐标原点 O 引出的矢量来表示。假设 x、y、z 三个坐标轴方向的单位矢量分别为 i、j、k，则图 1-1 所示的矢量 r 可写为

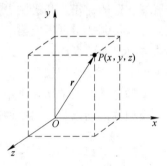

$$r = xi + yj + zk \tag{1-1}$$

图 1-1　直角坐标系

1.1.3　时间坐标轴

描述运动尚需建立时间坐标轴。时间坐标轴上坐标原点即计时起点，计时起点的选择根据讨论问题的方便而定，它不一定就是物体开始运动的时刻。

"**时刻**"是指时间流逝中的"一瞬"，对应于时间轴上的一点。时刻为正或为负表明在计时起点以后或者以前。质点在某一位置必与一定时刻相对应。

"**时间间隔**"是指自某一初始时刻至终止时刻所经历的时间，它对应于时间轴上的一个区间。质点位置变动总在一定时间间隔内发生。今后在不致引起混乱的情况下，"时间"一词有时指时间间隔，有时指时间变量。

1.2　力的基本知识

1.2.1　力

1.2.1.1　力的概念

力是用于概括自然界物体之间的作用的名词，如生活中我们经常说的风力、水力、电力、引力、推力、摩擦力。

力是物体对物体的作用。力的单位是牛顿，符号 N。力的定义指出了力的物质性，没有脱离物体而存在的力；也指出力的相互性，单个孤立的物体不会产生力，某物体受力，一定有另一个物体对它施加作用，也一定对施加作用的物体产生反作用，即力是不能离开

施力物体和受力物体而独立存在的。如图 1-2 所示，小球受到重力的
作用，施力物体是地球，同时小球对地球产生向上的引力；小球还受
到弹簧秤拉力作用，施力物体是弹簧秤，同时小球对弹簧秤产生向下
的拉力。

力是抽象的、看不见摸不着的，那么我们怎么知道是否有力存在
呢？当我们看到球踢飞了，或看到球压扁了，就知道有力作用于球，
也就是说，我们是通过物体受到力的作用后，作用力产生的效果来判
断力的存在。当力作用于物体上时，会使物体产生形状的改变，或者
运动状态的改变，或者两者同时发生。

图 1-2 弹簧秤

1.2.1.2 力的分类

从力的性质上分，有些力是要接触才能产生的，如摩擦力、弹力；有些力不需要接触
就能产生，如重力、万有引力、电场力、磁场力。这些不直接接触的物体产生力的作用也并
不是无距离的、瞬间就产生，而是通过"场"的传播进行的，如引力场、磁场、电场等。

从力的作用效果来分类，有压力、推力、拉力、阻
力、动力等。同一种力可以产生不同的效果，同一个效
果也可以来源于不同性质的力。如图 1-3 所示，人推小
车和拉小车从性质看都是弹力，但效果不同，一个是推
力，一个是拉力[3]。

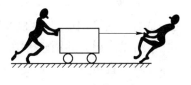

图 1-3 推拉小车

1.2.1.3 力的表示

力是矢量，既有大小也有方向，在表达力时，同时要注明力的大小和方向。通常用加
粗的符号表示矢量，如 $\boldsymbol{F}$，或在符号上方加单箭头上标 $\vec{F}$。

力作用于物体上时，影响力的效果的基本要素有三个，即力的大小、方向、作用点。
我们把力的大小、方向、作用点称为力的三要素。一个力的三
要素确定了，这个力的作用效果就完全确定了。要表达一个力，
可以用力的图示法。从力的作用点作一根带箭头的有向线段，
箭头的方向表示力的方向，线段的长短表示力的大小，这样力
的三要素都用这条线段表示出来了。为了表达力的大小，在图
旁要注明比例。如图 1-4 所示，表示力 $\boldsymbol{F}$ 的大小为 35N，作用
于点 O，方向水平向右。

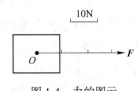

图 1-4 力的图示

当然物理中还有一些只有大小没有方向的量称为标量，如温度、长度等，直接用字母
符号表示即可。

1.2.2 常见的几种力

在人们的生活中，最常见的力有三种，即重力、弹力、摩擦力。

1.2.2.1 重力

在自然界中，大到天体，小到微观粒子，任何两个物体之间都存在着相互吸引的力，

这种力称为万有引力。其规律遵从牛顿提出的万有引力定律：任何两个质点之间的万有引力大小 F 与这两个质点质量的乘积 m_1、m_2 成正比，与它们之间的距离 r 的平方成反比，方向沿两质点的连线，即

$$F = G \frac{m_1 m_2}{r^2} \tag{1-2}$$

式中，G 为万有引力常数，最早由英国物理学家卡文迪许于 1978 年用扭秤测量得出，在一般计算时取 $G = 6.67 \times 10^{-11} \text{m}^3/(\text{kg} \cdot \text{s}^2)$。

通常把地球对其表面附近尺寸不大的物体的万有引力称为重力，用 P 表示。设地球为匀质球体，质量为 M，半径为 R，则质量为 m 的物体受到的重力大小为

$$P = G \frac{Mm}{R^2} \tag{1-3}$$

于是地球表面附近的重力加速度 g 可近似表示为

$$g = G \frac{M}{R^2} \tag{1-4}$$

代入 $G = 6.67 \times 10^{-11} \text{m}^3/(\text{kg} \cdot \text{s}^2)$，$M = 5.98 \times 10^4 \text{kg}$，半径 $R = 6.37 \times 10^6 \text{m}$，算出 $g = 9.82 \text{N/kg}$，一般应用取 $g = 9.80 \text{N/kg}$。

在生活以及相关问题分析中，人们习惯于用符号 G 表示重力，大小与物体的质量成正比，方向竖直向下，则

$$G = mg \tag{1-5}$$

重力加速度在地球上某个点是常数，在地球上不同地方的重力加速度略有不同，赤道地区比两极小些。

若代入月球相关数据，可计算得出月球表面的重力加速度约为 1.62N/kg，近似等于地球表面重力加速度的 1/6。

物体的每一部分都要受到重力作用，为了研究问题方便，从效果上看，我们可以认为物体受到的重力集中作用在一点，这一点叫物体的**重心**。质量分布均匀的物体，重心的位置只跟物体的形状有关，均匀三角板的重心在三条中线的交点，均匀球的重心在球心，均匀圆饼的重心在圆心。形状不对称和质量分布不均匀的物体，重心的位置跟质量的分布情况有关，电线杆的重心靠近粗的一侧；起重机的重心，随着提升重物的质量和高度而变化，重心随物质重量增大而前移，随提升高度增大而上移。

重心的高低和支持面的大小决定物体的稳定程度。由于重力总是竖直向下的，物体都有一个趋势使自身的重心降低以保持稳定，因此重心越低物体的稳定性就越好。

通常可以采用悬挂法找薄板物体的重心。

操作步骤：首先找一根细绳，在物体上找一点，用绳悬挂，待物体静止后，通过悬挂点连一条竖直线。在该竖直线外再找一点悬挂，两条竖直线的交点就是不规则物体的重心，如图 1-5 所示。这是因为对于静止的物体而言，只受两个力，即重力和拉力，由于平衡时两力必等大反向且处于一条直线上（保证力矩平衡），即重力与绳子处于一条直线上，因此绳子的直线通过重心（重力作用点）。对于两次悬

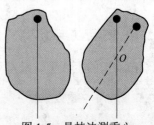

图 1-5 悬挂法测重心

挂，两次的绳线都通过重心，其交点必然就是重心了。注意：这种方法只适用于薄板状物体，对于实心物体不适用。

🕮 思考与讨论

物体的重心一定在物体上吗？请举例说明。为什么赛车的底盘都做得尽可能低？不倒翁不倒的原理又是什么呢？

分析：物体的重心不一定在物体上，例如匀质圆环，中心在圆心处。

赛车的底盘尽可能低，可以使自身重心降低，从而加强赛车的稳定性。

不倒翁下重上轻，重心较低，比较稳定。当不倒翁在竖立状态处于平衡时，重心和接触点的距离最小，即重心最低，偏离平衡位置后，重心总是升高的，因此不倒翁总会趋于回到平衡位置。

1.2.2.2　弹力

用手捏橡皮泥、用力拉弹簧、用力压塑料瓶，它们的形状会发生变化。杂技演员在弹簧床上可以蹦得很高；不小心走进沼泽地后脚陷进去拔不出来，这是什么原因呢？用竹竿推动圆木，竹竿就会弯曲，即竹竿的形状发生了改变，如图 1-6 所示。又如弹簧不受力时，长度不变，受到压力，就会缩短，受到拉力又会伸长，可见这些力有个共同的特点：使物体发生形状的改变，即物体发生形变。

图 1-6　竹竿形变

把一块木板压弯后，放手木板又恢复原形，把弹簧拉长后弹簧也能恢复原形，这些物体称为弹性体，它们在受力时发生形变，外力消失后又恢复原状。能够恢复原来形状的形变，叫做**弹性形变**。一块橡皮泥可以捏成各种形状，并且它将保持这种形状，棉线弯曲后的形状也不再复原。不能够恢复的形变，叫做**塑性形变**。

两个相互接触并产生形变的物体企图恢复原状而彼此互施作用力，这种力称为弹性力（也叫弹力）。如弹簧被拉伸或压缩时产生的弹性力、绳子被拉紧时产生的张力、重物放在支撑面上产生的正压力和支持力都是常见的弹性力。弹力产生的条件是两个物体相互接触，并且发生形变。弹力的方向垂直于接触面，跟物体恢复形状的方向一致。弹力的作用点是两个相互作用的物体接触点（面）。不接触的物体不能产生弹力，形变有时很明显，有时不是太明显，这时我们就要根据力的效果来判断有无弹力的存在。物体的弹性形变是有限的，一旦超过物体的承受能力，物体的形变就不可恢复。但只要有形变，不管是否能完全恢复，形变过程都有力的作用。

弹性力的大小与形变的关系，一般说来比较复杂，其中弹簧弹性力和形变的关系较为简单，遵从胡克定律：弹性限度内，弹性力的大小 F 与弹簧的形变量 Δl 成正比，即

$$F = k\Delta l \tag{1-6}$$

弹性力的方向与形变方向相反，即弹性力总是指向要恢复它原来长度的方向。式中 k 称为弹簧的劲度系数，单位牛/米，符号 N/m，k 在弹性限度内是常数。

【例题 1-1】

有一根弹簧的长度是 0.15m，在下面挂上 0.5kg 物体后，长度变成了 0.18m，求弹簧的劲度系数。

解：根据胡克定律，拉力 $F = G = mg$，$\Delta l = l - l_0 = 0.18 - 0.15 = 0.03$m，则

$$k = F/\Delta l = \frac{mg}{\Delta l} = \frac{0.5 \times 9.80}{0.03} = 163\text{N/m}$$

1.2.2.3　摩擦力

在道路上有积雪积冰时，汽车会打滑；磁悬浮列车在空气中运行，速度远高于在平地上的火车；用钉子、绳子可以牢牢将物体扣住。这些都是因为摩擦力在作用。当两个物体相互接触，接触面粗糙，并且有弹力作用，同时两个物体有相对运动趋势时，产生的阻碍物体相对运动趋势的力称为**静摩擦力**。静摩擦力作用于接触面，方向与物体相对运动趋势方向相反，大小在达到最大静摩擦力之前是变量。实验表明，最大静摩擦力与压力成正比，与摩擦系数有关，即

$$f_{\max} = \mu_{\text{s}} N \tag{1-7}$$

式中，μ_{s} 为静摩擦系数。它与接触面材料的性质以及接触面的情况有关，而与接触面的大小无关。一般情况下，静摩擦力在 $0 \sim f_{\max}$ 之间变化。如图 1-7 所示，当物体静止或处于平衡状态时，静摩擦力的大小随推力大小的变化而变化直到最大静摩擦力，最大静摩擦力等于使物体刚要开始运动所需的最小推力。而在图 1-8 中，物体静止，不论压力大小，静摩擦力又始终等于物体的重力。

图 1-7　物体静止于地面

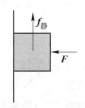

图 1-8　物体贴墙静止

彼此接触并做相对运动的两个物体，接触面粗糙，在接触面上产生的阻碍物体相对运动的力叫做**滑动摩擦力**，滑动摩擦力的方向沿着接触面与相对运动的方向相反。实验证明，滑动摩擦力 f 的大小与压力 N 成正比，即

$$f = \mu_{\text{k}} N \tag{1-8}$$

式中，μ_{k} 称为滑动摩擦系数。它没有单位，取决于两个相互接触的物体的材质。表 1-1 列出一些常见材料之间的滑动摩擦系数。

表 1-1　几种材料的滑动摩擦系数[3]

材　料	钢-钢	钢-钢（润滑）	木-木	木-金属	钢-冰	橡胶-路面
滑动摩擦系数	0.25	0.07	0.30	0.20	0.02	0.7

μ_s 和 μ_k 都是小于 1 的纯数，对于给定的一对接触面来说，滑动摩擦系数稍小于静摩擦系数。在一般计算时，除非特别说明，可以认为两者相等。

？思考与讨论

自行车是人们最常用的交通工具之一，你知道自行车上有哪些地方涉及摩擦力知识吗？试分析自行车骑行过程中前后车轮的摩擦力方向，如果人们在地上推行自行车呢？

分析：应用案例：（1）自行车是靠车轮与地面的摩擦力前进的；（2）制动装置（刹车）是利用摩擦力使自行车减速和停止前进；（3）自行车外胎上有凹凸不平的花纹，可以增大自行车与地面间的摩擦程度，增大摩擦力，防止打滑；（4）自行车中轴、后轴、脚蹬转动处都安有钢珠，可以减小摩擦力，保护零件；（5）自行车车把和脚踏板也有花纹，可增大摩擦力，使人很好的把握方向和让自行车顺利前进。

自行车是靠车轮与地面的摩擦力前进，当我们骑在自行车上时，由于人和自行车对地面有压力，轮胎和地面之间不光滑，因此自行车与路面之间有摩擦力。当自行车前进时，后轮是驱动轮，与地面产生的摩擦力向前，阻碍自行车的运动；前轮是从动轮，摩擦力方向向后，促使前轮转动。当在地面推行自行车时，前轮和后轮的摩擦力方向都向后。

【例题 1-2】

质量 1kg 的木块放在桌面上，已知木块与桌面间的动摩擦系数 $\mu = 0.3$，求木块在桌面上滑动时受到的滑动摩擦力。

解：物体在桌面上受到的重力为 $G = mg$，木块与桌面之间的弹力 $N = G$，由 $f = \mu N$，直接将数值代入摩擦力公式，得出滑动摩擦力大小为

$$f = \mu N = mg\mu = 1 \times 9.8 \times 0.3 = 29.4N$$

滑动摩擦力的方向平行于桌面，与木块运动方向相反。

在力学中，除了上述常见的几种力外，物体在流体（包括气体和液体）中运动时，还常常受到流体阻力的作用。这种阻力的方向与物体速度的方向相反，大小随速度变化。一般说来，规律是复杂的，当速度不太大时，流体阻力主要表现为黏滞阻力，其大小与速度的一次方成正比；随着物体在流体中运动速度的增大，流体阻力与物体速度的关系不再为线性，处理这类问题十分复杂，已超出本课程范围。

在日常生活和工程技术中遇到的力还有很多种，如库仑力、安培力、分子力、原子力、核力等。近代科学已经证明，自然界中有四种最基本的力：存在于任何两个物质质点间的引力，存在于带电粒子或带电的宏观物体之间的电磁力，存在于微观基本粒子间的强力和弱力。其他力都是这四种力的不同表现。如摩擦力和弹性力就是原子、分子间电磁相互作用的宏观表现。这四种相互作用力的力程和强度有着天壤之别，然而，物理学家总是企图发现它们之间的联系，为此进行了不懈的努力。现在正进行电磁力、弱力与强力的统一研究，并期盼把万有引力也包括在内，以实现相互作用理论的"大统一"。

1.3 力的合成与分解

力的种类较多，但是力作用于物体时的规律是共同的。在分析物体受力时，我们不考

虑力的种类，而是从力的效果和力的三要素入手，将所有的力都抽象成具有共性的大小、方向、作用点的物理量，这时所有的力均遵循相同的运算规则。

1.3.1　力的合成

　　一个人用力 F 把一桶水慢慢地提起，或者两个人同时用 F_1、F_2 两个力共同把同样的一桶水慢慢地提起，那么力 F 的作用效果与 F_1、F_2 的共同作用的效果是一样的。如果几个力都作用在物体的同一点，或者它们的作用线相交于同一点，这几个力叫做共点力。如果力 F 与共点力 F_1、F_2 的作用效果是一样的，那么力 F 就叫做共点力 F_1、F_2 的合力，F_1、F_2 叫做 F 的分力。求 F_1、F_2 的合力 F，就叫力的合成。力的合成遵循平行四边形定则，如果用表示 F_1、F_2 两个共点力的线段为邻边作平行四边形，那么，合力 F 的大小和方向就可以用平行四边形的对角线表示出来，这叫做力的合成的平行四边形法则，如图1-9 所示。

　　两个互成角度的力 F_1、F_2 的夹角在 0°~180°之间变化，其合力的大小为

$$F_合 = \sqrt{F_1^2 + F_2^2 + 2F_1F_2\cos\angle F_1OF_2} \tag{1-9}$$

合力方向从 O 点指向平行四边形的对角线方向，合力大小的范围介于 $|F_1 - F_2|$ 与 $|F_1 + F_2|$ 之间。

　　如果是三个以上共点力作用在物体上，又如何求它们的合力呢？步骤是先求出任意两个力的合力，再求出这个合力和第三个力的合力，直到把所有的力都合成进去，就得到这些力的总合力。每一次合成都遵循平行四边形法则。

【例题 1-3】

　　力 F_1 的大小为 45N，方向竖直向上，F_2 的大小为 60N，方向水平向右，用作图法求 F_1、F_2 的合力 F。

　　解：如图 1-10 所示，合力 F 大小为 75N，方向与水平成 36.9°角方向向右上方。

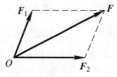

图 1-9　力的合成

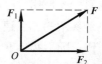

图 1-10　力的合成示意图

1.3.2　力的分解

　　力的分解是力的合成的逆运算，如果两个力 F_1、F_2 的作用效果和一个力 F 的作用效果相同，这两个力 F_1、F_2 就叫 F 的分力。求一个已知力的分力叫**力的分解**。根据定义可知，力的分解是力的合成的逆运算，既然分力可以用平行四边形法则求合力，同理合力也可以用平行四边形法则来分解。力的合成结果是唯一的，力的分解结果是不是唯一的呢？因为力的合成和分解需要根据力的作用效果来进行，分力与合力是在相同作用效果的前提下才能相互替换，所以在分解某力时，其各个分力应该有实际的意义，从这个意义上讲，力的分解是唯一的。

【例题 1-4】

放在水平面上的物体受到一个斜向上方的拉力 F，这个力与水平面成角 θ，求力 F 的分解。

解：F 有水平向前拉物体和竖直向上提物体的效果，那么两个分力可以表示为水平和竖直两个方向。方向确定了，根据平行四边形法则，力的分解就是唯一的。如图 1-11 所示，F 分解为竖直方向的分力 F_1 和水平分力 F_2，大小分别为

$$F_1 = F\sin\theta$$
$$F_2 = F\cos\theta$$

在例题 1-4 中，以 O 为原点，水平方向为 x 轴、竖直方向为 y 轴建立直角坐标系，力 F 分解为水平方向的分力 $F_x = F\cos\theta$ 和竖直方向的分力 $F_y = F\sin\theta$，结果如图 1-12 所示。将力沿两个互相垂直的方向进行分解，称为力的**正交分解**。

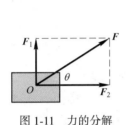

图 1-11 力的分解

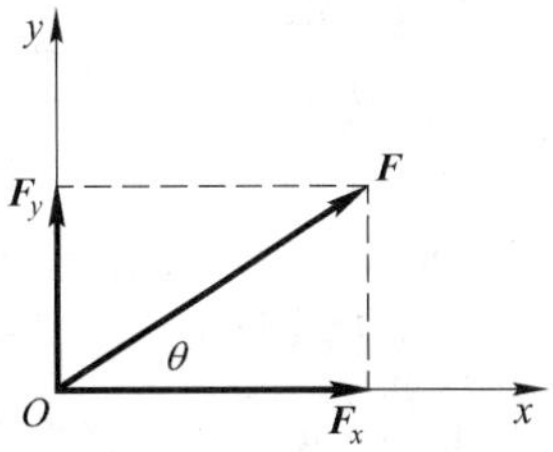

图 1-12 力的分量

1.3.3 力的平衡

物体保持静止或匀速直线运动称为物体处于平衡状态。如果有多个力作用于物体，并且这些力作用于同一点，在这些共点力作用下物体保持平衡的条件是物体受到的合外力等于零，用公式表示为

$$\sum_{i=1}^{n} F_i = 0 \tag{1-10}$$

也可以说某一个力与所有另外几个力的合力平衡。

在使用平衡条件时，也可以不求合力，采用分量表达形式为

$$\sum_{i=1}^{n} F_{xi} = 0; \quad \sum_{i=1}^{n} F_{yi} = 0 \tag{1-11}$$

【例题 1-5】

$G = 100\text{N}$ 的物体置于粗糙水平面上，给物体施加一个与水平面成 30° 的斜向上的力 F，$F = 10\text{N}$，物体处于静止状态，求地面与物体的静摩擦力以及地面对物体的支持力。

解：如图 1-13 所示，首先确定水平方向和竖直方向为坐标系的 x、y 轴，将力 F 分解为 x 和 y 轴的两个分力，$F_x = F\cos\theta = F\cos30°$，$F_y = F\sin\theta = F\sin30°$。

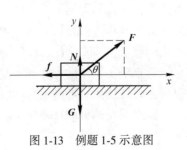

图 1-13 例题 1-5 示意图

根据物体平衡条件，水平方向受到两个力，水平方向的分力和摩擦力，且

$$F_x = f_\text{静}$$

竖直方向上，受到重力 G、支持力 N，以及竖直方向上的分力 F_y，且

$$F_y + N = G$$

则 $f_\text{静} = 8.7\text{N}$，$N = 95\text{N}$。

思考与讨论

当人在雪撬上沿斜坡匀速下滑时，分析将人和雪撬作为一个整体的受力情况。

分析：这里将人和雪撬作为一个整体，受力分析如图 1-14 所示。当雪撬匀速下滑时，处于平衡状态，雪撬受到重力 G、支持力 F_2，以及摩擦力 F_1 的作用，三个力的合力为 0。

确定沿斜面向下方向和垂直斜面方向为坐标系的 x、y 轴，将 G 分解为 x 和 y 轴的两个分力 G_1、G_2，根据共点力的平衡条件有

$$G_1 = G\sin\theta - F_1$$
$$G_2 = G\cos\theta = F_2$$

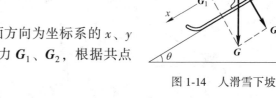

图 1-14　人滑雪下坡

1.4　物体运动的描述

如何描述物体的运动？画家用色彩鲜艳的画作来描述；音乐家用悦耳动听的旋律来描述；物理的描述则是要告诉人们什么时刻物体在什么位置，各时刻运动的快慢和方向即描述质点的运动，就是描述其空间位置随时间变化的各种情况。通常用位置、位移、速度和加速度等物理量来描述。

1.4.1　描述前的准备工作

将物体描述为质点前，需要做以下准备工作。

（1）繁中求简——质点模型[4]。现在假设要描述远处小汽车的运动，它的运动看来是很复杂的，四个车轮在转动，大量机械部件在运转，披着流线型的车身。如果要顾及所有细节，那真是无所手手，坠入雾海！但你看到小汽车本身的尺寸远小于它与描述者的距离时，小汽车每一点运动虽有差异，但有共同的整体运动。何不取其主舍其次，将小汽车简化成质量为 m 的质点，这质点变成了汽车的替代物。将这样一个大的物体变成质点，意味着忽略了物体的形状和大小，忽略了物体的内部运动。这样做从方法论上说叫做建立模型，简称建模，即将复杂问题简单化；从哲学上说叫抓主要矛盾。

质点就是抽象的物理模型，不是任何时候都可以把物体视为质点的，是否把物体看作质点应视问题的性质而定。

（2）动中选静——确定参照物[4]。在生活中，我们常常说你站在什么立场说话。描

写物体运动的问题也有个立场问题，这个立场就是指在描述物体运动、研究物理问题时你选择什么参照物。

小船在河里顺流而下，船上的人说船是静止的，河岸上的树是运动的，而岸边的钓鱼者却认为船是运动的，树是静止的，为什么会存在截然相反的结论呢？这就是因为立场不同，即选择的参考系不同。

（3）取来尺和钟——建立坐标系[4]。要对物体的运动做定量的描述，还必须在参考系上建立合适的坐标系，而直角坐标系是最常用的坐标形式。只有建立坐标系才能将物体位置与数字联系起来，实现对运动的定量描述，故不能小视建立坐标系这件事。

1.4.2 描述物体运动的物理量

某个登山者，在探险时迷路了。好在他还有通信工具，可以向救援者求救，救援者会问他在什么地方。这时，他如果告诉对方，说自己在一个开满鲜花的山谷里，对方就不能准确地知道他的位置，这时诗情画意帮不了他，准确地物理描述才能帮他。他必须建立一个坐标系，比如说，以市政府广场前的旗杆为原点，正北方向为 x 轴，正东方向为 y 轴，向上方向为 z 轴，然后告知自己的位置 (x, y, z)。不过他肯定没有测量过自己到原点的距离，好在现在已经有设备可以帮助他，这就是全球定位系统（GPS），有了 GPS，他就能知道自己的位置了，还可以通过导航回家。GPS 利用了很多物理基本原理和技术，想要弄明白，首先要建立下面这些概念。

1.4.2.1 位置矢量[5]

要描述一个质点的运动，首要问题是如何确定质点相对于参考系的位置。从参考点指向质点所在位置的有向线段，叫做位置矢量（简称位矢）。质点运动时，其位置随时间变化：

$$\boldsymbol{r} = \boldsymbol{r}(t) \tag{1-12}$$

式（1-12）称为运动方程。

我们知道，在直角坐标系中空间位置可以由三个坐标 (x, y, z) 确定，事实上 x、y、z 正是质点在某时刻的位置矢量 $\boldsymbol{r}$ 在三个坐标轴上的投影，如图 1-15 所示，即

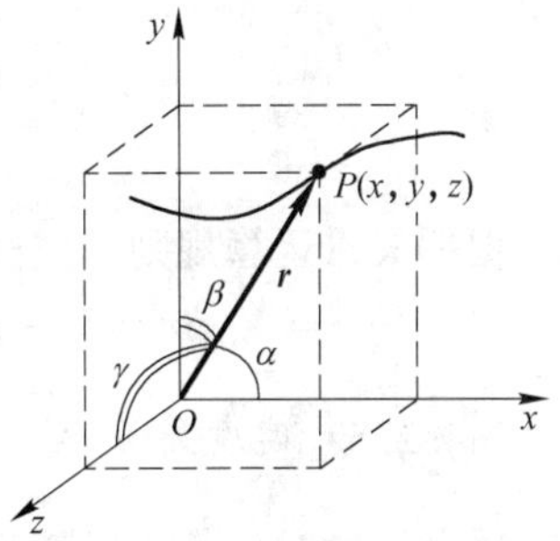

$$\boldsymbol{r}(t) = x(t)\boldsymbol{i} + y(t)\boldsymbol{j} + z(t)\boldsymbol{k} \tag{1-13}$$

分量形式：
$$\begin{cases} x = x(t) \\ y = y(t) \\ z = z(t) \end{cases} \tag{1-14}$$

位置矢量大小：
$$|\boldsymbol{r}| = r = \sqrt{x^2 + y^2 + z^2} \tag{1-15}$$

方向余弦：
$$\begin{cases} \cos\alpha = x/r \\ \cos\beta = y/r \\ \cos\gamma = z/r \end{cases} \tag{1-16}$$

图 1-15 位置矢量的投影

不难看出，r 的端点描绘出质点运动的轨道，由式（1-14）消去 t 可以得到 x、y、z 之间的关系，即为质点的**轨道方程**。

【例题 1-6】

已知质点的运动学方程为 $r = 4t^2 i + (2t + 3)j$（SI），求该质点的轨道方程。

解：由题设可知，运动方程的分量式为 $x = 4t^2$，$y = 2t + 3$

两式联立消去 t 得

$$x = 4\left(\frac{y-3}{2}\right)^2 = (y-3)^2$$

1.4.2.2 位移矢量

质点运动时，其位置要发生变化，我们用位移矢量描述质点位置变化的大小和方向。设质点在时刻 t 和 $t + \Delta t$ 分别通过 P_1 和 P_2 点，其位置矢量由 r_1 变为 r_2，如图 1-16 所示。由 P_1 指向 P_2 的有向线段 $\overrightarrow{P_1 P_2}$ 可以表示在 Δt 时间内质点位置变化的大小和方向，记为 Δr，即为位移矢量。显然，位移与原点的选取无关。由矢量加法法则，有

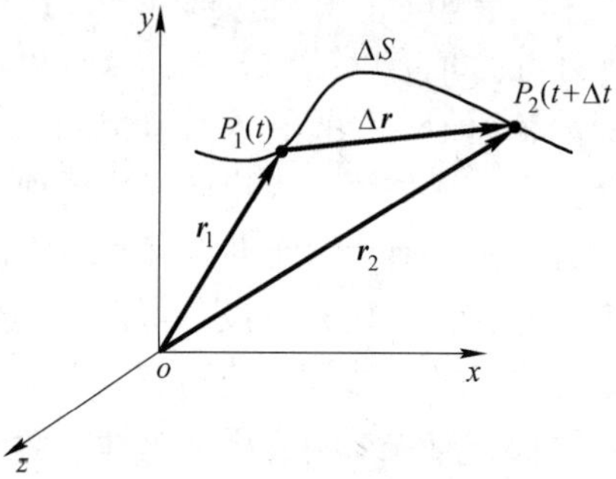

$$\Delta r = \overrightarrow{P_1 P_2} = r_2 - r_1 \qquad (1\text{-}17)$$

图 1-16 位移矢量

式（1-17）表明，质点在某一时间内的位移等于该时间内位矢的增量。

注意：位移和路程是两个不同的概念，在一般情况下，需要注意 $|\Delta r| = |r_2 - r_1|$，$\Delta r = |r_2| - |r_1|$，$|\Delta r|$、Δr、Δs 三者不相等，仅在质点做直线同向运动时，$|\Delta r| = \Delta r = \Delta s$。

在直角坐标系描述下，设质点在时刻 t 和 $t+\Delta t$ 的位置矢量分别为位置矢量 r_1、r_2，则有

$$r_1 = x_1 i + y_1 j + z_1 k$$

$$r_2 = x_2 i + y_2 j + z_2 k$$

根据矢量运算规则，这段时间内的位移为

$$\Delta r = r_2 - r_1 = (x_2 - x_1)i + (y_2 - y_1)j + (z_2 - z_1)k \qquad (1\text{-}18)$$

1.4.2.3 速度矢量

质点运动时，其位置随时间变化的快慢和方向与两个因素有关，一个是位移 Δr，另一个是完成该位移所用的时间 Δt。比值 $\Delta r / \Delta t$ 反映了质点在这段时间内位矢对时间的平均变化率，称为平均速度，用 $\bar{v}$ 来表示，即

$$\bar{v} = \frac{\Delta r}{\Delta t} \qquad (1\text{-}19)$$

平均速度 $\bar{v}$ 的方向与位移 Δr 的方向相同。它只能粗略地描述 Δt 时间内质点位置随时间变化的情况。

为了精确描述质点运动的快慢和方向，可取 $\Delta t \to 0$ 时式（1-19）的极限，即

$$\boldsymbol{v} = \lim_{\Delta t \to 0} \frac{\Delta \boldsymbol{r}}{\Delta t} = \frac{\mathrm{d}\boldsymbol{r}}{\mathrm{d}t} \qquad (1\text{-}20)$$

$\boldsymbol{v}$ 称为瞬时速度，简称速度。速度等于位矢的一阶导数。速度 $\boldsymbol{v}$ 的大小称为速率，用 v 表示，即

$$v = |\boldsymbol{v}| = \left| \frac{\mathrm{d}\boldsymbol{r}}{\mathrm{d}t} \right| \qquad (1\text{-}21)$$

显然，速率是标量。

在直角坐标系下

$$\boldsymbol{v} = \frac{\mathrm{d}\boldsymbol{r}}{\mathrm{d}t} = \frac{\mathrm{d}x}{\mathrm{d}t}\boldsymbol{i} + \frac{\mathrm{d}y}{\mathrm{d}t}\boldsymbol{j} + \frac{\mathrm{d}z}{\mathrm{d}t}\boldsymbol{k} \qquad (1\text{-}22)$$

速度的直角坐标分量式为

$$v_x = \frac{\mathrm{d}x}{\mathrm{d}t}, \quad v_y = \frac{\mathrm{d}y}{\mathrm{d}t}, \quad v_z = \frac{\mathrm{d}z}{\mathrm{d}t} \qquad (1\text{-}23)$$

1.4.2.4 加速度矢量

质点运动时，其速度随时间变化的快慢和方向用加速度矢量来描述。设质点在时刻 t 和 $t + \Delta t$ 通过 P_1 点和 P_2 点的速度分别为 $\boldsymbol{v}_1$ 和 $\boldsymbol{v}_2$，如图 1-17 所示。在 Δt 时间内，质点速度的增量为

$$\Delta \boldsymbol{v} = \boldsymbol{v}_2 - \boldsymbol{v}_1$$

比值 $\Delta \boldsymbol{v} / \Delta t$ 反映了质点在这段时间内速度的平均变化率，称为平均加速度。

$$\bar{\boldsymbol{a}} = \frac{\Delta \boldsymbol{v}}{\Delta t} \qquad (1\text{-}24)$$

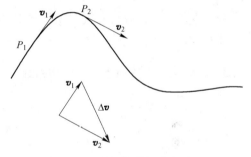

图 1-17　速度增量示意图

平均加速度与速度增量 $\Delta \boldsymbol{v}$ 方向相同。

为了精确描述质点速度的变化，可取 $\Delta t \to 0$ 时式（1-24）的极限，即

$$\boldsymbol{a} = \lim_{\Delta t \to 0} \frac{\Delta \boldsymbol{v}}{\Delta t} = \frac{\mathrm{d}\boldsymbol{v}}{\mathrm{d}t} = \frac{\mathrm{d}^2 \boldsymbol{r}}{\mathrm{d}t^2} \qquad (1\text{-}25)$$

$\boldsymbol{a}$ 称为瞬时加速度，简称加速度。式（1-25）表明，加速度等于速度对时间的一阶导数，也等于位矢对时间的二阶导数。

需要指出：

（1）加速度是速度矢量对时间的变化率。因此，不论是速度的大小发生变化还是速度的方向发生变化，都有加速度。

（2）加速度是矢量，其方向不一定是 $\boldsymbol{v}$ 的方向。

在直角坐标系下

$$\boldsymbol{a} = \frac{\mathrm{d}\boldsymbol{v}}{\mathrm{d}t} = \frac{\mathrm{d}v_x}{\mathrm{d}t}\boldsymbol{i} + \frac{\mathrm{d}v_y}{\mathrm{d}t}\boldsymbol{j} + \frac{\mathrm{d}v_z}{\mathrm{d}t}\boldsymbol{k} = \frac{\mathrm{d}^2 x}{\mathrm{d}t^2}\boldsymbol{i} + \frac{\mathrm{d}^2 y}{\mathrm{d}t^2}\boldsymbol{j} + \frac{\mathrm{d}^2 z}{\mathrm{d}t^2}\boldsymbol{k} \qquad (1\text{-}26)$$

加速度的直角坐标分量式为

$$a_x = \frac{\mathrm{d}v_x}{\mathrm{d}t} = \frac{\mathrm{d}^2x}{\mathrm{d}t^2}, \; a_y = \frac{\mathrm{d}v_y}{\mathrm{d}t} = \frac{\mathrm{d}^2y}{\mathrm{d}t^2}, \; a_z = \frac{\mathrm{d}v_z}{\mathrm{d}t} = \frac{\mathrm{d}^2z}{\mathrm{d}t^2} \tag{1-27}$$

【例题 1-7】

已知 $x(t) = -4t^2 + 8t + 10$ （SI），求：

（1）质点在 $t = 0$，1s，2s 时的瞬时速度、瞬时加速度。

（2）质点在第一秒和第二秒内的位移。

解：（1）$x(t) = -4t^2 + 8t + 10$，$v(t) = x(t)' = -8t + 8$，$a(t) = v(t)' = -8$，代入数据

$$v_{t=0} = -8t + 8 = 8\mathrm{m/s}, \; a_{t=0} = -8\mathrm{m/s}^2$$
$$v_{t=1} = -8t + 8 = 0\mathrm{m/s}, \; a_{t=1} = -8\mathrm{m/s}^2$$
$$v_{t=2} = -8t + 8 = -8\mathrm{m/s}, \; a_{t=1} = -8\mathrm{m/s}^2$$

（2）
$$x_{t=0} = -4t^2 + 8t + 10 = 10\mathrm{m}$$
$$x_{t=1} = -4t^2 + 8t + 10 = 14\mathrm{m}$$
$$x_{t=2} = -4t^2 + 8t + 10 = 10\mathrm{m}$$

则

质点在第一秒内的位移 $\Delta x_{0 \sim 1} = x_{t=1} - x_{t=0} = 4\mathrm{m}$

质点在第二秒内的位移 $\Delta x_{1 \sim 2} = x_{t=2} - x_{t=1} = -4\mathrm{m}$

1.4.3　运动全过程的描述——运动函数

1.4.3.1　直线运动[3]

运动轨迹是一条直线的运动，叫做直线运动。直线运动是物体运动中较为简单的运动。物体做直线运动时，物体的位移、速度、加速度的方向始终在同一直线上。

较简单的直线运动包括匀速直线运动和匀变速直线运动。

A　匀速直线运动

图 1-18 是一辆汽车在平直公路上的运动情况，它的运动特点是在误差允许的范围内，第一个 5s 内的位移为 100m，第二个 5s 内的位移为 100m，第三个 5s 内的位移为100m……并且在以后各个 5s 内位移都相等。

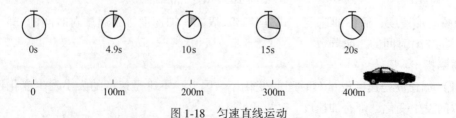

图 1-18　匀速直线运动

如果将各时刻质点位置标记在 x 轴上，质点在任何相等时间内的位移 $\Delta r = \Delta x i$ 是相同的，当然速度 v 就恒定不变了。这种在任意相等的时间内位移都相等的运动，叫**匀速直线运动**。我们可以以 t 为横坐标，x 为纵坐标来表明位移与时间的对应关系如图 1-19 所示。

按照图中所示，可以用斜率 $\dfrac{\Delta x}{\Delta t}$ 来表示直线的倾斜程度，从物理上看，它正是匀速直线运动的速率 v。而速度与时间的函数我们也可以通过图 1-20 表现出来。

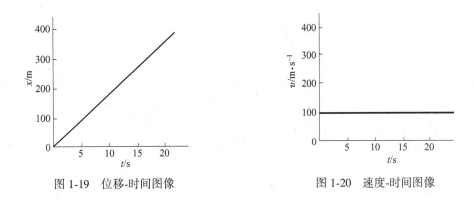

图 1-19　位移-时间图像　　　　　　图 1-20　速度-时间图像

由于物体开始运动时的位置可能不在坐标的原点处，而是有一定的初始位移，其大小我们用 x_0 来表示，这样，可以得到位置坐标 x 与时间 t 的一一对应的函数表达为

$$x = x_0 + vt \tag{1-28}$$

式（1-28）称为匀速直线运动的**运动函数**。它表述了运动的全过程，能精确地告诉我们质点什么时刻在什么地方，也告诉运动的特征：直线，速度不变，加速度为 0，初位置为 x_0，它包含了运动的全部信息。类似的，我们可以得到前面小汽车的运动函数为

$$x = 100t$$

B　匀变速直线运动

在前面，我们讨论了最简单的运动形式——匀速直线运动，在各个时刻瞬时速度都相等。现实世界中更多的是变速运动，瞬时速度在不断改变。其中最简单的变速运动是匀变速直线运动：在一条直线上运动的物体，如果在相等的时间里速度的变化相等，就称为匀变速直线运动。伽利略研究了从斜坡上滚下的铜球，证明是匀变速运动。如图 1-21 所示纸带记录的就是匀加速运动。

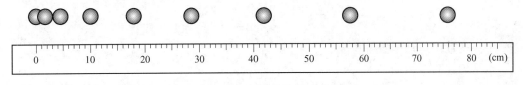

图 1-21　匀加速直线运动

如果物体的加速度为 a，在 $t = 0$ 时刻，物体的位置为 x_0，速度大小为 v_0，匀变速直线运动的速度函数一般表示为

$$v = v_0 + at \tag{1-29}$$

匀变速直线运动的运动函数为

$$x = x_0 + vt + \frac{1}{2}at^2 \tag{1-30}$$

在地面附近的自由落体运动、上抛、下抛运动，就是匀变速直线运动，这时加速度大小 $a = g = 9.8\text{m/s}^2$。如果取物体下落的起点为坐标原点，取 y 轴向下的方向为正方向，则自由落体的运动函数和速度函数可分别表示为

$$y = \frac{1}{2}gt^2, \ v = gt$$

1.4.3.2　曲线运动

除了直线运动，在现实生活中，我们接触更多的是另一类运动——曲线运动。曲线运动是普遍的运动形式，小到微观世界（如电子绕原子核旋转），大到宏观世界（如天体运动）都存在曲线运动形式。生活中如投标枪、铁饼、跳高、跳远等均为曲线运动。

物体运动的轨迹为曲线的运动称为曲线运动。较简单的曲线运动有平抛运动等运动形式。

以一定的速度水平抛出一物体，在空气阻力可以忽略的情况下，物体所做的运动称为平抛运动。要描述平抛这种曲线运动应同时记录两个坐标值 (x, y)。曲线运动可以分解为直线运动的叠加，复杂问题可以分解为简单问题的叠加来处理。平抛运动在水平 x 轴上没有加速度，是匀速直线运动，在竖直方向 y 轴有向下的加速度 g，故平抛运动是水平方向的匀速直线运动和竖直方向的自由落体运动的叠加，而且两个方向具有等时性，如图1-22所示。

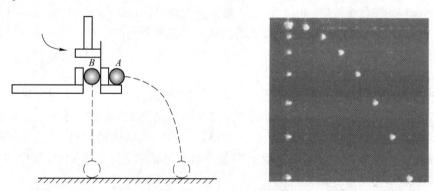

图 1-22　自由落体运动和平抛运动

平抛运动的运动函数可写成

水平匀速直线运动　　　　　　　　　$x = v_0 t$

竖直匀加速直线运动　　　　　　　　$y = \frac{1}{2}gt^2$

由上面的运动函数，可得出对应的速度函数为

$$v_x = v_0, \ v_y = gt$$

可用勾股定理来计算速率。

运动虽然多种多样，非常复杂，但我们不怕，因为复杂的运动总可以看作几种简单运动的组合，这就是一种物理思维和行为方式。

1.5　牛顿运动定律

远在 2000 多年以前，人们已经在思索运动和力的关系。亚里士多德认为：必须有力作用在物体上，物体才能运动，没有力的作用，物体就要停下来。直到伽利略对这个问题进行新的思考。伽利略认为，在水平面上运动的物体之所以会停下来，是因为受到摩擦阻力的缘故。牛顿将物体受力与运动的情况总结为三个定律，奠定了经典力学的基础[3,6]。

1.5.1　牛顿第一运动定律

1.5.1.1　去伪存真，牛顿第一定律出世

长期以来，在研究物体运动原因的过程中，人们的经验是：要使一个物体运动，必须推它或者拉它。因此人们直觉地认为，物体的运动是与推或者拉等行为相联系的。如果不推或者拉，原来的物体便停下来。根据这类经验，亚里士多德得出结论：必须有力作用在物体上，物体才能运动；没有力的作用，物体就要静止。随着科学的发展，直到 17 世纪，伽利略进行了斜面的实验并通过分析认识到：从斜面一定高度滑到水平面的物体，在水平面受到的阻力越小，它的运动速度减小的就越慢，它在水平面上运动的时间就越长。他还通过进一步推理得出，在理想情况下，如果水平面绝对光滑，物体受到的阻力为零，它的速度将不会减慢，这时物体将以恒定不变的速度永远运动下去。伽利略在斜面实验的基础上揭示了亚里士多德的错误，并对物体运动的原因做出了正确的判断："维持物体的运动并不需要外力的作用，而改变物体的运动状态才需要外力。"

与伽利略同时代的法国科学家笛卡儿（R. Descartes，1596~1650）补充和完善了伽利略的观点，明确指出：除非物体受到外力的作用，物体将永远保持其静止或运动状态，永远不会使自己沿曲线运动，而一直保持在直线上运动。他还认为，这应该成为一个原理，它是人类整个自然观的基础。伽利略和笛卡儿的正确结论由牛顿总结成一条基本定律：**一切物体总保持静止状态或匀速直线运动状态，直到其他物体所施的力迫使它改变为止**，这就是牛顿第一定律。牛顿第一定律表明，物体具有保持静止状态或匀速直线运动状态的性质，我们把物质的这个属性叫做惯性。惯性是任何物体在任何情况下都具有的固有属性，因此牛顿第一定律又叫做**惯性定律**。惯性的发现，让人们注意到惯性支配下的物体运动和物体在力作用下的运动是不一样的。前者是保持状态不变，而后者能改变物体的运动状态。因此我们说，力是引起物体运动状态改变的原因。早在我国春秋末期，《墨经》中说"力，形之所以奋也。""形"指有形的物体，这句话指出力是使物体由静止而动（奋）的原因，对力的作用作了恰当的概括，其思想和牛顿不谋而合。牛顿曾经说过"我是站在巨人的肩膀上才成功的"。牛顿概括了前人的研究结果，总结出了著名的牛顿第一定律。牛顿第一定律是通过分析事实、再进一步概括、推理得出的，是理想化抽象化的产物。虽然不可能用实验来直接验证这一定律，但是从定律得出的一切推论，都经受住了实践的检验，因此牛顿第一定律已成为大家公认的力学基本定律之一。

牛顿第一定律说明了两个问题：第一，它明确了力和运动的关系。物体的运动并不需要力来维持，只有当物体的运动状态发生变化，即产生加速度时，才需要力的作用。第

二，它提出了惯性的概念。物体之所以保持静止或匀速直线运动，是在不受力的条件下，由物体本身的属性来决定的，运动的原因是惯性。

1.5.1.2　惯性大小的量度——质量

质量是物体的一种基本属性，与物体的形状、所处的空间位置无关。中学物理曾教给我们一个关于质量的概念：物体所含物质的多少叫做物体的质量，通常用字母 m 表示。在国际单位制中质量的单位是千克，即 kg。1779 年，人们用铂铱合金制成一个标准千克原器，存放在法国巴黎国际计量局中。在市场买菜时，我们会要售货员称一下重量，实际上是把质量和重量混为一谈了，质量和重量是有区别的。

惯性是物体保持原有运动状态的属性，社会学上、人文学上对这种属性却用了另一个词，称为保守性或惰性。给那些不追求时尚，保持原状不锐意改革、想维持原有秩序的人扣上一顶"保守派"甚至"顽固派"的帽子。被指责一方可能会反唇相讥，你是"跟风派"！其实他们都是在说惯性问题，只是一个人说另一个人惯性大，另一个人说对方惯性小。具体情况不明，难评是非，原因是社会学上、人文学上从来对概念不进行定量，最多是加上一些形容词。物理则不然，每个概念都是定量的，对惯性也要定量，物理用质量精准地度量了惯性的大小，于是说**质量是物体惯性大小的度量**。有一个大力士说他能推动一列静止的火车；有个冒失鬼开着小汽车非要强行通过火车将飞驰而过的叉道口。我们可以想象他们的后果是什么，只能是螳臂挡车的下场。火车的质量太大了，它的惯性太大了，我们要改变它的运动状态，由静到动，由动到静，由运动慢到运动快都是不易的，质量越大保持原有运动状态的内在能力越强。

1.5.1.3　生活中的惯性

惯性是普遍存在的，在生活中，在工程技术中，我们既要防止它带来的危害也要巧妙利用它带来的益处。锤头松了，将其反过来，用锤柄砸地，连续几次，锤头就重新套紧；运动员扔链球的时候，突然松手，链球会飞出去；打篮球时，篮球被投进篮筐；公交车突然刹车，站在车内的乘客会向前倾等，这些现象都可以用惯性来解释。高速公路上要求保持一定的车距，弯道设置警示牌，开车人要系好安全带，建立各种交通法规，都是要防止惯性带来的惨剧，遵守交通规则吧！

在工程技术中，有时候人们希望器物灵敏，即要求惯性小一些，使之容易改变运动状态，这时应尽量减小物件的质量，如磁电式仪表的指针就是用铝纸卷成管状做成的，它既保有强度又轻巧灵敏，电子和光子以它们质量小即惯性小的优势，在近代电通信和光通信设备中大显身手，那机灵劲真令人叫绝。有时候，人们又希望惯性大一些，这时应尽量增加物件或设备的质量。如果要制造一部精密加工车床，当然不希望外界的振动干扰它，要求它尽量保持整体静止状态，这就要求有一个质量大的机座，这还不够，再打个地基，用几个地脚螺丝把它固定于地面上，那质量或惯性不是更大了！要盖一座抗震的大楼，为什么要用钢筋水泥打一个宽厚的地基并加强结构的整体性？惯性能做出一些回答。人们还可根据惯性即质量大小来分离物质，如风选、水选法。总之，工程技术人员在惯性面前不可马虎从事，应取其益，避其害。

1.5.2 牛顿第二运动定律

加速度与力和质量的关系可以用实验来表示。如图 1-23 所示,用一个小车,在连接小车的绳端分别挂一个钩码和两个钩码,看到拉力越大,小车加速度越大。用同一个钩码拉两个质量不同的小车,可以看出小车质量越小加速度越大。那么外力与物体状态变化(加速度)之间,满足什么样的规律呢?

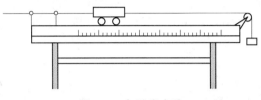

图 1-23 加速度实验

著名的英国物理学家牛顿在伽利略等人的工作基础上,进行了深入的研究,他在 1687 年出版的《自然哲学的数学原理》一书中,对外力和物体的运动状态(速度)变化之间的规律做了阐述。当物体受到几个力的作用时,用 $\boldsymbol{F}$ 代表物体所受外力的合力,$\boldsymbol{v}$ 代表物体的速度,牛顿第二定律的普遍形式为

$$\boldsymbol{F} = \frac{\mathrm{d}m\boldsymbol{v}}{\mathrm{d}t} \tag{1-31}$$

如果物体质量恒定,则

$$\boldsymbol{F} = \frac{\mathrm{d}m\boldsymbol{v}}{\mathrm{d}t} = m\frac{\mathrm{d}\boldsymbol{v}}{\mathrm{d}t}$$

即

$$\boldsymbol{F} = m\boldsymbol{a} \tag{1-32}$$

在这种情况下,牛顿第二定律可表述为:物体受到外力作用时,所获得加速度的大小与合外力的大小成正比,与物体的质量成反比;加速度的方向与合外力的方向相同。

实验表明,当 m 随时间变化时,式(1-32)不再成立,但是式(1-31)依然成立。

牛顿第二定律是牛顿运动定律的核心,对它必须有正确的理解。应用它求解力学问题时应当注意以下问题:

(1)因果性:力是产生加速度的原因。

(2)矢量性:力和加速度都是矢量,物体加速度方向由物体所受合外力的方向决定。

(3)瞬时性:(质量一定的)物体在 t 时刻的加速度仅与 t 时刻物体受的合外力有关,与物体之前之后受的力无关。牛顿第二定律是一个瞬时对应的规律,表明了力的瞬间效应。

(4)相对性:存在着一种理想的参照坐标系,在这种参照坐标系中,当物体不受力时将保持静止或匀速直线运动状态,这样的坐标系叫惯性参考系。相对惯性参考系静止或做匀速直线运动的物体仍可以看作是惯性参考系,相对惯性参考系有加速度的参考系叫非惯性参考系。地面是近似的惯性参考系,牛顿定律只在惯性参考系中才成立。

牛顿第二定律的分量表示形式为

$$F_x = \frac{\mathrm{d}mv_x}{\mathrm{d}t} = m\frac{\mathrm{d}v_x}{\mathrm{d}t} = ma_x, \quad F_y = \frac{\mathrm{d}mv_y}{\mathrm{d}t} = m\frac{\mathrm{d}v_y}{\mathrm{d}t} = ma_y \tag{1-33}$$

1.5.3 牛顿第三定律

人划船时，桨向后划，船向前进；两块磁针放在一起，会互相吸引靠近，如图 1-24 所示。这些说明当一个物体对另一个物体施加力的作用时，这个物体同样会受到另一个物体对它的力的作用，我们把这个过程中出现的两个力分别叫做作用力和反作用力，作用力和反作用力总是相互依存、同时存在的。我们可以把其中任何一个力叫做作用力，另一个力叫做反作用力，如图 1-25 所示。

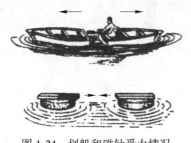

图 1-24　划船和磁针受力情况

图 1-25　作用力与反作用力

牛顿在总结前人认识的基础上提出了牛顿第三定律，其内容是：**两个物体之间的作用力和反作用力，总是同时存在同一条直线上，大小相等，方向相反。**

物体间的相互作用力有如下性质：

（1）相互性：两个物体间力的作用是相互的，施力物体和受力物体对两个力来说是互换的，分别把这两个力叫做作用力和反作用力。

（2）同时性：作用力消失，反作用力立即消失，没有作用力就没有反作用力。

（3）同一性：作用力和反作用力的性质是相同的。

（4）方向：作用力跟反作用力的方向是相反的，在一条直线上。

（5）大小：作用力和反作用力的大小在数值上是相等的。

要改变一个物体的运动状态，必须有其他物体和它相互作用。物体之间的相互作用是通过力体现的，并且指出力的作用是相互的，有作用力必有反作用力。它们同时产生同时消失，性质相同。根据牛顿第三定律，一个物体的运动状态改变了，另一个物体的状态也必然要发生改变。在生活和生产中牛顿第三定律的应用是很多的，汽车的发动机驱动车轮转动，由于轮胎和地面间的摩擦，车轮向后推地面，地面给车轮一个向前的反作用力，使汽车前进。若把驱动轮架空，不让它跟地面接触，这时车轮虽然转动，但车轮不推地面，地面就不产生向前推车的力，汽车就不会前进。陷在泥泞中的汽车，尽管车轮飞转，车也不能前进，就是这个道理。为了避免这类问题，多数越野车是四轮驱动，只要前轮或后轮没有同时陷入泥泞中，就能够把车开走。

思考与讨论

相互作用力的特点是什么？一对平衡力的特点呢？两者之间有何区别？

分析：两个物体之间的作用力和反作用力总是大小相等、方向相反、作用在一条直线，分别作用在两个物体上。

一对平衡力总是大小相等、方向相反，作用在同一直线，且作用在同一物体上。

它们的区别在于：作用力与反作用力作用在不同物体上，平衡力作用在同一物体上；作用力与反作用力是同一性质力，且具有同时性，一对平衡力不具有这样的特点。

1.5.4 牛顿定律的应用

1.5.4.1 牛顿定律的适用范围

物理学的发展表明，牛顿三定律仍是一个相对真理，有一定的适用范围。牛顿定律只适用于惯性参考系。对惯性参考系有加速度的参考系是非惯性系，牛顿定律对非惯性系不适用。在不同惯性系中，力学定律的形式相同，对物体运动的描述相同。设想在一个静止的密封船舱（一个惯性系）里观察和研究力学现象，又在一个匀速直线运动的密封船舱（也是一个惯性系）里观察和研究力学现象，把对同样力学实验（如平抛、自由落体）的数学描述和文字记载拿回岸上作比较，定然看不出差别。在匀速直线运动的密封船舱里，你并没有看到苍蝇都挤到船尾去了，和在静止船舱中一样自由飞舞；热水器龙头的水一样竖直地落在杯中，未向船尾漂移；悬在天花板上的灯泡照样悬着；向船头跳远与向船尾跳远的成绩是一样的。还有一个伤脑筋的事是你无法判断船是静止的还是匀速直线运动的。在惯性参考系内部找不出测量本惯性系速度的办法！所有惯性参考系中力学定律形式和力学描述相同，这事实称为伽利略相对性原理。此外，还要注意以下几点：

（1）牛顿运动定律只适用于物体的低速运动，低速是指物体运动速度远小于光速，物体的高速运动遵循狭义相对论。

（2）牛顿运动定律只适用于宏观物体的运动，微观运动遵循量子力学的规律。一般物体的线度接近于原子线度就属于微观。

（3）牛顿运动定律只适用于线性系统，对于非线性系统可能就要卷入混沌理论和分形理论了。

1.5.4.2 失重与超重问题

我们常说的"超重"与"失重"问题又如何解释呢?

人在地球上静止时，受到重力加速度的作用，我们能感觉到正常的重量；在航天飞行时有两种情况，一个是加速上升时感觉超重，一个是在太空中行驶时的失重。如果超重，就感觉压力很大，而如果失重，感觉轻飘飘的，轻轻用力就飞出去很远，乘坐电梯时感觉超重和失重也很明显（见图 1-26）。

那么在超重和失重时重力增加或消失了吗? 其实并没有，重力不会变，变的是我们的感觉。根据牛顿第二定律当人在电梯中加速上升时，人受到重力 G 和弹力 F_N 的作用，$F = F_N - G = ma$，$a > 0$　$F_N > G$。实际上，人受到的弹力，即电梯的支持力变了，这种感觉就是人体变重了，同理可得到失重的原理。

【例题 1-8】

一个原来静止的物体，质量 $m = 7kg$，在大小为 14N 的水平恒力 F 作用下，求：

（1）物体的加速度大小是多少？

（2）物体 5s 末的速度是多大？

（3）5s 内通过的位移是多大？

解：本题中物体的受力情况是已知的，由物体受力可得到物体的运动情况，物体的初速度 $v_0=0$，在恒力 F 的作用下产生恒定的加速度 a，所以它做初速度为零的匀加速直线运动，据牛顿第二定律 $F=ma$ 可求出加速度。

（1）物体质量 $m=7\text{kg}$，受到的恒力 $F=14\text{N}$，根据牛顿第二定律：物体的加速度大小

$$a = \frac{F}{m} = \frac{14\text{N}}{7\text{kg}} = 2\text{m/s}^2，沿水平恒力 F 方向。$$

（2）物体第 5s 末的速度：$v_t = at = 2\text{m/s}^2 \times 5\text{s} = 10\text{m/s}$，沿 F 方向。

（3）物体 5s 内通过的位移：$x = \frac{1}{2}at^2 = 25\text{m}$。

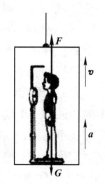

图 1-26　超重与失重

【例题 1-9】

如图 1-27 所示，质量为 4kg 的物体静止于水平面上，物体与水平面间的动摩擦系数为 0.5，物体受到大小为 20N，与水平方向成 30°角斜向上的拉力 F 作用，沿水平方向做匀加速运动，求：

（1）物体的加速度有多大？

（2）物体 2s 末的速度是多大？（$g=10\text{m/s}^2$）

解：（1）以物体为研究对象，对物体进行受力分析，物体在重力 G、支持力 N、拉力 F，摩擦力 f 作用下沿水平方向以加速度 a 运动。建立如图 1-28 所示平面直角坐标系。

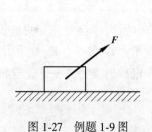

图 1-27　例题 1-9 图

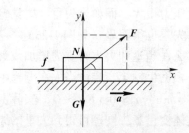

图 1-28　受力分析图

根据牛顿第二运动定律，在 x，y 方向，对 m 有

$$F\cos\theta - f = ma$$
$$F\sin\theta + N - G = 0$$

其中 $G = mg$，$f = N\mu$，代入数据可解得物体加速度：$a = 0.58\text{m/s}^2$。

（2）物体 2s 末的速度：$v_t = at = 0.58\text{m/s}^2 \times 2\text{s} = 1.16\text{m/s}$。

1.6　本章重点总结

1.6.1　力的基本知识

介绍了力的定义，符号、单位，力的特点，力的分类，力的表示。常见的几种力，即重力、弹力、摩擦力，三种力的比较见表 1-2。

表 1-2　三种力的比较

力		大小	方向	作用点	产生条件
重力		$G = mg$	竖直向下	重心	物体在地球表面
弹力		$F = k\Delta l$	方向与形变方向相反	物体接触面（点）	物体接触，产生形变，有恢复形状的趋势
摩擦力	滑动摩擦力	$f = \mu_k N$	与相对运动方向相反	接触面，等效为一点	有弹力，有相对运动或相对运动趋势，接触面粗糙
	静摩擦力	在 $0 \sim f_{max}$ 之间	与相对运动趋势方向相反		

1.6.2　力的合成与分解

力的合成遵循平行四边形法则，两个互成角度的力 $\boldsymbol{F}_1$、$\boldsymbol{F}_2$ 的夹角在 $0° \sim 180°$ 之间变化，合力的大小为

$$F_{\text{合}} = \sqrt{F_1^2 + F_2^2 + 2F_1 F_2 \cos\angle F_1 O F_2}$$

合力方向从 O 点指向平行四边形的对角线方向。合力大小的范围介于 $|F_1 - F_2|$ 与 $|F_1 + F_2|$ 之间。力的分解是力的合成的逆运算。

1.6.3　质点运动的坐标描述

通常用位置 $\boldsymbol{r}$、位移 $\Delta\boldsymbol{r}$、速度 $\boldsymbol{v}$ 和加速度 $\boldsymbol{a}$ 四个物理量来描述质点运动。在直角坐标系下，可表示为

$$\boldsymbol{r}(t) = x(t)\boldsymbol{i} + y(t)\boldsymbol{j} + z(t)\boldsymbol{k}, \quad \Delta\boldsymbol{r} = \Delta x\boldsymbol{i} + \Delta y\boldsymbol{j} + z\boldsymbol{k}$$

$$\boldsymbol{v} = \frac{d\boldsymbol{r}}{dt} = \frac{dx}{dt}\boldsymbol{i} + \frac{dy}{dt}\boldsymbol{j} + \frac{dz}{dt}\boldsymbol{k}$$

$$\boldsymbol{a} = \frac{d\boldsymbol{v}}{dt} = \frac{dv_x}{dt}\boldsymbol{i} + \frac{dv_y}{dt}\boldsymbol{j} + \frac{dv_z}{dt}\boldsymbol{k} = \frac{d^2x}{dt^2}\boldsymbol{i} + \frac{d^2y}{dt^2}\boldsymbol{j} + \frac{d^2z}{dt^2}\boldsymbol{k}$$

1.6.4　常见的几种运动

匀速直线运动：$x = x_0 + vt$。

匀变速直线运动：加速度为常数 a，$v = v_0 + at$，$x = x_0 + vt + \dfrac{1}{2}at^2$，自由落体是 $a = g = 9.8\,\text{m/s}^2$ 的匀加速直线运动。

平抛运动：

平抛运动的运动函数可写成：水平匀速直线运动 $x = v_0 t$，竖直匀加速直线运动 $y = \dfrac{1}{2}gt^2$。

对应的速度函数：$v_x = v_0$，$v_y = gt$。

1.6.5　牛顿运动定律

（1）牛顿第一定律——惯性定律。

（2）牛顿第二定律：$\boldsymbol{F} = m\boldsymbol{a}$。

（3）牛顿第三定律：力的相互作用关系。

 习题

在线答题

1-1　下面关于力的说法中，正确的是（　　）。

　　A. 力是物体对物体的作用

　　B. 只有直接接触的物体之间才有力的作用

　　C. 如果一个物体是受力物体，那么它一定不是施力物体

　　D. 力是可以离开物体而独立存在的

1-2　俗话说"一个巴掌拍不响"，这是因为（　　）。

　　A. 一个巴掌的力太小　　　　　　　　B. 力是物体对物体的作用

　　C. 人不会只有一个巴掌　　　　　　　D. 一个物体也能产生力的作用

1-3　下列关于力的说法，正确的是（　　）。

　　A. 一个物体是施力物体，但不一定是受力物体

　　B. 两物体间发生力的作用时，施力物体受到的力小于受力物体受到的力

　　C. 只有相互接触的物体之间才能发生力的作用

　　D. 物体受到一个力的作用，一定有另一个施力物体存在

1-4　下面关于力的概念中，正确的是（　　）。

　　A. 接触物体之间一定有力的作用，不接触物体之间一定没有力的作用

　　B. 接触物体之间一定没有力的作用，不接触物体之间一定有力的作用

　　C. 接触物体之间可能有力的作用，不接触物体之间也可能有力的作用

　　D. 接触物体之间一定有力的作用，不接触物体之间也一定有力的作用

1-5　下列不会影响作用效果的是（　　）。

　　A. 力的单位　　　B. 力的大小　　　C. 力的方向　　　D. 力的作用点

1-6　两个鸡蛋相碰，总是一个先破碎，下面说法正确的是（　　）。

　　A. 只有未破的鸡蛋受力　　　　　　　B. 只有破了的鸡蛋受力

　　C. 两个鸡蛋都受力　　　　　　　　　D. 究竟哪个鸡蛋受力说不清楚

1-7　作出下列物体受力的图示，并标出施力物体、受力物体。

（1）物体受 250N 的重力；

（2）用细线拴一个物体，并用 400N 的力竖直向上提物体；

（3）水平向左踢足球，用力大小为 1000N。

1-8　关于物体所受的重力，以下说法中正确的是（　　　）。

　　A. 物体只有在地面静止时才受到重力

　　B. 物体在自由下落时所受的重力小于物体在静止时所受到的重力

　　C. 物体在上抛时所受的重力大于物体在静止时所受到的重力

　　D. 同一物体在同一地点，不论其运动状态如何，它所受到的重力都是一样大

1-9　如果没有重力，下列描述中错误的是（　　　）。

　　A. 杯子的水倒不进嘴里　　　　　　　　B. 河里的水不能流动

　　C. 玻璃杯子掉在水泥地上破碎了　　　　D. 大山压顶不弯腰

1-10　关于物体的重心，下列说法正确的是（　　　）。

　　A. 物体的重心不一定在物体上

　　B. 用线悬挂物体时，细线不一定通过重心

　　C. 一块砖平放、侧放或立放时，其重心在砖内的位置不变

　　D. 舞蹈演员在做各种优美的动作时，重心的位置不变

1-11　从桥上向下行驶的汽车，受到的重力（　　　）。

　　A. 大小、方向都不变　　　　　　　　　B. 大小、方向都变

　　C. 大小不变，方向变　　　　　　　　　D. 大小变，方向不变

1-12　在月球上我们受到重力作用吗？若在月球上受到重力作用，1kg 物体受到的重力大小是多少？

1-13　关于弹簧的劲度系数，下列说法中正确的是（　　　）。

　　A. 与弹簧所受的拉力有关，拉力越大，k 值越大

　　B. 与弹簧所受的形变有关，形变越大，k 值越小

　　C. 由弹簧本身决定，与弹簧所受的拉力大小及形变程度无关

　　D. 与弹簧本身特征，所受拉力大小、形变程度都有关

1-14　在体操运动中，运动员在上单杠之前，总要在手上抹些镁粉，而在单杠上做回环动作时，手握单杠
　　　又不能太紧。这样做的目的是（　　　）。

　　A. 前者是增大摩擦力，后者是减小摩擦力　　B. 前者是减小摩擦力，后者是增大摩擦力

　　C. 两者都是减小摩擦力　　　　　　　　　　D. 两者都是增大摩擦力

1-15　如图 1-29 所示，有人用力压紧贴竖直墙壁的木块，木块处于静止状态，为了确保木块不滑下来，
　　　再加大些水平力 F，下列说法正确的是（　　　）。

　　A. 木块受到墙壁对它的摩擦力增大　　　　B. 木块受到墙壁对它的摩擦力减小

　　C. 木块受到墙壁对它的摩擦力不变　　　　D. 木块受到墙壁对它的摩擦力方向可能改变

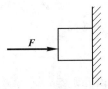

图 1-29　题 1-15 图

1-16　两个力 F_1、F_2 合成后是 F，下列对应的四组数值中可能的是（　　　）。

　　A. $F_1 = 5N$，$F_2 = 8N$，合成后 $F_3 = 7N$　　　B. $F_1 = 16N$，$F_2 = 2N$，合成后 $F_3 = 12N$

　　C. $F_1 = 3N$，$F_2 = 4N$，合成后 $F_3 = 8N$　　　D. $F_1 = 4N$，$F_2 = 20N$，合成后 $F_3 = 25N$

1-17 物体受到两个力作用，$F_1 = 3N$，$F_2 = 5N$，它们的合力范围是（　　）。

　　A. 0~5N　　　　　　B. 0~8N　　　　　　C. 3~5N　　　　　　D. 2~8N

1-18 如图 1-30 所示，$F_1 = 30N$，$F_2 = 40N$，它们的合力大小是（　　）。

　　A. 30N　　　　　　　B. 40N　　　　　　　C. 50N　　　　　　　D. 60N

图 1-30　题 1-18 图

1-19 一辆自行车沿着某一方向做直线运动，在第一个 5s 内的位移为 10m，第二个 5s 内的位移为 15m，第三个 5s 内的位移为 12m，它在 15s 内的平均速率是多少？

1-20 下列关于路程和位移的说法中，正确的是（　　）。

　　A. 位移就是路程

　　B. 位移的大小永远不等于路程

　　C. 若物体做单一方向的直线运动，位移的大小就等于路程

　　D. 位移是标量，路程是矢量

1-21 如图 1-31 所示，某物体沿两个半径为 R 的圆弧由 A 经过 B 到 C。下列结论中正确的是（　　）。

　　A. 物体的位移等于 $4R$，方向向东　　　　　B. 物体的位移等于 $2\pi R$

　　C. 物体的路程等于 $4R$，方向向东　　　　　D. 物体的路程等于 $4\pi R$

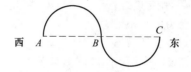

图 1-31　题 1-21 图

1-22 在"龟兔赛跑"的寓言故事中，乌龟成为冠军，而兔子名落孙山。其原因是（　　）。

　　A. 乌龟在任何时刻的瞬时速度都比兔子快

　　B. 兔子在任何时刻的瞬时速度都比乌龟快

　　C. 乌龟跑完全程的平均速度大

　　D. 兔子跑完全程的平均速度大

1-23 下列运动中，可以看作匀速直线运动的是（　　）。

　　A. 小孩从滑梯上从静止开始下滑　　　　　B. 长直传送带运送物体

　　C. 钟表上指针走动　　　　　　　　　　　D. 运动员在弯道上跑步

1-24 判断一个物体做匀速直线运动的依据是（　　）。

　　A. 每隔 1s 沿直线运动的路程相等

　　B. 只需物体的速度大小不变

　　C. 1s 内运动 5m，2s 内运动 10m，3s 内运动 15m

　　D. 任何相等的时间内，沿直线运动的路程都相等

1-25 关于匀变速直线运动的下列理解中，正确的是（　　）。

　　A. 速度的大小不变　　　　　　　　　　　B. 加速度不变

　　C. 瞬时速度不变　　　　　　　　　　　　D. 平均速度不变

1-26 一个做初速度为 0 的匀加速直线运动的物体，它在第一秒末、第二秒末、第三秒末的瞬时速度之比

是（　　　）。

　　A. 1 : 1 : 1　　　　　B. 1 : 2 : 3　　　　　C. 12 : 22 : 32　　　　　D. 1 : 3 : 5

1-27　关于自由落体运动的说法中，正确的是（　　　）。

　　A. 物体开始下落时速度为零，加速度也为零

　　B. 物体下落过程中速度增加，加速度不变

　　C. 物体下落过程中速度和加速度都增加

　　D. 物体下落过程中，速度是恒量

1-28　氢气球下面吊着一个重物升空，若氢气球突然爆炸，那么重物（　　　）。

　　A. 先竖直上升，后竖直下落　　　　　　B. 匀速竖直下落

　　C. 加速竖直下落　　　　　　　　　　　D. 匀速竖直上升

1-29　关于运动和力，正确的说法是（　　　）。

　　A. 物体速度为零时，合外力一定为零　　B. 物体做加速运动，合外力一定在增加

　　C. 物体做直线运动，合外力一定是恒力　D. 物体做匀速运动，合外力一定为零

1-30　下列各对力中，是相互作用力的是（　　　）。

　　A. 悬绳对电灯的拉力和电灯的重力　　　B. 电灯拉悬绳的力和悬绳拉电灯的力

　　C. 悬绳拉天花板的力和电灯拉悬绳的力　D. 悬绳拉天花板的力和电灯的重力

1-31　一本书静放在水平桌面上，则（　　　）。

　　A. 桌面对书的支持力等于书的重力，它们是一对平衡力

　　B. 书受到的重力和桌面对书的支持力是一对作用力与反作用力

　　C. 书对桌面的压力就是书的重力，它们是同一性质的力

　　D. 书对桌面的压力和桌面对书的支持力是一对平衡力

1-32　下列关于惯性的说法中，正确的是（　　　）。

　　A. 物体只在静止时才有惯性

　　B. 物体运动速度越大，其惯性也越大

　　C. 太空中的物体没有惯性

　　D. 不论物体运动与否，受力与否，物体都具有惯性。

1-33　汽车在高速公路上行驶时，下列交通规则与惯性无关的是（　　　）。

　　A. 右侧行驶　　　B. 系好安全带　　　C. 限速行驶　　　D. 保持车距

1-34　如图 1-32 所示，一木块静止在水平面上，在水平方向共受三个力的作用，即力 F_1、F_2 和 f，其中 $F_1 = 10N$，$F_2 = 2N$。若撤去 F_1，则木块在水平方向上受到的合力为多少？

1-35　如图 1-33 所示，质量为 $2m$ 的木块 A 和质量为 m 的木块 B 在水平推力 F 的作用下做加速运动，忽略摩擦力，A 对 B 的作用力是多大？

图 1-32　题 1-35 图　　　　　　　　　　　图 1-33　题 1-36 图

1-36　如图 1-34 所示，质量为 5kg 的木块放在木板上，当木板与水平方向夹角 θ 为 37°时，木块恰能沿木板匀速下滑。问：

　　(1) 木块与木板间的动摩擦系数多大？

　　(2) 当木板水平放置时，要使木块能沿木板匀速滑动，给木块施加水平拉力应多大？（g 取 $10m/s^2$）

1-37　如图 1-35 所示，一篮苹果总质量 $m = 2kg$，静止放在水平地面上，篮子与水平面的滑动摩擦系数 $\mu =$

0.25。现对苹果篮施加大小 $F = 10\text{N}$ 与水平方向夹角 $\theta = 37°$ 的斜向上的拉力，使水果篮向右做匀加速直线运动。问：

（1）水果篮受到的摩擦力多大？水果篮的加速度大小是多少？

（2）水果篮第 5 秒末的速度及 5 秒内的位移各为多少？（$g = 10\text{m/s}^2$，$\cos 37° = 0.8$，$\sin 37° = 0.6$）

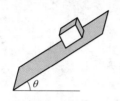 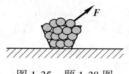

图 1-34 　题 1-37 图 　　　　　　　　　 图 1-35 　题 1-38 图

 内容选读

伽利略介绍[7]

伽利略奥·伽利略（Galileo Galilei）是意大利文艺复兴后期伟大的天文学家、物理学家、力学家和哲学家，也是近代实验物理学的开拓者。他是为维护真理而不屈不挠的战士。恩格斯称他是"不管有何障碍，都能不顾一切而打破旧说，创立新说的巨人之一"。

Galileo Galilei
（1564～1642）

伽利略于 1564 年 2 月 15 日出生于意大利西部海岸的比萨城，他原籍佛罗伦萨，出身于没落的名门贵族家庭。伽利略的父亲是一位不得志的音乐家，精通希腊文和拉丁文，对数学也颇有造诣。因此，伽利略从小受到了良好的家庭教育。伽利略在十二岁时，进入佛罗伦萨附近的瓦洛姆布洛萨修道院，接受古典教育。十七岁时，他进入比萨大学学医，同时潜心钻研物理学和数学。由于家庭经济困难，伽利略没有拿到毕业证书，便离开了比萨大学。在艰苦的环境下，他仍坚持科学研究，攻读了欧几里德和阿基米德的许多著作，做了许多实验，并发表了许多有影响的论文，从而受到了当时学术界的高度重视，被誉为"当代的阿基米德"。

伽利略在 25 岁时被聘为比萨大学的数学教授。两年后，伽利略因为著名的比萨斜塔实验，触怒了教会，失去了这份工作。伽利略离开比萨大学后，于 1592 年去威尼斯的帕多瓦大学任教，一直到 1610 年。这一段时间是伽利略从事科学研究的黄金时期。在这里，他在力学、天文学等各方面都取得了累累硕果。

1610 年，伽利略把他的著作以通俗读物的形式发表出来，取名为《星空信使》，这本书在威尼斯出版，轰动了当时的欧洲，也为伽利略赢得了崇高的荣誉。伽利略被聘为"宫廷哲学家"和"宫廷首席数学家"，从此他又回到了故乡佛罗伦萨。

伽利略在佛罗伦萨的宫廷里继续进行科学研究，但是他的天文学发现以及他的天文学著作明显地体现出了哥白尼日心说的观点。因此，伽利略开始受到教会的注意。1616 年开始，伽利略受到罗马宗教裁判所长达二十多年的残酷迫害。伽利略的晚年生活极其悲惨，照料他的女儿赛丽斯特竟然先于他离开人世。失去爱女的过分悲伤，使伽利略双目失明。即使在这样的条件下，他依然没有放弃自己的科学研究工作。

1642 年 1 月 8 日凌晨 4 时，伟大的伽利略——为科学、为真理奋斗一生的战士，科学巨人离开了人世，享年 78 岁。在他离开人世的前夕，他还重复着这样一句话："追求科学需要特殊的勇气。"

牛顿小传[8~9]

艾萨克·牛顿（Isaac Newton）是世界近代科学技术上伟大的物理学家、天文学家和数学家。他由于发现了万有引力定律创立了天文学，由于进行了光分解创立了光学，由于提出了二项式定理和无限理论创立了数学，由于认识了力的本性创立了力学。他是人类认识自然界漫长历程中的一个重要人物，他的科学贡献已成为人类认识自然的里程碑。

Isaac Newton
（1643~1727）

1643 年，在英格兰林肯郡沃尔斯索浦的一个农民家庭里，牛顿诞生了。牛顿是一个早产儿，出生时只有 3 磅重（1.36kg）。接生婆和他的双亲都担心他能否活下来。谁也没有料到这个看起来十分瘦小的婴儿会成为一位震古烁今的科学巨人，并且活到了 85 岁的高龄。牛顿出生前三个月父亲便去世了。在他两岁时，母亲改嫁，从此牛顿便由外祖母抚养。11 岁时，母亲的后夫去世，牛顿才回到了母亲身边。大约从 5 岁开始，牛顿被送到公立学校读书，12 岁时进入中学。少年时的牛顿并不是神童，他资质平常，成绩一般，但他喜欢读书，喜欢看一些介绍各种简单机械模型制作方法的读物，并从中受到启发，自己动手制作一些奇奇怪怪的小玩意，如风车、木钟、折叠式提灯等。药剂师的房子附近正建造风车，小牛顿把风车的机械原理摸透后，自己也制造了一架小风车。推动他的风车转动的，不是风，而是动物。他将老鼠绑在一架有轮子的踏车上，然后在轮子的前面放上一粒玉米，刚好那地方是老鼠可望不可及的位置。老鼠想吃玉米，就不断的跑动，于是轮子不停的转动。他还制造了一个小水钟。每天早晨，小水钟会自动滴水到他的脸上，催他起床。后来，迫于生活，母亲让牛顿停学在家务农。但牛顿对务农并不感兴趣，一有机会便埋首书卷。每次，母亲叫他同她的佣人一道上市场，熟悉做交易的生意经时，他便恳求佣人一个人上街，自己则躲在树丛后看书。有一次，牛顿的舅父起了疑心，就跟踪牛顿上市镇去，他发现他的外甥伸着腿，躺在草地上，正在聚精会神地钻研一个数学问题。牛顿的好学精神感动了舅父，于是舅父说服了母亲让牛顿复学。牛顿又重新回到了学校，如饥似渴地汲取着书本上的营养。

牛顿 19 岁时进入剑桥大学，成为三一学院的减费生，靠为学院做杂务的收入支付学费。在这里，牛顿开始接触到大量自然科学著作，经常参加学院举办的各类讲座，包括地理、物理、天文和数学。牛顿的第一任教授伊萨克·巴罗是一位博学多才的学者。这位学者独具慧眼，看出了牛顿具有深邃的观察力、敏锐的理解力。于是将自己的数学知识，包括计算曲线图形面积的方法，全部传授给牛顿，并把牛顿引向了近代自然科学的研究领域。后来，牛顿在回忆时说道："巴罗博士当时讲授关于运动学的课程，也许正是这些课程促使我去研究这方面的问题。"当时，牛顿在数学上很大程度是依靠自学。他学习了欧几里德的《几何原本》、笛卡儿的《几何学》、沃利斯的《无穷算术》、巴罗的《数学讲义》及韦达等许多数学家的著作。其中，对牛顿具有决定性影响的要数笛卡儿的《几何学》和沃利斯的《无穷算术》，它们将牛顿迅速引导到当时数学最前沿——解析几何与微积分。1664 年，牛顿被选为巴罗的助手，第二年，剑桥大学评议会通过了授予牛顿大学学士学位的决定。正当牛顿准备留校继续深造时，严重的鼠疫席卷了英国，剑桥大学因此而关闭，牛顿离校返乡。家乡安静的环境使得他的思想展翅飞翔，以整个宇宙作为其藩篱。这短暂的时光成为牛顿科学生涯中的黄金岁月。他的三大成就：微积分、万有引力、光学分析的思想就是在这时孕育成形的，可以说此时的牛顿已经开始着手描绘他一生大多数科学创造的蓝图。1667 年复活节后不久，牛顿返回到剑桥大学，10 月被选为三一学院初级院委，翌年获得硕士学位，同时成为高级院委。1669 年，巴罗为了提携牛顿而辞去了教授之职，26 岁的牛顿晋升为数学教授。巴罗让贤，在科学史上一直被传为佳话。

在牛顿的全部科学贡献中，数学成就占有突出的地位。微积分的创立是牛顿最卓越的数学成就。他超越了前人，站在了更高的角度，对以往分散的努力加以综合，将自古希腊以来求解无限小问题的各种技巧统一为两类普通的算法——微分和积分，并确立了这两类运算的互逆关系，从而完成了微积分发明中最关键的一步，为近代科学发展提供了最有效的工具，开辟了数学上的一个新纪元。

牛顿是经典力学理论理所当然的开创者。他系统地总结了伽利略、开普勒和惠更斯等人的工作，得到了著名的万有引力定律和牛顿运动三定律。牛顿发现万有引力定律是他在自然科学中最辉煌的成就。那是在假期里，牛顿常常来到母亲的家中，在花园里小坐片刻。有一次，像以往屡次发生的那样，一个苹果从树上掉了下来。一个苹果的偶然落地，却是人类思想史的一个转折点，它使那个坐在花园里的人的头脑开了窍，引起他的沉思：究竟是什么原因使一切物体都受到差不多总是朝向地心的吸引呢？牛顿思索着。终于，他发现了对人类具有划时代意义的万有引力。他认为太阳吸引行星，行星吸引行星，以及吸引地面上一切物体的力都是具有相同性质的力，还用微积分证明了开普勒定律中太阳对行星的作用力是吸引力，证明了任何一曲线运动的质点，若是半径指向静止或匀速直线运动的点，且绕此点扫过与时间成正比的面积，则此质点必受指向该点的向心力的作用，如果环绕的周期之平方与半径的立方成正比，则向心力与半径的平方成反比。牛顿运动三定律是构成经典力学的理论基础，这些定律是在大量实验基础上总结出来的，是解决机械运动问题的基本理论依据。1687 年，牛顿出版了代表作《自然哲学的数学原理》，这是一部力学的经典著作。牛顿在这部书中，从力学的基本概念（质量、动量、惯性、力）和基本定律（运动三定律）出发，运用他所发明的微积分这一锐利的数学工具，建立了经典力学的完整而严密的体系，把天体力学和地面上的物体力学统一起来，实现了物理学史上第一次大的综合。

在光学方面，牛顿也取得了巨大成果。他利用三棱镜试验了白光分解为有颜色的光，最早发现了白光的组成。他对各色光的折射率进行了精确分析，说明了色散现象的本质。他指出，由于对不同颜色的光的折射率和反射率不同，才造成物体颜色的差别，从而揭开了颜色之谜。牛顿还提出了光的"微粒说"，认为光是由微粒形成的，并且走得是最快速的直线运动路径。他的"微粒说"与后来惠更斯的"波动说"构成了关于光的两大基本理论。此外，他还制作了牛顿色盘和反射式望远镜等多种光学仪器。

牛顿的研究领域非常广泛，他在几乎每个涉足的科学领域都做出了重要的成绩。他研究过计温学，观测水沸腾或凝固时的固定温度，研究热物体的冷却规律，以及其他一些只有在与他自己的主要成就相比较时，才显得逊色的课题。

随着科学声誉的提高，牛顿的政治地位也得到了提升。1689 年，他当选为国会中的大学代表。作为国会议员，牛顿逐渐开始疏远给他带来巨大成就的科学。他不时表示出对以他为代表的领域的厌恶。同时，他的大量时间花费在了和同时代的著名科学家如胡克、莱布尼兹等进行科学优先权的争论上。晚年的牛顿在伦敦过着堂皇的生活，1705 年他被安妮女王封为贵族。此时的牛顿非常富有，被普遍认为是生存着的最伟大的科学家。他担任英国皇家学会会长，在他任职的二十四年时间里，他以铁拳统治着学会。没有他的同意，任何人都不能被选举。晚年的牛顿开始致力于对神学的研究，他否定哲学的指导作用，虔诚地相信上帝，埋头于写以神学为题材的著作。当他遇到难以解释的天体运动时，竟提出了"神的第一推动力"的谬论。他说"上帝统治万物，我们是他的仆人而敬畏他、崇拜他"。

1727 年 3 月 20 日，伟大的艾萨克·牛顿逝世。同其他很多杰出的英国人一样，他被埋葬在了威斯敏斯特教堂。他的墓碑上镌刻着：

让人们欢呼这样一位多么伟大的人类荣耀曾经在世界上存在。

2 动量定理 动能定理

牛顿第二定律是显示力对质点的瞬时作用，但是力作用在物体上，总要作用一定的时间，跨过一定的空间，那么这种力的时间和空间累积会产生什么样的效果呢？力的时间积累用质点动量的变化来衡量，力的空间积累用质点动能的变化来衡量。

2.1 冲量和动量

在研究碰撞、爆炸、打击、反冲等问题时，直接用牛顿定律会有困难。这几类问题的共同特点是物体间作用时间都很短，作用力很大，而且作用力随时间都不断地变化，变化过程很复杂。物理学家在研究这些问题时，引入了动量、冲量的概念[5]。

2.1.1 冲量

我们把力对时间的积累定义为**冲量**，通常用符号 I 来表示。冲量的单位名称为牛顿秒，用 N·s 表示。

2.1.1.1 恒力的冲量

设在 $t_0 \sim t$ 的时间内，恒力 F 持续作用于质点，则力 F 与其作用时间 Δt 的乘积定义为该恒力的冲量，即

$$I = F\Delta t \tag{2-1}$$

2.1.1.2 变力的冲量

若在 $t_0 \sim t$ 的时间内，作用在质点上的力 F 随时间变化，则不能用式（2-1）直接计算冲量。我们可以把力持续作用的时间分成许多微小的时间间隔 $\mathrm{d}t$，在每一时间间隔内，可以将力视为恒力，于是力 F 在 $\mathrm{d}t$ 间隔内的冲量 $\mathrm{d}I$ 为

$$\mathrm{d}I = F\mathrm{d}t \tag{2-2}$$

$\mathrm{d}I$ 称为元冲量。在 $t_0 \sim t$ 这段时间内，力的冲量等于所有间隔内冲量的矢量和。取时间间隔 $\mathrm{d}t \to 0$，求和变成积分，得到冲量 I 的精确值，即

$$I = \int_{t_0}^{t} F(t)\,\mathrm{d}t \tag{2-3}$$

如果有

$$I = \int_{t_0}^{t} F(t)\,\mathrm{d}t = \overline{F}(t - t_0)$$

则称 $\overline{F}$ 为变力 F 在 $t_0 \sim t$ 时间内的平均力。从而式（2-3）可以写成

$$I = \int_{t_0}^{t} F(t) \, dt = \overline{F}(t - t_0) = \overline{F} \Delta t \tag{2-4}$$

应当指出，冲量 I 是矢量，它表示力对时间的累积作用。冲量的方向一般不是瞬时质点所受力的方向，只有恒力冲量的方向才与力的方向相同。变力冲量的方向与平均力的方向相同。具体计算时，常用直角坐标分量式

$$I_x = \int_{t_0}^{t} F_x dt = \Delta p_x, \ I_y = \int_{t_0}^{t} F_y dt = \Delta p_y, \ I_z = \int_{t_0}^{t} F_z dt = \Delta p_z \tag{2-5}$$

在碰撞、打击等问题中，相互作用时间极短而力的峰值很大，而且变化很快，通常把这种力称为冲力。冲力的变化很难测定，研究其作用的细节十分困难。平均力概念的引入对这类问题的研究特别有用。

2.1.1.3 合力的冲量

有几个力 F_1，…，F_n 同时作用在质点上，则合力的冲量为

$$I = \int_{t_0}^{t} \left(\sum_{i}^{n} F_i \right) dt = \sum_{i}^{n} \int_{t_0}^{t} F_i dt = \sum_{i}^{n} I_i \tag{2-6}$$

式（2-6）表明，合力的冲量等于各个分力在同一时间内冲量的矢量和。

2.1.2 动量

运动物体与另一个物体发生作用时，作用的效果是与速度有关，还是与运动物体的质量有关，或者与质量和速度都有关？

17～18 世纪，关于运动的度量问题，在笛卡儿学派和莱布尼茨学派之间发生了一场旷日持久的争论。牛顿支持笛卡儿的观点，认为物体的质量和速度的乘积可以作为运动的度量。而德国的数学家、物理学家莱布尼茨认为应该用物体的质量与速度平方的乘积来度量运动。许多物理学家和哲学家都参与了这场争论。最后，由法国的科学家达朗贝尔结束了这场长达半个世纪的争论，认定这两种度量是等效的，只是用在不同的场合。

我们用质量与速度的乘积表征运动物体运动量的大小和方向，称为**动量**。用符号 p 表示，即

$$p = m\boldsymbol{v} \tag{2-7}$$

在国际单位制中，动量的单位为 kg·m/s，动量是矢量，动量的方向由速度方向确定。

2.2 动量定理和动量守恒定理

2.2.1 质点的动量定理

我们在看足球比赛时，经常看到运动员用头去顶球，改变了足球的运动状态，把球顶进了对方的球门，头顶足球时，力和运动之间有什么关系呢？足球受到头给的力 F，力作用时间很短，物体受力，产生加速度，合外力和加速度关系可表达成牛顿第二定律。要求解这个问题，关键是要定下力，在碰撞问题中这难以做到。利用动量冲量的概念来思考足球和头的相互作用效果是否更好一点？这时我们不说物体受力，而说物体受到了冲量，不

说加速度如何，而说物体动量变化怎样，下面看我们如何将牛顿第二定律表达成另一个模样。

牛顿第二定律的普遍形式为

$$F = \frac{\mathrm{d}m\boldsymbol{v}}{\mathrm{d}t}$$

即

$$F = \frac{\mathrm{d}m\boldsymbol{v}}{\mathrm{d}t} = \frac{\mathrm{d}\boldsymbol{p}}{\mathrm{d}t}$$

可得

$$F\mathrm{d}t = \mathrm{d}\boldsymbol{p} \tag{2-8}$$

若在 $t_0 \sim t$ 时间内质点的动量由 $\boldsymbol{p}_0$ 变化到 $\boldsymbol{p}$，考虑力 F 在这段时间内的累积效应，将式（2-8）积分，即得

$$I = \int_{t_0}^{t} F\mathrm{d}t = \int_{p_0}^{p} \mathrm{d}\boldsymbol{p} = \boldsymbol{p} - \boldsymbol{p}_0 = \Delta\boldsymbol{p} \tag{2-9}$$

结果表明，某段时间内作用在质点上合力的冲量，等于在该段时间内质点动量的增量。这一结论称为质点的动量定理。式（2-8）是动量定理的微分形式，式（2-9）是动量定理的积分形式。具体应用动量定理时，可以利用矢量三角形关系画图求解，也常用分量式求解。在直角坐标系中，式（2-9）的分量式为

$$\begin{cases} I_x = \displaystyle\int_{t_0}^{t} F_x\mathrm{d}t = \Delta p_x \\[2mm] I_y = \displaystyle\int_{t_0}^{t} F_y\mathrm{d}t = \Delta p_y \\[2mm] I_z = \displaystyle\int_{t_0}^{t} F_z\mathrm{d}t = \Delta p_z \end{cases} \tag{2-10}$$

显然，质点在某一方向上的动量增量，仅与它在此方向上所受外力的冲量有关。

说明：

（1）动量定理中的 F 指的是合外力。如果各个外力的作用时间相同，可先求所有力的合外力，再乘以时间，也可以求出各个力的冲量再按矢量运算法则求所有力的合冲量。如果作用在被研究对象上的各个力的作用时间不同，就只能先求每个外力在相应时间内的冲量，然后再求出所受外力冲量的矢量和。

（2）公式中 $\Delta\boldsymbol{p}$ 指的是动量的变化，不能理解为动量，它的方向与动量的方向可以相同，也可以相反，甚至可以和动量方向成任意角度，但 $\Delta\boldsymbol{p}$ 一定跟合外力冲量的方向相同。

（3）动量定理既适用于恒力，也适用于变力。对于变力的情况，动量定理中的 F 应理解为变力在作用时间内的平均值。

（4）动量是矢量，求其变化量应该运用平行四边形法则。

由动量定理可知，引起质点动量改变的原因是力对时间的累积作用。我们可以用较大的力作用较短的时间，也可以用较小的力作用较长的时间，使质点的动量发生同样的变化。玻璃杯掉在草地上比掉在水泥地上不易破碎，就是因为前一种情况作用时间长而冲力小，军港码头上放置的橡胶碰垫也正是为了增加缓冲时间而减小舰与岸的冲力；相反，工厂中的冲床则是利用极短的作用时间以产生巨大的冲力来冲压铜板的。

【例题 2-1】

如图 2-1a 所示，一个质量是 0.2kg 的钢球，以 2m/s 的速度水平向右运动，碰到坚硬的墙壁后被弹回，沿着同一直线以 2m/s 的速度水平向左运动，求：

（1）碰撞前后钢球的动量有没有变化？变化了多少？

（2）如图 2-1b 所示，若钢球以 45°角斜射到地面，碰撞后以 45°角被斜着弹出，速度大小仍为 2m/s，求钢球动量变化大小和方向。

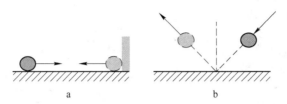

图 2-1 例题 2-1 图
a—钢球垂直碰撞；b—钢球斜碰地面

解：（1）取水平向右的方向为正方向，碰撞前钢球的速度大小 $v = 2\text{m/s}$，碰撞后钢球的速度为 $v' = -2\text{m/s}$，大小不变，但是方向相反，如图 2-2a 所示。

碰撞前钢球的动量大小为 $p = mv = 0.2\text{kg} \times 2\text{m/s} = 0.4\text{kg}\cdot\text{m/s}$，方向水平向右；

碰撞后钢球的动量大小为 $p' = mv' = 0.2\text{kg} \times (2\text{m/s}) = -0.4\text{kg}\cdot\text{m/s}$，方向水平向左；动量变化量 $\Delta P = P' - P = mv' - mv = -0.8\text{kg}\cdot\text{m/s}$，动量变化的方向水平向左。

（2）碰撞前后钢球不在同一直线运动，据三角形法则，以 $\boldsymbol{P}$ 和 $\boldsymbol{P}'$ 为邻边作三角形，ΔP 就等于第三边的长度，指向就表示 $\Delta \boldsymbol{P}$ 的方向，如图 2-2b 所示，$\Delta P = \sqrt{P'^2 + P^2} = 0.4\sqrt{2}\text{kg}\cdot\text{m/s}$，动量变化的方向竖直向上。

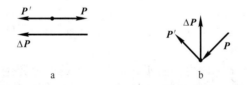

图 2-2 例题 2-1 解答图
a—钢球垂直碰撞墙壁；b—钢球斜碰地面

【例题 2-2】

一辆小汽车正以 108km/h 的速度飞驰在高速公路上，突然在它前面行驶的一辆大货车停住了，于是质量 70kg 的小汽车司机急刹车，要在 2s 内把人车一起停住，问系在司机身上的安全带给了司机多大的平均力？如果刹车时两车距离保持在小于 30m，问车祸是否发生？

解：以小汽车司机作为研究对象，他的质量 $m = 70\text{kg}$，初速 $v_1 = 108\text{km/h} = 30\text{m/s}$，初动量 $p_1 = mv_1 = 2100\text{N}\cdot\text{m}$，末动量 $p_2 = 0$。

根据动量定理：

$$\Delta p = p_2 - p_1 = 0 - mv_1 = \overline{F}\Delta t = -2100\text{N}\cdot\text{m}$$

司机受安全带向后的平均力为

$$\bar{F} = \frac{\Delta p}{\Delta t} = -1050\text{N}$$

以车人为研究对象，按匀减速处理

$$\bar{a} = \frac{v_2 - v_1}{\Delta t} = \frac{0 - 30}{2} = -15\text{m/s}^2$$

在 2s 内车前进的距离为

$$x = v_0 t + \frac{1}{2} a t^2 = 30 \times 2 - \frac{1}{2} \times 15 \times 2^2 = 30\text{m}$$

因此，正好撞上前面的货车。

2.2.2　质点系的动量定理

对于多个质点组成的系统，有来自系统外的作用，还有系统内质点间的相互作用。但是由于系统的内力总是以作用力和反作用力的形式成对出现，所有内力的矢量和等于零。因此对于质点系而言：质点系的所有外力冲量的矢量和，等于在该时间内质点系总动量的增量，这一结论称为质点系的动量定理。表示为

$$\sum_i \int_{t_0}^{t} \boldsymbol{F}_i \mathrm{d}t = \sum_i \boldsymbol{p}_i - \sum_i \boldsymbol{p}_{i0} \tag{2-11}$$

或写成

$$\boldsymbol{I} = \sum_i \boldsymbol{I}_i = \boldsymbol{p} - \boldsymbol{p}_0 \tag{2-12}$$

式（2-12）中 $\boldsymbol{I}$ 是作用于系统的所有外力冲量的矢量和，$\boldsymbol{p}$ 是系统内多个质点在 t 时刻的动量的矢量和，称为系统的总末动量，$\boldsymbol{p}_0$ 是系统在 t_0 时刻的总动量，称为系统的总初动量。

可见，质点系的动量定理与质点的动量定理具有相同的形式，同样可以写成像式（2-10）那样的分量形式。需要指出：

（1）在动量定理中不出现内力，由于内力和外力的区分完全取决于系统的选取，因此在应用动量定理时，先要根据问题的需要选好系统，再分析作用于系统的外力。

（2）动量定理由牛顿定律导出，因此只适用于惯性系。

（3）力对系统在一段时间内的持续作用，常常伴随着力在特定空间距离上的持续作用，所以力对时间的累积作用往往一起发生，是不能分割的。

由动量定理式（2-11）可知，若质点系所受外力的矢量和为零，即 $\sum_i \boldsymbol{F}_i = 0$，则有

$$\sum_i \boldsymbol{p}_i = \sum_i m_i \boldsymbol{v}_i = \text{常矢量} \tag{2-13}$$

这就是说，如果作用于质点系的合外力为零，那么该质点系的总动量保持不变。这一结论称为动量守恒定律。在直角坐标系中，当满足守恒条件时，系统动量守恒用分量式表示为

$$\sum_i m_i v_{ix} = C_1, \quad \sum_i m_i v_{iy} = C_2, \quad \sum_i m_i v_{iz} = C_3 \tag{2-14}$$

需要指出：

（1）系统总动量不变是指系统内各质点动量的矢量和不变，而不是指其中某一个质点的动量不变。此外，各质点的动量必须相对于同一惯性系。

（2）系统内力不能改变系统的总动量，但可以改变系统内质点的动量。例如，静止放置的定时炸弹突然爆炸后，向各方向飞出的弹片和火药气体都有各自的动量，但各动量的矢量和为零。

（3）动量守恒的条件是系统所受合外力必须为零。但是在有些实际问题中，如果内力远大于外力，则可近似认为系统的动量是守恒的。像碰撞、打击和爆炸等问题，一般都可以这样处理。如果系统所受外力的矢量和不等于零，但合外力在某个方向上的分量为零，在这种情况下，系统的总动量虽不守恒，但动量在该方向上的分量是守恒的。

动量守恒定律是物理学最基本最普遍的规律之一。近代科学实验和理论分析都表明，在自然界中，大到天体间的相互作用，小到质子、中子、电子等微观粒子间的相互作用，都遵守动量守恒定律。甚至对于那些内部相互作用不能用力的概念描述的系统所发生的过程，例如光子和电子的碰撞过程，只要系统不受外界影响，也符合动量守恒定律。而在原子、原子核等微观领域中牛顿运动定律已不适用。动量守恒定律比牛顿运动定律更加基本，是自然界最普遍的定律之一。

【例题 2-3】

如图 2-3 所示，一辆停在水平光滑地面上的炮车以仰角 θ 发射一颗炮弹，炮弹的出膛速度大小相对于地面为 v，炮车和炮弹的质量分别为 M、m。忽略地面的摩擦，试求炮车的反冲速度。

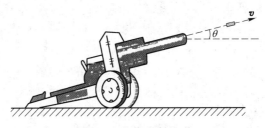

图 2-3　炮车发射炮弹

解：以炮弹和炮车为系统，选地面为参考系。由于系统在水平方向无外力作用，因此系统在该方向上动量守恒。如图 2-3 所示，炮弹出膛时相对于地面的速度大小为 v，此时炮车相对于地面的速度大小为 V，在水平方向建立 Ox 轴，并以炮弹前进的方向为正方向。由于系统动量在水平方向的分量守恒，因此可得

$$MV + mv_x = 0$$

即
$$MV + mv\cos\theta = 0$$

得
$$V = -\frac{mv\cos\theta}{M}$$

式中，负号表示炮车后退。

【例题 2-4】

自动步枪每分钟可以射出 600 颗子弹，打出一梭子子弹（30 发）只需要 3s。设每颗子弹的质量为 20g，出口速度大小为 500m/s，求射击时的平均反冲力。

解：步枪打出一梭子子弹（30 发）需要的时间 $\Delta t = 3\text{s}$，每颗子弹质量 $m = 20\text{g} = 0.02\text{kg}$，则一梭子子弹质量为 $M = 30m = 0.6\text{kg}$。

规定子弹发射方向为正方向，一梭子子弹发射过程中受到的冲力平均值大小设为 $\overline{F}$，作用时间为 Δt，初始速度大小为 0，出口速度（即末速度）大小为 v，根据动量定理有

$$\overline{F}\Delta t = \Delta(Mv) = Mv - 0$$

即

$$\overline{F} = \frac{Mv}{\Delta t} = \frac{0.6 \times 500}{3} = 100\text{N}$$

枪身受到的反冲力为 $\overline{F'} = -\overline{F} = -100\text{N}$，负号代表反冲力方向与规定的正方向相反。

【应用知识介绍】自动步枪是指借助火药气体压力及弹簧的作用完成推弹、闭锁、击发、退壳和供弹等一系列动作的连发步枪，是一种突击步枪。美国南北战争爆发之际，1960 年 5 月的一天，克里斯托夫·斯潘塞闯入位于华盛顿的陆军部介绍自己的发明，但是军械官们不相信金属壳枪弹、后装枪和连发枪这些当时的新事物，更不相信这个年仅 20 岁的小伙子。斯潘塞非常丧气，但他意外的见到新任总统，联邦军统帅亚伯拉罕·林肯。林肯仔细地听了他的讲述高兴地说："很好，眼见为实，打响了才算数。走，到外面试试看！"在院子里，斯潘塞对着一块木板连打了 7 枪，连发枪工作良好。接着，林肯也打了 7 枪，总统亲自试枪的消息引起了军方的重视，很快对斯潘塞的连发枪进行了试验和评审，并于 1862 年 12 月 31 日正式武装联邦军。1866 年，奥利弗温切斯特也研制了一种连发枪，称为"温切斯特步枪"。但是这时的连发枪只是能够从弹仓中接连推弹入膛而已，开锁和退壳等动作还需要手动操作来完成。第一支真正的自动步枪是 1883 年由美国工程师马克沁在改进"温切斯特步枪"基础上发明的。步枪射击时，产生的火药气体除了将子弹射出枪管外，同时还使枪产生后坐力。马克沁就是利用部分火药气体的动力使枪完成开锁、退壳、送弹和重新闭锁等一系列动作的，从而实现了步枪的自动连续射击，并减轻了枪支对射手撞击的后坐力。马克沁将"温切斯特步枪"进行改装和试验，终于在 1883 年成功地制造出世界上第一支自动步枪。早期的自动步枪发射大威力步枪弹，并装有较厚重的枪管和两脚架，适合较长时间的全自动射击，早期代表有美国的勃朗宁自动步枪和德国的 FG42 伞兵步枪，后期代表有比利时的 FAL 50.41 和瑞士的 SIG SG 510。部分重枪管的自动步枪发展成班组支援用轻机枪，并与标准型的选射步枪或者小口径突击步枪组成火力组合。

2.3　功和动能定理

2.3.1　功

要顺利的建立功的概念，不妨观察生活中的现象。移动一个物品，我们的生活经验是既要施力，又要有位置的移动。力学中功的概念是对这一有普遍性的过程的准确定义。定义了功，其他与功相关的问题即可以一一加以分析和解决。一个物体受到力的作用，如果

在力的方向上发生一段位移，这个力就对物体做了功。人推车前进，车在人的推力作用下发生一段位移，推力对车做了功。起重机提起货物，货物在起重机钢绳的拉力作用下发生一段位移，拉力对货物做了功。列车在机车的牵引力作用下发生一段位移，牵引力对列车做了功。这些现象都有一个共同点，物体在力的作用下产生了位移，且在位移方向有力的投影或分量，我们就说力对物体做了功。功是物理学中的重要概念，与日常生活中所说的"工作"或"做工"既有区别又有联系，它包含有一定的"功效"意义。物理学中的功包含两个必要因素：一是作用在物体上的力，二是物体有位移且在位移方向上有力的投影或分量，这两个因素缺一不可，缺少其中任何一个因素，物理学中就说没有做功[3,11]。

2.3.1.1　恒力做功

如图 2-4 所示，物体在恒力 $\boldsymbol{F}$ 作用下沿水平方向有位移 $\Delta\boldsymbol{r}$。力与位移的夹角为 θ，因此力在位移方向的投影或分量为 $F\cos\theta$，则力 $\boldsymbol{F}$ 所做的功为

$$A = F\cos\theta \,|\, \Delta\boldsymbol{r} \,| = \boldsymbol{F} \cdot \Delta\boldsymbol{r} \tag{2-15}$$

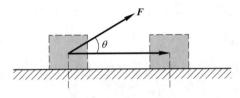

图 2-4　恒力做功

功是一个标量，在国际单位制中，功的单位为焦耳，用 J 表示，$1\text{J} = 1\text{N} \cdot \text{m}$。

现在，我们用式（2-15）来讨论一下功的正负问题。

（1）当 $\theta = \dfrac{\pi}{2}$ 时，$\cos\theta = 0$，力和位移方向垂直，表示力不做功。

（2）当 $\theta < \dfrac{\pi}{2}$ 时，$\cos\theta > 0$，$A > 0$，力对物体做正功。

（3）当 $\dfrac{\pi}{2} < \theta < \pi$ 时，$\cos\theta < 0$，$A < 0$，力对物体做负功。

一个力对物体做负功，往往说成物体克服这个力做功（取绝对值）。这两种说法在意义上是等同的，如竖直向上抛出的球，在向上运动的过程中，重力对球做了–6J 的功，可以说成球克服重力做 6J 的功。

2.3.1.2　变力做功

变力是指大小和方向至少有一个是随时间改变的力。在许多问题中，质点受变力作用，沿曲线运动。这时不能按式（2-15）的定义计算功。我们可以把全部路径分成许多小段，将每小段近似地看成直线，每小段上质点所受的力视为恒力，这样变力沿曲线做功我们可以通过 $\boldsymbol{F}$ 沿路径的线积分来表示。假设物体在力 $\boldsymbol{F}$ 的作用下从 a 点运动到 b 点，力 $\boldsymbol{F}$ 所做的功可表示为

$$A = \int_a^b \boldsymbol{F} \cdot \mathrm{d}\boldsymbol{r} \tag{2-16}$$

一般说来，线积分的值与路径有关。

2.3.1.3　合力做功

以上我们讨论了一个力对质点所做的功。如果有几个力 $\boldsymbol{F}_1$、$\boldsymbol{F}_2$、$\boldsymbol{F}_3$、$\cdots$、$\boldsymbol{F}_n$ 同时作用在质点上，在质点沿路径 L 从 a 点运动到 b 点的过程中，合力 $\boldsymbol{F}$ 对质点做的功为

$$A_{ab} = \int_a^b \boldsymbol{F} \cdot \mathrm{d}\boldsymbol{r} = \int_a^b \sum_{i=1}^n \boldsymbol{F}_i \cdot \mathrm{d}\boldsymbol{r} = \sum_{i=1}^n \int_a^b \boldsymbol{F}_i \cdot \mathrm{d}\boldsymbol{r}_i = \sum_{i=1}^n A_{iab} \tag{2-17}$$

式（2-17）表明，合力对质点所做的功等于各分力沿同一路径做功的代数和。

2.3.1.4　几种常见力所做的功

A　重力的功

设在地面附近，质量为 m 的质点沿曲线路径 L 运动，如图 2-5 所示。重力是恒力，质点从 a 点运动到 b 点的过程中，以竖直向下为 y 坐标轴，重力做功为

$$A_{ab} = \int_{h_a}^{h_b} (-mg)\mathrm{d}y = mg(h_a - h_b) \tag{2-18}$$

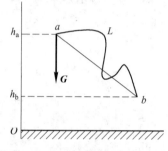

图 2-5　重力做功

式中，h_a 和 h_b 是点 a 和点 b 相对参考水平面的高度。可见重力所做的功只与质点的始末位置有关，而与所经过的路径无关，其量值等于重力的大小与质点始末位置高度差的乘积。显然，选取不同的参考水平面不影响功的量值。

B　弹性力的功

将一根劲度系数为 k 的弹簧一端固定，另一端与一质量为 m 的质点相连，置于光滑的水平面上，如图 2-6 所示。以弹簧无形变时质点的位置为坐标原点，建立 Ox 轴。在弹性限度内，质点于任意位置 x 处所受的弹性力可表示为 $\boldsymbol{F} = -kx\boldsymbol{i}$。质点从位置 x_a 运动到 x_b 的过程中，弹性力所做的功为

$$A_{ab} = \int_{x_a}^{x_b} (-kx)\mathrm{d}x = \frac{1}{2}kx_a^2 - \frac{1}{2}kx_b^2 \tag{2-19}$$

C　摩擦力的功

一质点在粗糙的平面上沿一曲线路径运动，如图 2-7 所示。设质点所受摩擦力的大小 f 保持不变。质点从 a 点运动到 b 点的过程中，摩擦力所做的功为

$$A_{ab} = \int_L \boldsymbol{f} \cdot \mathrm{d}\boldsymbol{r} = \int_L f_\tau \mathrm{d}s = f(s_a - s_b) \tag{2-20}$$

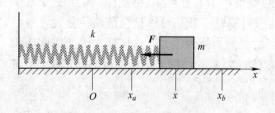

图 2-6　弹力做功

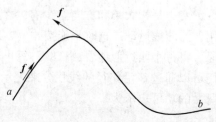

图 2-7　摩擦力做功

可见重力、弹性力的功只与质点的始末位置有关，而与质点运动的具体路径无关，摩擦力的功与路径有关。

2.3.2 功率

在生产实践中，不仅需要知道力做功的多少，还要知道力做功的快慢，为此引入了功率的概念。设在时间 Δt 内力 F 所做的功为 ΔA，则比值 $\dfrac{\Delta A}{\Delta t}$ 反映了力在这段时间内做功的平均快慢程度，称为**平均功率**，记为 $\overline{P}$，即

$$\overline{P} = \frac{\Delta A}{\Delta t} \tag{2-21}$$

当 $\Delta t \to 0$ 时，$\dfrac{\Delta A}{\Delta t}$ 的极限称为**瞬时功率**，简称功率，即

$$P = \lim_{\Delta t \to 0} \frac{\Delta A}{\Delta t} = \frac{\mathrm{d}A}{\mathrm{d}t} \tag{2-22}$$

式（2-22）表明，功率等于功对时间的一阶导数。由于 $\mathrm{d}A = F \cdot \mathrm{d}r$，式（2-22）又可写成

$$P = \frac{\mathrm{d}A}{\mathrm{d}t} = \frac{F \cdot \mathrm{d}r}{\mathrm{d}t} = F \cdot v \tag{2-23}$$

这就是说，功率等于力和速度的标积。

功率的单位名称为瓦特，简称瓦，符号为 W。$1\mathrm{W} = 1\mathrm{J/s}$。

思考与讨论

为什么汽车爬坡过程中，要踩油门挂低挡？

分析：从公式 $P = F \cdot v$ 可以看出，汽车、火车等交通工具，当发动机的输出功率一定时，牵引力与速度成反比，要增大牵引力，就要减小速度。所以汽车上坡的时候，司机常用换低挡的办法减小速度，来得到较大的牵引力。

当速度保持一定时，牵引力与功成正比。所以汽车上坡时，要保持速度不变，必须加大油门，增大输出功率来得到较大的牵引力。

【例题 2-5】

如图 2-8 所示，质点的质量为 2kg 的物体，受到水平方向成 37°角斜向上的拉力 $F = 10\mathrm{N}$，在水平地面上移动的距离 $s = 2\mathrm{m}$，物体与地面间的动摩擦系数为 0.3，求：

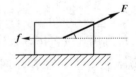

图 2-8　例题 2-5 示意图

（1）力 F 在 3s 内对物体做的功；

（2）力 F 在 3s 内对物体做功的平均功率；

（3）3s 末，力 F 对物体做功的瞬时功率。

解：以该物体为研究对象，进行受力分析，水平方向上，受到拉力在水平方向上的分力、动摩擦力的作用；竖直方向上，受到重力、支持力、拉力在竖直方向上分力的作用。

以水平向右、竖直向上方向为 x、y 轴正方向，画出受力分析图，如图 2-9 所示。其中拉力做正功，摩擦力做负功，重力与支持力不做功。

（1）拉力做功：$A_F = Fs\cos\theta = (10 \times 2 \times \cos37°)\mathrm{J} \approx 16\mathrm{J}$。

（2）通过对物体的受力分析可知，竖直方向上合力为零，所以有

$$mg = N + F\sin\theta$$

解得

$$N = mg - F\sin\theta$$

$$f = \mu N = \mu(mg - F\sin37°)$$
$$= 0.3 \times (2 \times 10 - 10 \times 0.6)\,\text{N} = 4.2\,\text{N}$$

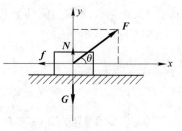

图 2-9　物体受力分析图

因为摩擦力与运动方向相反，所以摩擦力做功为

$$A_f = -fs = -(4.2 \times 2)\,\text{J} = -8.4\,\text{J}$$

因此，该物体受到的摩擦力 f 在 3s 内对物体做功的平均功率为

$$\overline{P} = \frac{\Delta A}{\Delta t} = \frac{A_f}{t} = \frac{-8.4}{3}\,\text{W} = -2.8\,\text{W}$$

（3）水平方向上，物体受到拉力 F 和摩擦力 f 的共同作用，做匀加速直线运动，根据牛顿运动定律有

$$F_合 = F\cos\theta - f = ma$$

$$a = \frac{F_合}{m}, \quad v = at$$

因此，在 3s 末，合外力对物体做功的瞬时功率为

$$P = F_合 v = \frac{F_合^2}{m}t = \frac{(10\text{N} \times 0.8 - 4.2\text{N})^2}{2\text{kg}} \times 3\text{s} = 21.66\text{W}$$

2.3.3　动能和动能定理

2.3.3.1　动能

功和能是两个联系密切的物理量。物体由于运动而具有的能量叫做动能，通常用符号 E_k 来表示，即

$$E_k = \frac{1}{2}mv^2 \tag{2-24}$$

动能是标量，它的单位与功的单位相同，在国际单位制中都是焦耳，符号为 J。

2.3.3.2　质点的动能定理

利用式（2-16）来计算功比较麻烦，我们不妨将牛顿第二定律变一变，可以找到计算物体所受合外力功的简单办法。如图 2-10 所示，质量 m 的物体，在恒力 F 作用下，由初速度 v_1，以加速度 a 加速到速度 v_2 的过程中，在中学我们学过，利用牛顿第二定律，有

$$A = \frac{1}{2}mv_2^2 - \frac{1}{2}mv_1^2 = E_{k2} - E_{k1} = \Delta E \tag{2-25}$$

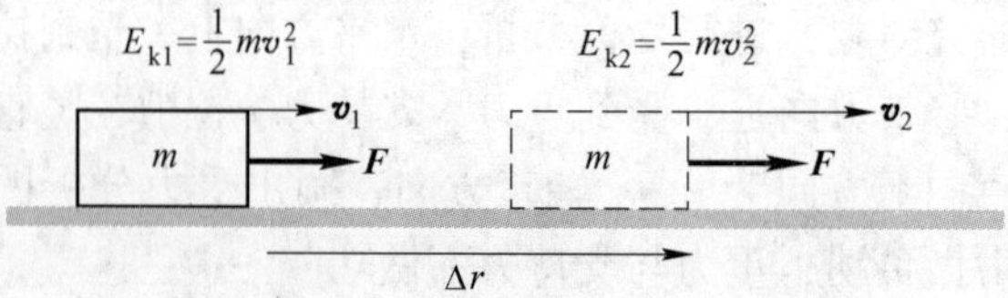

$$E_{k1} = \frac{1}{2}mv_1^2 \qquad\qquad E_{k2} = \frac{1}{2}mv_2^2$$

图 2-10　恒力做功

式中，E_{k2} 表示末动能 $\frac{1}{2}mv_2^2$；E_{k1} 表示初动能 $\frac{1}{2}mv_1^2$。

式（2-25）表示，外力所做的功等于动能的变化。当外力做正功时，末动能大于初动能，动能增加。当外力做负功时，末动能小于初动能，动能减少。

如果物体受到几个力的共同作用，则式（2-25）中的 A 表示各个力做功的代数和，即合外力所做的功。

合外力所做的功等于物体动能的变化，这个结论**叫做动能定理**。这里所说的外力，既可以是重力、弹力、摩擦力，也可以是任何其他的力。

式（2-25）是在物体受到恒力的作用，且物体做直线运动的情况下得到的。可以证明，当外力是变力或物体做曲线运动时，式（2-25）也是正确的，这时式中的 A 为变力所做的功。正因为动能定理适用于变力，所以它得到了广泛的应用，经常用来解决有关的力学问题。

需要注意的是，动能定理是从牛顿运动定律导出的，因此它只适用于惯性系。因为速度具有相对性，所以动能的量值还与参考系有关。动能的单位和量纲与功的单位和量纲相同。但是，必须指出，功和动能是有区别的，动能取决于质点的运动状态，是一个状态量，而功是能量变化的量度，与质点运动状态变化的过程相联系，是一个过程量。

2.4 势能和机械能守恒定理

2.4.1 势能

高楼上的物件掉下来能砸死人打伤人，蓄积在水库中的水能做功发电，拉紧的弓可以把箭射出去，压缩或拉伸的弹簧可以做功。这种由于物体位置（高度）和形变所具有的能量称为**势能**，通常用符号 E_p 来表示。

2.4.1.1 重力势能

打桩机的重锤从高处落下时可以把水泥桩打进地里，重锤具有重力势能。重力势能跟物体的质量和高度都有关系。重锤的质量越大，被举得越高，把水泥桩打进地里就越深。可见，物体的质量越大，高度越大，重力势能就越大。

怎样定量地表示重力势能呢？

把一个物体举高，要克服重力做功，同时物体的重力势能增加。一个物体从高处下落，重力做功，同时重力势能减小。可见，重力势能跟重力做功有密切联系。

如图 2-11 所示，设一个质量为 m 的物体从高度为 h_1 的点下落到高度为 h_2 点重力所做的功为

$$A_G = mg(h_1 - h_2) \tag{2-26}$$

我们看到 A_G 等于 mgh 这个量的变化，在物理学中就用 mgh 这个物理量表示物体的**重力势能**，即

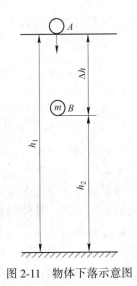

图 2-11 物体下落示意图

$$E_p = mgh \qquad\qquad (2\text{-}27)$$

重力势能是标量，它的单位也和功的单位相同，在国际单位制中都是焦耳。有了重力势能的定量表示，式（2-26）就可以写成

$$A_G = E_{p1} - E_{p2} \qquad\qquad (2\text{-}28)$$

式中，$E_{p1} = mgh_1$ 表示初位置的重力势能；$E_{p2} = mgh_2$ 表示末位置的重力势能。

当物体由高处运动到低处时，重力做正功。$A_G > 0$，$E_{p1} > E_{p2}$，这表示重力做正功时，重力势能减少，减少的重力势能等于重力所做的功。

当物体由低处运动到高处时，重力做负功。$A_G < 0$，$E_{p1} < E_{p2}$，这表示重力做负功时，重力势能增加，增加的重力势能等于克服重力所做的功。

在上面的讨论中，物体是沿着直线路径由初位置达到末位置的。可以证明：重力所做的功只跟初位置的高度和末位置的高度有关，跟物体运动的路径无关。只要起点和终点的位置相同，不论沿着什么路径由起点到终点，沿着直线路径也好，沿着曲线路径也好，式（2-28）都是正确的。

2.4.1.2　弹性势能

发生弹性形变的物体，在恢复原状时能够对外界做功，因而具有能量，这种能量叫做**弹性势能**。卷紧了的发条、被拉伸或压缩的弹簧、拉弯了的弓、击球时的网球拍或羽毛球拍、支撑运动员上跳的撑杆等，都具有弹性势能。

弹簧的弹性势能跟弹簧被拉伸或压缩的长度有关，被拉伸或压缩的长度越长，恢复原状时对外做的功就越多，弹簧的弹性势能就越大。弹簧的弹性势能还跟弹簧的劲度系数有关，被拉伸或压缩的长度相同时，劲度系数大的弹簧的弹性势能大。

经计算表明，当劲度系数为 k 的弹簧形变（伸长或压缩）为 x 时，弹簧弹性势能的表达式为

$$E_p = \frac{1}{2}kx^2 \qquad\qquad (2\text{-}29)$$

值得提出的是 x 不是弹簧的长度，是指相对自由长度的伸长或压缩量，既无伸长又无压缩时的长度称为自由长度，此时 $x = 0$，是弹性势能的零点。

若弹簧形变由 x_1 变为 x_2，弹力的功便可由弹性势能的减少算出，即

$$A = \frac{1}{2}kx_1^2 - \frac{1}{2}kx_2^2 \qquad\qquad (2\text{-}30)$$

另外，需要注意的是：

（1）势能具有相对性，而势能差是绝对的。势能的量值是相对于势能零点而言的，但是，势能差与零点的选取无关。例如我们说物体具有重力势能时，总是相对于某个水平面来说的，这个水平面的高度为零，重力势能也为零，这个水平面叫做参考平面。选择哪个水平面作为参考平面，可视研究问题的方便而定，通常选择地面作为参考平面。选择不同的参考平面，物体的重力势能的数值是不同的，但这并不影响研究有关重力势能的问题。因为在有关的问题中，有确定意义的是重力势能的差值，这个差值并不因选择不同的参考平面而有所不同。对选定的参考平面而言，在参考平面上方的物体，高度是正值，重力势能也是正值；在参考平面下方的物体，高度是负值，重力势能也是负值。物体具有负

的重力势能，表示物体在该位置具有的重力势能比在参考平面上具有的重力势能要低。

（2）势能属于系统。势能是由于系统内各物体间有保守内力作用而产生的，因此它属于系统，单独谈哪个物体的势能是没有意义的。例如重力势能就属于地球和物体组成的系统。如果没有地球对物体的作用，也就没有重力做功和重力势能的问题。平常说某物体的重力势能，只是为了叙述上的简便，其实它是属于地球和物体组成的系统。其他势能也可作类似的分析。

2.4.2 保守力

我们分析重力以及弹力做功时会发现，它们都与物体运动的路径无关，仅与起点和终点的位置有关，具有这种性质的力称为**保守力**。除了重力、弹力外，万有引力、静电力也有这种性质。做功与路径有关的力为**非保守力**，如摩擦力。保守力与非保守力只是一种分类，而不说某种力像某类人那样是保守的。

如何用一个统一的数学式子，把各种保守力做功与路径无关这一特点表达出来呢？

我们用 $F_保$ 来表示一个保守力，设物体在保守力 $F_保$ 作用下自一点沿任意闭合路径运动一周回到起点，保守力对它所做的功为零，可以用以下数学式表示

$$\oint F_保 \cdot dr = 0 \qquad (2\text{-}31)$$

通过分析重力、弹力做功与势能之间的关系，我们可得出保守力所做的功等于势能的减少量这样的结论。

应当指出，保守力做功与路径无关的特点和保守力沿任意闭合路径一周做功为零的特点是等价的，都可作为保守力的判据。我们把保守力存在的空间称为保守力场。如地球表面附近的空间存在重力场，类似地还有万有引力场和弹性力场等保守力场。

2.4.3 机械能守恒定律

势能和动能之间是可以发生相互转化的。如果在运动中，系统中仅有保守力做功，或者外力的功和非保守力做功总和为 0，会有什么情况出现呢？

我们以自由落体运动为例来进行分析。物体自由下落时，高度越来越小，速度越来越大。高度减小，表示势能减小；速度增大，表示动能增大，这时重力势能转化为动能。如图 2-12 所示，设一个质量为 m 的物体自由下落，经过高度为 h_1 的 a 点（初位置）时速度大小为 v_1，下落到高度为 h_2 的 b 点（末位置）时速度大小为 v_2。在自由落体运动中，物体只受重力 G 的作用，重力做正功。设重力所做的功为

$$A_G = mgh_1 - mgh_2$$

上式表示，重力所做的功等于重力势能的减少量。

另一方面，由动能定理可知

$$A_G = \frac{1}{2}mv_2^2 - \frac{1}{2}mv_1^2$$

由以上两式可得

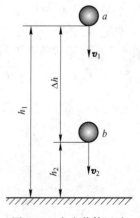

图 2-12　自由落体运动

$$\frac{1}{2}mv_2^2 - \frac{1}{2}mv_1^2 = mgh_1 - mgh_2$$

可见，在自由落体运动中，重力做了多少功，就有多少重力势能转化为等量的动能，移项后可得

$$\frac{1}{2}mv_2^2 + mgh_2 = \frac{1}{2}mv_1^2 + mgh_1 \qquad (2\text{-}32)$$

或者

$$E_{k2} + E_{p2} = E_{k1} + E_{p1} \qquad (2\text{-}33)$$

式（2-33）表示，在自由落体运动中，物体动能和重力势能之和保持不变。上述结论不仅对自由落体运动是正确的，如果系统中仅有保守力做功，或者外力的功和非保守内力做功总和为无所作为零，结论也仍然成立。我们把物体动能与势能的总和称为**机械能**。相关结论可以阐述为：**如果在系统的运动过程中，外力和非保守内力不做功，或者说，只有保守内力做功，那么系统的机械能保持不变**，这一结论称为**机械能守恒定律**，它是力学中的一条重要定律。解决某些力学问题，从能量的观点来分析，应用机械能守恒定律求解，往往比较方便。应用机械能守恒定律解决力学问题，要分析物体的受力情况。

【例题 2-6】

如图 2-13 所示，一物体从光滑斜面顶端由静止开始下滑，斜面高 1m，长 2m，不计空气阻力，物体滑到斜面底端的速度是多大？

解： 物体在下滑过程中受到重力和斜面对物体的支持力作用，其中支持力不做功，所以对物体与地球组成的系统而言只有重力做功，则系统机械能守恒。

设物体滑到斜面底端的速度大小为 v，根据式（2-32）可得

$$mgh = \frac{1}{2}mv^2$$

$$v = 2\sqrt{5}\,\text{m/s}$$

【例题 2-7】

如图 2-14 所示，把一个小球用细绳悬挂起来就成为一个摆，设摆长为 L。最大偏角为 θ，小球运动到最低位置时的速度是多大？

解： 物体在下摆过程中受到重力和细绳对物体的拉力作用，其中拉力不做功，所以对物体与地球组成的系统而言只有重力做功，则系统机械能守恒。

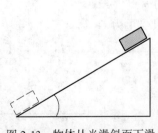

图 2-13　物体从光滑斜面下滑

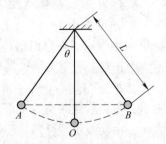

图 2-14　单摆示意图

设小球运动到底端时的速度大小为 v，根据机械能守恒定律，有

$$\frac{1}{2}mv^2 = mg(L - L\cos\theta)$$

$$v = \sqrt{2gL(1 - \cos\theta)}$$

2.4.4 能量守恒定律

物体受的力不一定全为保守力，摩擦力几乎是不可避免的，机械能守恒条件不易实现。不过我们可以把能量范围加以扩充，不限于机械能这个小范围，将与热运动有关的内能、与化学反应有关的化学能、电磁能等一切能量形式都包括在能量范围内，那么，在任何过程中总能量是守恒的。

自然界千变万化，从能量来看，各种过程只是一个物体能量传给另一个物体，一种能量形式转换为另一种形式而已。在传递和转换中能的总量保持不变，这就是所谓普遍**能量守恒及转化定律**。我们不必担忧能量被消灭了，也不要期盼什么仙人为你创造能量。我们每天忙忙碌碌，只是在进行能量迁移和能量形式的转换，我们创造那么多工具、机器和设备，都只是一些换能器罢了。

2.5　本章重点总结

2.5.1　动量定理和动量守恒定理

（1）冲量：$I = \int_{t_0}^{t} \boldsymbol{F}(t)\,\mathrm{d}t = \overline{\boldsymbol{F}}(t - t_0)\overline{\boldsymbol{F}}\Delta t$

冲量 $\boldsymbol{I}$ 是矢量，它表示力对时间的累积作用。

（2）动量：$\boldsymbol{p} = m\boldsymbol{v}$

动量是矢量，动量的方向由速度方向确定。

（3）质点的动量定理：某段时间内作用在质点上合力的冲量，等于在该时间内质点动量的增量，这一结论称为质点的动量定理。

$$\boldsymbol{I} = \int_{t_0}^{t} \boldsymbol{F}\mathrm{d}t = \int_{p_0}^{p} \mathrm{d}\boldsymbol{p} = \boldsymbol{p} - \boldsymbol{p}_0 = \Delta\boldsymbol{p}$$

（4）质点系的动量定理：质点系的所有外力冲量的矢量和，等于在该时间内质点系总动量的增量，这一结论称为质点系的动量定理。

$$\boldsymbol{I} = \sum_i \boldsymbol{I}_i = \boldsymbol{p} - \boldsymbol{p}_0$$

（5）动量守恒定理：若质点系所受外力的矢量和为零，即 $\sum_i \boldsymbol{F}_i = 0$，则有

$$\sum_i \boldsymbol{p}_i = \sum_i m_i\boldsymbol{v}_i = 常矢量$$

2.5.2　动能定理和机械能守恒定律

（1）功和功率：

功：假设物体在力 $\boldsymbol{F}$ 的作用下从 a 点运动到 b 点，力 $\boldsymbol{F}$ 所做的功可表示为

$$A = \int_a^b \boldsymbol{F} \cdot \mathrm{d}\boldsymbol{r}$$

重力的功：
$$A_{ab} = mg(h_a - h_b)$$

弹性力的功：
$$A_{ab} = \frac{1}{2}kx_a^2 - \frac{1}{2}kx_b^2$$

摩擦力的功：
$$A_{ab} = f(s_a - s_b)$$

功率：
$$P = \frac{\mathrm{d}A}{\mathrm{d}t} = \frac{\boldsymbol{F} \cdot \mathrm{d}\boldsymbol{r}}{\mathrm{d}t} = \boldsymbol{F} \cdot \boldsymbol{v}$$

（2）动能：
$$E_k = \frac{1}{2}mv^2$$

（3）质点的动能定理：

合外力所做的功等于物体动能的变化：
$$A = \frac{1}{2}mv_2^2 - \frac{1}{2}mv_1^2 = E_{k2} - E_{k1} = \Delta E$$

（4）机械能守恒定律：

势能：重力势能为 $E_p = mgh$；弹簧弹性势能为 $E_p = \frac{1}{2}kx^2$。

重力、弹性力是保守力，摩擦力等是非保守力。

如果在系统的运动过程中，外力和非保守内力不做功，或者说只有保守内力做功，那么系统的机械能保持不变，则
$$E_{k2} + E_{p2} = E_{k1} + E_{p1}$$

  习题

在线答题

2-1 在以下几种运动中，相等的时间内物体的动量变化相等的是（　　）。

　　A. 匀速圆周运动　　　　　　　　B. 自由落体运动

　　C. 加速度变化的直线运动　　　　D. 单摆的摆球沿圆弧摆动

2-2 匀速圆周运动过程中物体的动量保持不变。这种说法正确吗？

2-3 跳远时，跳在沙坑里比跳在水泥地上安全，这是由于（　　）。

　　A. 人跳在沙坑的动量比跳在水泥地上小

　　B. 人跳在沙坑的动量变化比跳在水泥地上小

　　C. 人跳在沙坑受到的冲量比跳在水泥地上小

　　D. 人跳在沙坑受到的冲力比跳在水泥地上小

2-4 假设冰面是光滑的，某人站在冰冻河面的中央，他想到达岸边，则可行的办法是（　　）。

　　A. 步行　　　　　　　　　　　　B. 挥动手臂

　　C. 在冰面上滚动　　　　　　　　D. 脱去外衣抛向岸的反方向

2-5 一个系统不受外力或者所受外力之和为 0，这个系统的总动量保持不变。这种说法正确吗？

2-6 请简述动量守恒定律。以球击墙而弹回，球和墙组成的系统动量守恒吗？

2-7 用 $F=80\mathrm{N}$ 的力在水平地面上拉一小车，使它匀速前进的距离 $s=60\mathrm{m}$，若拉力与水平面成为 $30°$ 角，求拉力所做的功。

2-8 起重机拉重力大小为 $2×10^4\mathrm{N}$ 的货物，以 $a=0.5\mathrm{m/s^2}$ 的加速度从地面提升到 $h=5\mathrm{m}$ 的地方，求吊钩的拉力和货物所受重力及它们的合力所做的功。

2-9 一根劲度系数为 k 的轻弹簧竖直放置，下端悬一质量为 m 的小球。当弹簧为原长时，小球恰好与地面接触。今将弹簧上端缓慢提起，直到小球刚好离开地面，求此过程中外力所做的功。

2-10 质量为 m 的汽车，它的发动机额定功率为 P，开上一倾角为 θ 的坡路，摩擦阻力是车重的 k 倍，汽车的最大速度是多大？

2-11 一人坐在雪撬上，从静止开始沿着高度为 $15\mathrm{m}$ 的斜坡滑下，到达底部时速度为 $10\mathrm{m/s}$，人和雪撬的总质量为 $60\mathrm{kg}$，下滑过程中克服阻力做的功是多少？

2-12 质量为 $2.0\mathrm{kg}$ 的物体置于倾角为 $30°$ 的斜面上，受到大小为 $200\mathrm{N}$、方向平行于斜面向上的力作用，由静止开始沿斜面向上运动 $20\mathrm{m}$。设物体与斜面间的摩擦系数为 0.5，求：

　　（1）作用在物体上的各力所做的功；

　　（2）运动开始后 $1.0\mathrm{s}$ 末各力的功率；

　　（3）合力的功。

2-13 质量 $m=3\mathrm{kg}$ 的物体，在水平力 $F=6\mathrm{N}$ 的作用下，在光滑水平面上从静止开始运动，运动时间 $t=3\mathrm{s}$，求：

　　（1）力 F 在 $3\mathrm{s}$ 内对物体做的功；

　　（2）力 F 在 $3\mathrm{s}$ 内对物体做功的平均功率；

　　（3）$3\mathrm{s}$ 末，力 F 对物体做功的瞬时功率。

2-14 汽车在水平的公路上，沿直线匀速行驶，当速度大小为 $18\mathrm{m/s}$ 时，其输出功率为 $72\mathrm{kW}$，汽车受到的阻力是多大？

2-15 质量 $m=2\mathrm{g}$ 的子弹，以 $300\mathrm{m/s}$ 的速度射入厚度为 $0.1\mathrm{m}$ 的金属板，射穿后的速度为 $100\mathrm{m/s}$，求子弹受到的平均冲力。

2-16 假设汽车紧急制动后所受到的阻力的大小与汽车所受重力的大小差不多，当汽车以 $20\mathrm{m/s}$ 速度行驶时，突然制动，它还能继续滑行多远？

2-17 一质量 $m=60\mathrm{kg}$ 的旅游者，坐缆车升到比出发处高出 $80\mathrm{m}$ 的山头景点上，缆车对他做了多少功？他的重力势能增加了多少？

2-18 一个人站在阳台上，以相同的速率分别把三个球竖直向上抛出、竖直向下抛出、水平抛出，不计空气阻力，则三个球落地时的速度大小为（　　　）。

　　A. 上抛球最大　　　　　B. 下抛球最大　　　　　C. 平抛球最大　　　　　D. 三球一样大

2-19 一物体从距地面 $40\mathrm{m}$ 高处自由落下，经几秒后，该物体的动能和势能相等？

2-20 物体在一固定的倾角为 θ 的斜面上，被向下轻轻一推，它恰好匀速下滑。已知斜面长度为 L，欲使物体沿斜面底端冲上顶端，开始上滑的初速度至少为多大？

2-21 如图 2-15 所示，劲度系数为 k 的轻弹簧一端固定在 O 点，另一端系一质量为 m 的小球。开始时弹簧在水平位置 A，处于自然状态，原长为 l_0。小球由位置 A 释放，在竖直面内下落到 O 点正下方位置 B 时弹簧长度为 l，则小球到达 B 点时的速率为多少？

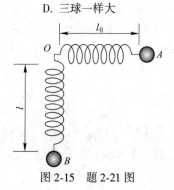

图 2-15　题 2-21 图

 **内容选读**

功和能支持我们在蓝天飞翔——飞机[4]

　　飞机是 20 世纪最重大的发明之一，飞机的诞生使人类能像鸟一样在太空中飞翔的梦想成真。2000 多年前中国人发明的风筝，虽然不能把人带上太空，但它确实可以称为飞机的鼻祖。20 世纪初在美国有一对兄弟，他们在世界的飞机发展史上作出了重大的贡献，他们就是莱特兄弟。在当时大多数人认为飞机依靠自身动力的飞行完全不可能，而莱特兄弟不相信这种结论，从 1900 年至 1902 年他们兄弟进行了 1000 次滑翔试飞，终于在 1903 年制造出了第一架依靠自身动力进行载人飞行的飞机"飞行者"1 号，并且获得试飞成功，他们因此于 1909 年获得美国国会荣誉奖。同年，他们创办了"莱特飞机公司"，这是人类在飞机发展的历史上取得的巨大成功。自从飞机发明以来，飞机日益成为现代文明不可缺少的运载工具，它深刻地改变和影响着人们的生活。由于发明了飞机，人类环球旅行的时间大大缩短了。世界上第一次环球旅行是在 16 世纪完成的，当时，葡萄牙人麦哲伦率领一支船队从西班牙出发，足足用了 3 年时间才穿越大西洋、太平洋，环绕地球一周，回到西班牙。19 世纪末，一个法国人乘火车环球旅行一周，也花费了 43 天的时间。飞机发明以后，人们在 1949 年又进行了一次环球旅行，一架 B-50 型轰炸机，经过 4 次漂亮的空中加油，仅仅用了 94 个小时，便绕地球一周，飞行 37700 千米。强中更有强中手，超音速飞机问世以后，人们飞得更高更快，1979 年，英国人普斯贝特只用 14 小时零 6 分钟，就飞行 36900 千米，环绕地球一周。在不到一天的时间里，就可以飞到地球的各个角落，这对于生活在 20 世纪以前的人类来说，难道不是一个人间奇迹吗？飞机的发明也使航空运输业得到了空前发展，许多为工业发展所需的种种原料拥有了新的运输渠道，大大减轻了人们对当地自然资源的依赖程度。特别是超音速飞机诞生以后，空中运输更加兴旺。那些不宜长时间运输的牲畜和难以长期保存的美味食品，也可以通过飞机运输至世界各地，与世界各地的人们共赏共享。当然，飞机在现代战争中的作用更为惊人，不仅可以用于侦察、轰炸，而且在预警、反潜、扫雷等方面也极为出色。

　　飞行过程是一个能量转化的过程，发生了化学能转变成热能、热能转变成机械能的转化，发动机的职责是担负起这两种转化，把汽油的化学能转化成机械能、机械能转变成热要归结为摩擦阻力的功劳，动能变势能，势能变动能，那是保守力之一——重力的做功。但如果把飞机、地球、大气系统近似看成孤立系统，整个飞行过程应遵守普遍能量守恒和转化定律，全部能量都由汽油的化学能来提供。

火箭发展的前世今生

　　在科学史上，火箭是中国最早发明的，是我国古代的重大发明之一。早在宋代就发明了火箭，在 13 世纪以前，中国的火箭技术在世界上遥遥领先，火箭是热机的一种，工作时燃料的化学能最终转化成火箭的机械能。我国南宋时有作为烟火玩物的"起火"、明代对多箭头的火箭以及称为"火龙出水"的二级箭已有书籍记载，明代时火箭不但用于军事领域，而且还出现了火箭载人飞行的尝试，在 13 世纪末至 14 世纪初，中国的火箭等火器技术传到了印度、阿拉伯，并经阿拉伯传到了欧洲，引发了阿拉伯与欧洲国家对火箭技术的应用，推动了火箭技术的发展。虽然古代火箭是中国人发明的，但由于长期不重视科学技术的发展，致使古代火箭技术未能在中国发展为现代火箭技术，只停留在礼花爆竹之中。尽管欧洲人在中国发明火箭几百年后才学会使用火箭，但最终还是从欧洲发展起现代火箭技术，这不能不说是中国历史的遗憾。

中国的航天事业是从 1956 年 10 月正式起步，1970 年 4 月 24 日，中国用自行研制的"长征一号"运载火箭成功地将"东方红一号"人造卫星送入太空。从此，"长征"火箭开始为世人所知。经过几十年的努力，中国已经独立研制成功了 12 种不同型号的"长征"系列运载火箭，形成了一个家族，能够满足不同轨道航天器发射的要求，种种数据表明其技术性能和质量可靠性已达到国际先进水平。1990 年 4 月 7 日，我国成功地将亚洲 1 号通信卫星送入太空，说明我国运载火箭技术成熟可靠。"长征二号"是我国独立研制的多用途三级火箭，它长 43.25m，最大直径 3.35m。起飞质量约为 202t，起飞推力为 248t，可将质量 1.4t 的卫星送入离地面约 3.6 万千米的地球同步轨道，有效载荷能力居世界第四位。该火箭的特点是第一、二级用常规推进剂，而第三级则使用液氢、液氧推进剂，这是低温高能推进剂，它代表现代火箭技术的新水平。

俄国人齐奥尔科夫斯基是现代火箭理论的奠基人，他生于 1857 年，从小自学，40 岁左右开始研究火箭，1903 年他发表了著名论文《乘火箭飞船探索宇宙》。他最早从科学的角度论述了人能够在宇宙空间工作和生活，他的理论完整、系统，火箭是目前唯一能使物体达到宇宙速度、克服或摆脱地球引力、进入宇宙空间的运载工具，图 2-16 是发射神舟五号飞船的长征运载火箭。液体的或固体的燃烧剂加氧化剂在发动机的燃烧室里燃烧，产生大量高压燃气；高压燃气从发动机喷管高速喷出，所产生的对燃烧室（也就是对火箭）的反作用力，就使火箭沿燃气喷射的反方向前进。在飞行过程中，随着推进剂的消耗，火箭的质量不断减小，速度不断增大，当燃料燃尽时，火箭就以获得的末速度继续飞行。

火箭是根据动量守恒定律来推进的，如图 2-17 所示，根据动量守恒定律，当火箭向后以高速喷射出一小股质量为 Δm 的气体时，该火箭会获得与这一小股气体大小相同、方向相反的动量，即火箭获得向前的速度。下面用动量守恒定律分析喷出这一小股高温气体的微过程，可以看出喷出这一小股气体有多大的反冲推力给予火箭。喷气体前系统的动量为 mv，喷出气体后系统的动量为 $(m-\Delta m)(v-\Delta v)+(-\Delta mu)$。

喷前喷后系统的动量守恒，即

$$mv(m-\Delta m)(v-\Delta v)+(-\Delta mu)$$

忽略 Δm、Δv，得 $m\Delta v=\Delta m(u+v)$，两边同时除以 Δt，左边对火箭应用牛顿第二定律得火箭受到的推力为

$$F_{推}=u_r\frac{\Delta m}{\Delta t}$$

式中，$u_r=u+v$ 为相对火箭的喷出速度，称为 Δm 相对火箭的喷出速度。可见每秒喷出的质量越多，相对火箭喷出的速度越大，给火箭的推力越大。这样的微过程多次反复进行，将成吨的燃料燃烧后的高温气体喷出去，便产生了巨大的上推力。在目前技术条件下，一般火箭发动机的喷气速度最大只能是 2.5km/s，相应地，火箭前进的最大速度是 4.5km/s。很明显，要把卫星送上几百千米的高空，并具有环绕速度，用单级火箭是很难达到的。所

图 2-16　火箭升空

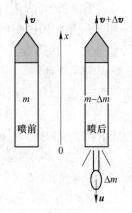

图 2-17　火箭发射过程中速度、
质量变化示意图

以，在目前技术条件下，单级火箭无法使卫星达到环绕速度，不能做卫星的运载火箭，一般运用多级火箭。多级火箭在航行过程中，可把工作完成后而变得无用的火箭壳体和发动机抛掉，以达到提高速度的目的。目前，发射人造地球卫星只要用二级或三级火箭就足够了。

3 刚体定轴转动

在形形色色的生产设备中，大多都包含了定轴转动的部件，如电机上的转子、机床上的各种轮轴、飞机上的螺旋推进器、仪表上的指针等，它们的大小和形状对运动有着重要的影响。在研究运动规律时，就不能再把它们当成质点来讨论，为此我们引入刚体的概念。本章将重点讨论刚体定轴转动的相关问题。

3.1 刚体定轴转动的描述

3.1.1 刚体的概念

此前我们总是把物体看作质点，质点模型突出了物体具有质量和占有空间位置，忽略了物体的形状和大小，因而也就无需考虑其自身形变和是否发生转动的问题。然而，当我们讨论诸如炮弹的自旋、自行车的稳定性、飞机上的螺旋推进器、起重机的平衡等问题时，物体的形状和大小起着重要作用，这时就不能把物体视为质点，而必须考虑物体自身的形状和受力时发生的形变。但是，在许多情况下，这种形变也很小，因而可以忽略不计。为了突出问题的主要方面，简化研究工作，我们引入一个新的模型，称为刚体。大小和形状始终保持不变的物体称为**刚体**。换句话说，刚体中任何两点间的距离均保持不变。

一个刚体可以分成许多微小部分，每个微小部分可看成是一个质点，也叫做刚体的一个质元。刚体的理想化特点决定了各质点之间不能发生相对位移，所以刚体可以看成是一个包含了大量质点，而各质点间距离都保持不变的质点系[12]。

3.1.2 刚体的基本运动形式

刚体的基本运动形式有平动和转动，其他复杂运动都可以分解为这两种形式。

（1）平动。如果在运动过程中，组成刚体的所有点都沿着平行路径运动，或者说刚体上任意两点的连线在运动中保持平行，则这种运动称为是刚体的平动。如机床上刨刀的运动，沿直线路径骑行时平踩自行车的脚蹬的运动等都是平动。刚体平动时其上所有点的运动状态都是相同的。所以，刚体平动状态的运动情况可以用一个点（通常选质心）的运动来代替。

（2）转动。如果刚体上各质点均绕同一轴（固定的轴或变化的轴）做圆周运动，称为刚体的转动。相对于某一参考系而言，若转轴的位置固定不变，则称刚体为定轴转动。刚体定轴转动是最简单的刚体转动形式，如门的转动、时针指针的转动、机器上的飞轮转动、花样滑冰运动员在原地的旋转都可以看成是定轴转动。

3.1.3 刚体的定轴转动

刚体定轴转动时，刚体上所有的质点均以某一固定直线上的点为圆心，在垂直于该直线的平面内做圆周运动，这条直线即为转轴，任意垂直于转轴的平面称为转动平面。

如图 3-1 所示，O 为转动平面 S 与转轴 Oz 的交点，P 是刚体在 S 面内的任一质点，某时刻该质点相对参考方向的角坐标为 θ。显然 $\overline{OP}$ 上所有质点的角坐标都等于 θ，θ 能唯一确定刚体在空间上的位置，并且有

$$\theta = \theta(t) \tag{3-1}$$

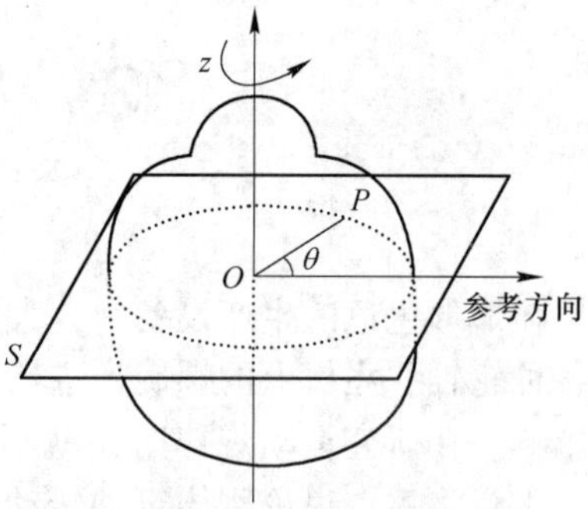

这就是定轴转动刚体的运动方程。若在 t 到 $t+\Delta t$ 的时间内，$\overline{OP}$ 转过的角位移为 $\Delta\theta$，则刚体定轴转动的角速度为

图 3-1　定轴转动

$$\omega = \lim_{\Delta t \to 0} \frac{\Delta\theta}{\Delta t} = \frac{d\theta}{dt} \tag{3-2}$$

刚体定轴转动的角加速度为

$$\beta = \frac{d\omega}{dt} = \frac{d^2\theta}{dt^2} \tag{3-3}$$

由于刚体上各质点之间的相对位置保持不变，因而绕定轴转动的刚体上所有质点在同一时间内都具有相同的角位移，在同一时刻都具有相同的角速度和角加速度，于是我们用 θ、$\Delta\theta$、ω、β 分别描述定轴转动刚体的角位置、角位移、角速度和角加速度。

3.1.4　转动惯量

刚体定轴转动所具有的动能称为**转动动能**。如图 3-2 所示，设刚体以角速度 ω 绕定轴 O_1O_2 转动，则刚体上每一个质点都在各自的转动平面内以这个角速度做圆周运动。假设把刚体分割成大量的质量小块 Δm_1，Δm_2、Δm_3，… 它们跟转轴 O_1O_2 的距离分别为 r_1，r_2，r_3，…则每一个质量小块绕定轴转动时的线速度分别是 $r_1\omega_1$，$r_2\omega_2$，$r_3\omega_3$，… 第 i 个质量小块的动能为 $E_{ki} = \frac{1}{2}\Delta m_i v_i^2 = \frac{1}{2}\Delta m_i r_i^2\omega^2$，则整个刚体的转动动能是所有小块的动能之和，为

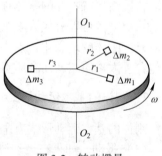

图 3-2　转动惯量

$$E_k = \sum_{i=1}^{n} E_{ki} = \frac{1}{2}\left(\sum_{i=1}^{n}\Delta m_i r_i^2\right)\omega^2 \tag{3-4}$$

式（3-4）中括号内 $\Delta m_i r_i^2$ 对于一个具有固定转轴的刚体而言，它是一个确定的数值，因而它们的总和 $\sum\limits_{i=1}^{n}\Delta m_i r_i^2$ 是一个常量，用符号 J 来表示，则

$$J = \sum_{i=1}^{n}\Delta m_i r_i^2 \tag{3-5}$$

J 称为刚体对转轴的**转动惯量**，即刚体对定轴的转动惯量等于组成刚体的各质点的质

量与各质点到转轴的距离平方的乘积之和，它的单位是千克二次方米，符号是 $kg \cdot m^2$。

这样，式（3-4）就可以简写为

$$E_k = \frac{1}{2}J\omega^2 \tag{3-6}$$

我们把式（3-6）与物体的平动动能表示式 $E_k = \frac{1}{2}mv^2$ 相比较，可以看出，J 与 m 具有相似的地位和作用。质量 m 描述的是物体的平动惯量，是平动惯量的量度；而转动惯量 J 描述的是物体的转动惯量，是转动惯量的量度，即 J 越大，刚体的转动状态越难改变，反之，J 越小，刚体的运动状态越易改变。

刚体的转动惯量取决于刚体各部分的质量对给定轴的分布情况。具体地说，决定刚体转动惯量大小的因素为[5]：

（1）刚体的总质量。例如，绕一圆周运动的小球，其转动惯量为 mr^2，显然，质量越大，转动惯量越大。

（2）质量分布。形状、大小和转轴位置都相同的刚体，如果总质量相同，那么转动惯量还与质量的分布有关，也即与刚体的形状、大小和各部分的密度有关。例如，质量和半径都相同的圆盘，一个中间密度大而边缘密度小，另一个中间密度小而边缘密度大，对于过中心且垂直于圆盘的转轴来说，显然后者的转动惯量大。

（3）转轴位置。同一个刚体，对不同位置的转轴，其转动惯量不同。例如，两个相同的小球，绕同一转轴旋转，旋转半径大的转动惯量大。所以一个刚体只有指明转轴，转动惯量才有明确意义。

转动惯量可以用实验的方法测定。对于形状规则、质量分布均匀的转动刚体，其转动惯量可通过计算给出。在计算 J 时，可分以下两种情况：

（1）若刚体为分立质点的不连续结构，可用 m_i 代替 Δm_i，即

$$J = \sum_{i=1}^{n} m_i r_i^2 \tag{3-7}$$

（2）若刚体质量连续分布，用积分代替求和，即

$$J = \int r^2 \mathrm{d}m \tag{3-8}$$

由式（3-7）可以看出，转动惯量是标量，具有可加性。若刚体由几部分构成，则整个刚体的转动惯量，等于刚体各部分对同一转轴的转动惯量之和。

【例题 3-1】

一个刚体转动系统由两个小球 m_1 和 m_2 通过一轻质杆相连接，如图 3-3 所示。求该系统对转轴的转动惯量。

分析：转动惯量可以通过实验的方法测定，对于形状规则、质量分布均匀的转动刚体，其转动惯量可以由计算给出。计算时又分为两种情况：

（1）若刚体为分立质点的不连续结构，整个刚体对转轴的转动惯量等于各分立质点分别对该转轴的转动惯量的代数和。本题就属于这种情况。

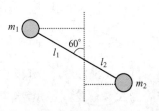

图 3-3　转动系统

（2）若刚体质量连续分布，可通过积分进行计算。

解：转动系统由两部分组成，则整个刚体系统对该转轴的转动惯量等于两部分分别对转轴的转动惯量之和，将两小球分别视为质点。

m_1 对该转轴的转动惯量

$$J_1 = m_1(l_1\sin60°)^2$$

m_2 对该转轴的转动惯量

$$J_2 = m_2(l_2\sin60°)^2$$

则整个刚体系统对该转轴的转动惯量为

$$J = J_1 + J_2 = m_1(l_1\sin60°)^2 + m_2(l_2\sin60°)^2 = \frac{3}{4}(m_1 l_1^2 + m_2 l_2^2)$$

【例题 3-2】

均质细棒长为 l，质量为 m。试求：

（1）细棒对过其端点且与棒垂直的转轴的转动惯量。

（2）细棒对过其中点且与棒垂直的转轴的转动惯量。

解：（1）如图 3-4 所示，设细棒的端点与转轴的交点为原点，x 轴沿着棒长方向。在细棒上 x 处取一质点，其长度为 dx。因为细棒是均匀的，当棒长为 l 时，质量为 m，所以 dx 的质量为

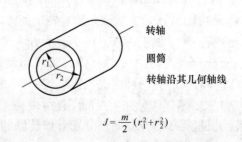

图 3-4　均质细棒

$$dm = \frac{m}{l}dx$$

根据转动惯量的公式（3-8），得

$$J = \int x^2 dm = \int_0^l x^2 \frac{m}{l}dx = \frac{1}{3}ml^2$$

（2）按照上述（1）的解题思路，可得

$$J = \int_{-\frac{l}{2}}^{\frac{l}{2}} x^2 \frac{m}{l}dx = \frac{1}{12}ml^2$$

由以上例题可以看出，即使是同一个刚体，转轴位置不同，转动惯量不同。转动惯量只有指明转轴，才有明确意义。表 3-1 给出了一些典型的匀质刚体对给定轴的转动惯量。

表 3-1　不同形状的物体对不同转轴的转动惯量[3]

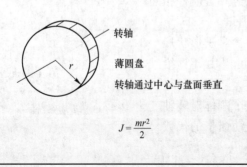

转轴
薄圆盘
转轴通过中心与盘面垂直

$$J = \frac{mr^2}{2}$$

转轴
圆筒
转轴沿其几何轴线

$$J = \frac{m}{2}(r_1^2 + r_2^2)$$

续表 3-1

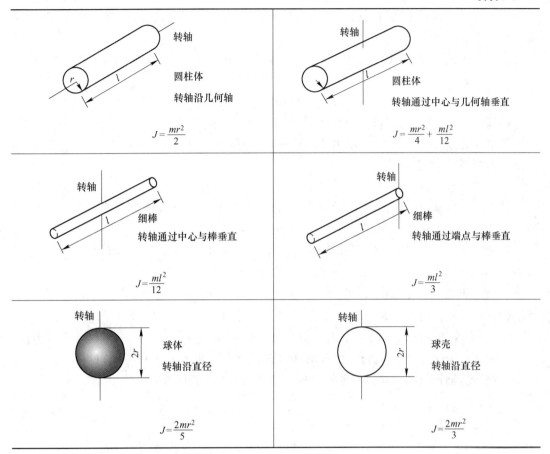

转轴 圆柱体 转轴沿几何轴 $J = \dfrac{mr^2}{2}$	转轴 圆柱体 转轴通过中心与几何轴垂直 $J = \dfrac{mr^2}{4} + \dfrac{ml^2}{12}$
转轴 细棒 转轴通过中心与棒垂直 $J = \dfrac{ml^2}{12}$	转轴 细棒 转轴通过端点与棒垂直 $J = \dfrac{ml^2}{3}$
转轴 球体 转轴沿直径 $J = \dfrac{2mr^2}{5}$	转轴 球壳 转轴沿直径 $J = \dfrac{2mr^2}{3}$

🤔 思考与讨论

　　飞轮，是一种常用的机械部件，仔细观察其外表，会发现边缘部位比中间部位厚，如图 3-5 所示。你知道这是为什么吗？

　　分析：在质量和半径都相同的条件下，这种设计能使飞轮的转动惯量更大一些。而大的转动惯量则使飞轮受到外力矩突然作用时，角速度的变化不至于过大，保证飞轮的平稳转动；当无外力矩作用时，大的转动惯量又有维持飞轮原有转动速度的作用。由此可见，这样设计的飞轮能使转动体的转动更加平稳。

图 3-5　飞轮

3.2　刚体定轴转动定律

3.2.1　力矩

　　力是引起平动物体运动状态变化的原因。那么对于刚体来说，是什么导致了其转动状态的变化呢？刚体转动状态的变化不仅和力的大小有关，还与力的作用点以及力的方向有关。例如，我们开门窗时，若力是通过转轴的，或者说力的方向和转轴平行，此时，无论我们用多大的力都是无法将门窗打开或者关上的。从本质上来说，刚体转动状态的变化取决于作用于刚体的力矩。

一个力 F 对于参考点的力矩记为 M，定义为力 F 的作用点 A 相对于参考点 O 的位置矢量 r 与力 F 的矢量积，也即叉乘

$$M = r \times F \tag{3-9}$$

因而力矩是矢量，其方向垂直于由矢量 r 和 F 所决定的平面。由右手定则判定：右手的四指由 r 的方向经小于 $180°$ 角转向 F 的方向，则伸直的拇指所指的方向就是力矩 M 的方向。力矩 M 的大小为

$$M = |r| \times |F| \times \sin \angle (r, F) \tag{3-10}$$

对于定轴转动的刚体，如图 3-6 所示，力 F 对 O 点的力矩 M 在通过 O 点的 Oz 轴上的投影 M_z 称为是力 F 对 Oz 轴的力矩。

对于力 F，如果它的方向与 Oz 轴平行，则力矩 M 垂直于 Oz 轴，因而力 F 对 Oz 轴的力矩 $M_z = 0$。也就意味着，凡是与转轴平行的力，对该轴的力矩都等于零。

如果力 F 在转动平面内，则力 F 与 Oz 轴垂直，此时 M 的方向沿着 Oz 轴，如图 3-7 所示，有 $M_z = M$，所以力 F 对转轴 Oz 轴的力矩大小为

$$M_z = M = rF\sin\alpha = Fd \tag{3-11}$$

其中 $d = r\sin\alpha$，称为**力臂**，是转轴到力 F 的作用线的垂直距离。所以可以得出这样的结论：与转轴垂直的力对该转轴的力矩等于该力与其力臂的乘积。

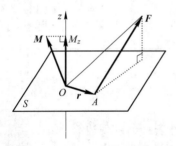　　　　　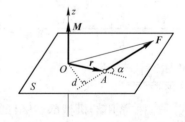

图 3-6　力 F 对 Oz 轴的力矩　　　　　图 3-7　力 F 在转动平面内的情况

定轴转动的刚体，如果受力与转轴方向既不平行也不垂直，此时可以将该力进行分解，分解为与转轴方向平行的和垂直的两个分力。其中平行于转轴的分力对转轴的力矩为零，所以该力对转轴的力矩就等于其垂直分力产生的力矩[5]。

3.2.2　刚体定轴转动定律

质点平动时，质点质量、外力和加速度之间的关系可以用牛顿第二定律描述。刚体定轴转动时，刚体对该轴的转动惯量 J、作用于刚体上的外力矩大小 M 和角加速度 β，三者之间又有什么关系呢？

实验发现，刚体定轴转动遵循一定的规律。即刚体的角加速度的大小与它所受的外力矩的大小 M 成正比，与它的转动惯量 J 成反比，即

$$\beta \propto \frac{M}{J} \quad 或 \quad M = kJ\beta$$

当 M，J，β 均为国际单位制单位时，比例系数 $k=1$，有

$$M = J\beta \tag{3-12}$$

即作用在定轴转动刚体上的合外力矩等于刚体对该轴的**转动惯量**与**角加速度**的乘积，叫做**刚体定轴转动的转动定律**，简称**转动定律**，它是表述刚体转动规律的动力学方程。转动定律可与牛顿第二定律相比：力使质点产生加速度，力矩使刚体产生角加速度。

3.2.3 定轴转动定律的应用

应用定轴转动定律解题，应注意几下几点：

（1）力矩和转动惯量必须是对同一个转轴而言的。

（2）根据情况选定转动的正方向。

（3）当系统中既有转动物体又有平动物体时，可以用隔离法解题。对转动物体根据转动定律建立方程，对平动物体则按牛顿定律建立方程。

【例题 3-3】

如图 3-8 所示，为一种实验方法测定转动惯量的装置。待测刚体安装在已知转动惯量为 J_0 的转动架上，待测刚体的转轴轴线与转动架的轴线重合。线的一端绕在转轴半径为 R 的转动架上（线与转轴垂直），线的另一端通过定滑轮悬挂质量为 m 的重物。测得 m 自静止开始下落 h 高度时间为 t，求待测刚体的转动惯量。不计两个轴承处的摩擦，不计滑轮和线的质量，线的长度不变。

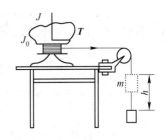

图 3-8 转动惯量测定原理图

分析：本题中物体系有两个物体，既有转动又有平动，可以采用隔离法进行求解，分别建立各自的动力学方程，再找出各隔离体之间的联系，联立方程求解即可。

解：因为待测刚体的转轴轴线与转动架的轴线重合，根据转动惯量的可加性，转动系统的总转动惯量为 $J + J_0$。

对转动系统而言当重物下落时，设绳子的张力为 T，其合力矩则为 $T \cdot R$，应用转动定律有

$$T \cdot R = (J + J_0)\beta \tag{1}$$

对重物应用牛顿第二定律，有

$$mg - T = ma \tag{2}$$

注意：式（1）中 β 为角加速度，式（2）中 a 为线加速度的大小。这两者之间的关系为

$$a = R\beta \tag{3}$$

又因为 m 重物初速度为零，匀加速下落，根据匀变速直线运动公式得

$$h = \frac{1}{2}at^2 \tag{4}$$

联立以上 4 个方程，可解得

$$J = mR^2 \left(\frac{gt^2}{2h} - 1 \right) - J_0$$

已知等号右侧各量的数值，便可求出转动惯量 J。

【例题 3-4】

如图 3-9 所示，质量 $m_1 = 160\text{kg}$ 的实心圆柱体，半径 $R = 0.15\text{m}$，可绕其固定的水平中心轴转动，阻力忽略不计。一条轻软绳绕在圆柱上，其另一端系着一个质量 $m_2 = 8\text{kg}$ 的物体。求：

（1）绳子的张力大小；

（2）由静止开始计时到 1s 末，物体 m_2 下降的距离。

分析：由题意可知，物体系中包含两个对象，m_1 和 m_2，可以利用隔离法解题。

解：（1）m_1 转动，m_2 做平动，隔离 m_1 和 m_2，并分别进行受力分析，如图 3-10 所示。

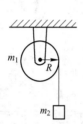

图 3-9　实心圆柱体定轴转动

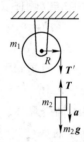

图 3-10　受力分析

对于同一端的绳子来说有

$$T = T' \tag{1}$$

对滑轮写出转动方程为

$$TR = J\beta \tag{2}$$

设 m_2 下落的加速度大小为 a，选取各自的加速度方向为正方向，根据牛顿第二定律，对 m_2 有

$$m_2 g - T = m_2 a \tag{3}$$

式（2）中

$$J = \frac{1}{2} m_1 R^2 \tag{4}$$

式（3）中的 a 为线加速度，式（2）中的 β 为角加速度，绳子和滑轮间无摩擦，所以有

$$a = r\beta \tag{5}$$

将以上几个式子联立起来，求解得到

$$a = \frac{m_2 g}{m_2 + m_1/2} = 4.9\text{m/s}^2$$

$$T = \frac{m_1 m_2}{2m_2 + m_1} g = 39.2\text{N}$$

即绳子的张力大小为 39.2N。

（2）1s 内物体下降的距离为

$$h = \frac{1}{2}at^2 = 2.45\text{m}$$

3.3 刚体的角动量守恒定律

3.3.1 定轴转动刚体的角动量定理

刚体对某一转轴的角动量，用符号 L 表示，它等于对该转轴的转动惯量 J 与其角速度 ω 的乘积，即

$$L = J\omega \tag{3-13}$$

根据刚体的转动定律，有

$$M = J\beta = J\frac{\text{d}\omega}{\text{d}t}$$

因为刚体对某一定轴的转动惯量 J 是一个恒量，所以上式又可以写为

$$M = J\frac{\text{d}\omega}{\text{d}t} = \frac{\text{d}(J\omega)}{\text{d}t} = \frac{\text{d}L}{\text{d}t}$$

上式表明，作用在定轴转动刚体上的合外力矩，等于该刚体角动量对时间的变化率，因此又有下面的式子成立

$$M\text{d}t = \text{d}(J\omega)$$

设从时刻 $t_1 \sim t_2$ 这段时间内，刚体的角速度从 ω_1 变为 ω_2，对上式两边积分，得

$$\int_{t_1}^{t_2} M\text{d}t = J\omega_2 - J\omega_1 \tag{3-14}$$

式（3-14）中左边的积分 $\int_{t_1}^{t_2} M\text{d}t$ 为 $t_1 \sim t_2$ 这段时间内作用在定轴转动刚体上的力矩 M 的冲量矩。上式表明，转动物体所受合外力矩的冲量矩等于在这段时间内转动物体角动量的增量，这一结论称为角动量定理。

3.3.2 定轴转动刚体的角动量守恒定律

由式（3-15）可以看出，刚体绕定轴转动时，如果其所受的合外力矩 M 恒为零，则刚体对该轴角动量的增量恒为零，也即角动量将保持不变，即

$$J\omega_2 = J\omega_1 \tag{3-15}$$

或者

$$L = J\omega = \text{常量} \tag{3-16}$$

这一结论称为**定轴转动刚体的角动量守恒定律**。

理解和应用角动量守恒定律，应注意以下几个方面：

（1）对于定轴转动的刚体，其转动惯量一般为常量，$J\omega$ 不变，导致 ω 也不变。即刚体在合外力矩等于零时，将保持匀角速度转动。

（2）对于转动过程中转动惯量可变的物体来说，可以通过内力改变对转轴的转动惯量，这时角动量守恒定律依然成立，式（3-15）可以写成如下的形式

$$J_2\omega_2 = J_1\omega_1 \tag{3-17}$$

也就意味着，J 增大时，ω 就减小；J 减小时，ω 就增大；两者的乘积保持不变。

（3）对于多个具有不同转速的物体组成的转动系统，若合外力矩为零，其总的角动量仍然守恒，即有

$$\sum_{i=1}^{n} J_i\omega_i = 常量 \tag{3-18}$$

角动量守恒定律和动量守恒定律、能量守恒定律一样，是自然界最基本、最普遍的规律之一。角动量守恒定律在实践中也有着非常广泛的应用，比如，直升飞机的旋翼与尾桨设计。直升机在未发动前，系统的角动量为零，直升机发动后，安装在直升机上方的旋翼旋转，飞机系统出现了一个角动量，根据角动量守恒定律，它必然引起机身反向打转，以维持总的角动量为零。为了克服这种机身的反向旋转，设计者在机身尾部安装了一个尾桨，如图 3-11 所示。尾桨的旋转提供了一个附加的水平力，以此来平衡机身的扭转作用。当然了如果是双旋翼直升机则不需要尾桨。双旋翼直升机同轴心的内外两轴上安装有一对转向相反的螺旋桨，工作时，它们转向相反，保持系统的总角动量仍然为零，机身不会反向旋转。再比如鱼雷，如图 3-12 所示，在其尾部安装有两部转向相反的螺旋桨，这样就可以保证鱼雷自身的总角动量为零，避免鱼雷发生滚动[3]。

图 3-11　直升飞机

图 3-12　鱼雷

【例题 3-5】

如图 3-13 所示，A、B 两个飞轮的轴杆在同一中心线上，A 轮的转动惯量 $J_A = 20\text{kg} \cdot \text{m}^2$，B 轮的转动惯量 $J_B = 40\text{kg} \cdot \text{m}^2$，开始时 A 轮的转速 $\omega_A = 30\pi\text{rad/s}$，B 轮静止，之后两轮啮合，求两轮啮合后的共同转速 ω。

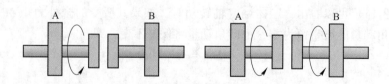

图 3-13　例题 3-5 示意图

解： 由题意可知，对于 A 轮和 B 轮组成的系统，在啮合过程中受到的外力为轴向的正压力，这个力通过转动轴，不产生力矩，因而系统的角动量守恒，即

$$(J_A + J_B)\omega = J_A\omega_A + J_B\omega_B$$

将 $J_A = 20\text{kg} \cdot \text{m}^2$，$J_B = 40\text{kg} \cdot \text{m}^2$，$\omega_A = 30\pi\text{rad/s}$，$\omega_B = 0$ 带入得两轮啮合后的共同

转速为

$$\omega = \frac{J_A \omega_A}{J_A + J_B} = 10\pi \, (\text{rad/s})$$

 **思考与讨论**

舞蹈演员在旋转时，总是先张开两臂和腿，然后再收拢；跳水运动员在跳板上起跳时，动作总是先伸直手臂，跳到空中，然后收拢双腿和两臂，当接近水面时，又开始伸展身体，如图 3-14 所示，利用所学知识解释这是为什么？

分析：这其实都反映了角动量守恒这一规律。比如对于舞蹈演员来说，先是张开两臂和腿，然后收拢，这样就可以减小转动惯量以获得较大的旋转速度；对于跳水运动员，先是伸直手臂，跳到空中后，收拢双腿和两臂，减小了转动惯量，以获得较大的空翻速度，而当快接近水面时，又开始伸展身体，其实就是为了增大转动惯量，减小角速度，从而便于竖直平稳进入水中[14]。

图 3-14 跳水

3.4 刚体定轴转动的动能定理

3.4.1 刚体定轴转动的动能定理

力对质点做功会导致质点的动能发生变化，那么力矩对定轴转动刚体做功呢？同样会导致刚体的转动动能发生变化。

设在合外力矩 M 的作用下，定轴转动刚体的角速度由原来的 ω_1 变为 ω_2，在这个过程中，刚体发生微小角位移，由转动定律

$$M = J\beta = J\frac{\mathrm{d}\omega}{\mathrm{d}t} = J\frac{\mathrm{d}\omega}{\mathrm{d}\theta} \cdot \frac{\mathrm{d}\theta}{\mathrm{d}t} = J\omega\frac{\mathrm{d}\omega}{\mathrm{d}\theta}$$

对上式两边进行积分得

$$\int_{\theta_1}^{\theta_2} M\mathrm{d}\theta = J\int_{\omega_1}^{\omega_2} \omega\mathrm{d}\omega = \frac{1}{2}J\omega_2^2 - \frac{1}{2}J\omega_1^2 \qquad (3\text{-}19)$$

式 (3-19) 中左边部分为合外力矩对定轴转动刚体所做的功，记为 A，则

$$A = \int_{\theta_1}^{\theta_2} M\mathrm{d}\theta = \frac{1}{2}J\omega_2^2 - \frac{1}{2}J\omega_1^2 \qquad (3\text{-}20)$$

由式 (3-6) 可知，上式中 $\frac{1}{2}J\omega^2$ 为定轴转动刚体的转动动能。此式表明：合外力矩对绕定轴转动刚体所做的功等于该刚体转动动能的增量。这一结论即刚体定轴转动的动能定理，是动能定理在刚体定轴转动问题中的具体形式。

3.4.2 刚体的重力势能

在重力场中，刚体也具有一定的重力势能。刚体的重力势能等于刚体上所有质点的重

力势能的代数和，可以用刚体质心的重力势能代替，即

$$E_p = mgh_C \tag{3-21}$$

式中，h_C 表示的是刚体质心到零势能面的高度。

3.4.3　刚体定轴转动的机械能守恒定律

对于定轴转动的刚体而言，如果在转动过程中只有保守内力做功，比如只有重力做功，其他的非保守内力均不做功，则刚体的机械能守恒，有

$$E = \frac{1}{2}J\omega^2 + mgh_C = 恒量 \tag{3-22}$$

式（3-22）就是刚体定轴转动的**机械能守恒定律**。

【例题 3-6】

如图 3-15 所示，一质量为 m 的小球被系于轻绳的一端，以角速度 ω_0 在光滑水平面上做半径为 r_0 的圆周运动。若绳的另一端穿过中心小孔后受一铅直向下的拉力，使小球做圆周运动的半径变为 $r_0/2$，试求：

(1) 小球此时的速率；

(2) 拉力在此过程中所做的功。

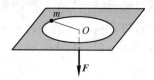

图 3-15　例题 3-6 示意图

解：(1) 小球所受的重力、支持力及绳子的拉力对通过中心 O 且与平面垂直的轴的力矩均为零，故小球对该轴的角动量守恒。设半径为 $r_0/2$ 时小球的角速度为 ω，则有

$$m\left(\frac{r_0}{2}\right)^2\omega = mr_0^2\omega_0$$

得 $\omega = 4\omega_0$，因而此时小球的速率为

$$v = \frac{r_0}{2}\omega = 2r_0\omega_0$$

(2) 由 $v_0 = \omega_0 r_0$，可得小球的动能增量为

$$\Delta E_k = \frac{1}{2}mv^2 - \frac{1}{2}mv_0^2 = \frac{3}{2}mv_0^2$$

根据动能定理，拉力对小球所做的功为

$$A = \Delta E_k = \frac{3}{2}mv_0^2 = \frac{3}{2}mr_0^2\omega_0^2$$

【例题 3-7】

如图 3-16 所示，设一均匀细杆的质量为 m，长为 l，一端支以枢轴而能自由旋转。设此杆自水平位置静止释放，求当杆转至与水平方向夹角 $\theta = \dfrac{\pi}{6}$ 时的角速度。

分析：在细杆转动过程中，轴上的支撑力不做功，只有重力做功，所以细杆定轴转动时机械能守恒。

解：取细杆的水平位置为重力势能零点，则在水平位置刚体

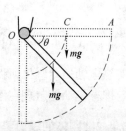

图 3-16　细杆绕其一端
自由旋转

的动能和势能都为零，机械能为零。设细杆转至与水平方向成 θ 角时其角速度为 ω，则其转动动能为 $\frac{1}{2}J\omega^2$。因为细杆是均匀的，所以质心取其中心，此时其重力势能为 $-mg\frac{l}{2}\sin\theta$。根据刚体定轴转动的机械能守恒定律，有

$$\frac{1}{2}J\omega^2 - mg\frac{l}{2}\sin\theta = 0 \tag{1}$$

对于匀质细杆，对过其一端 O 点且与杆垂直的转轴来说其转动惯量为

$$J = \frac{1}{3}ml^2 \tag{2}$$

将式（2）代入式（1）可得

$$\frac{1}{2} \times \left(\frac{1}{3}ml^2\right)\omega^2 - mg\frac{l}{2}\sin\theta = 0$$

则

$$\omega = \sqrt{\frac{2g}{3l}}$$

即当杆转至与水平方向夹角 $\theta = \frac{\pi}{6}$ 时的角速度为 $\sqrt{\frac{2g}{3l}}$。

3.5 本章重点总结

3.5.1 刚体定轴转动的基本概念

（1）描述刚体定轴转动的角坐标、角速度和角加速度：

$$\theta = \theta(t), \quad \omega = \frac{\mathrm{d}\theta}{\mathrm{d}t}, \quad \beta = \frac{\mathrm{d}\omega}{\mathrm{d}t} = \frac{\mathrm{d}^2\theta}{\mathrm{d}t^2}$$

（2）转动惯量：

$$J = \sum_{i=1}^{n} m_i r_i^2, \quad J = \int r^2 \mathrm{d}m$$

影响转动惯量大小的因素：刚体的总质量、质量分布、转轴位置。

（3）刚体对定轴的角动量：

$$L = J\omega$$

（4）刚体的重力势能和定轴转动动能：

$$E_p = mgh_C, \quad E_k = \frac{1}{2}J\omega^2$$

式中，h_C 为刚体质心到零势能面的高度。

3.5.2 刚体定轴转动的基本规律

（1）刚体定轴转动定律：

$$M = J\beta$$

（2）刚体定轴转动的动能定理：

$$A = \int_{\theta_1}^{\theta_2} M\mathrm{d}\theta = \frac{1}{2}J\omega_2^2 - \frac{1}{2}J\omega_1^2$$

（3）刚体定轴转动的机械能守恒定律：定轴转动刚体在转动过程中，如果只有保守内力做功，比如只有重力做功，其他的非保守内力均不做功，则刚体的机械能守恒，有

$$E = \frac{1}{2}J\omega^2 + mgh_C = 恒量$$

（4）角动量定理和角动量守恒定律：

角动量定理：$\displaystyle\int_{t_1}^{t_2} M\mathrm{d}t = J\omega_2 - J\omega_1$

角动量守恒定律：如果 $M = 0$，则 $J\omega_2 = J\omega_1$。

当力与物体运动方向平行时，质点的直线运动（平动）和刚体的定轴转动（转动）之间有很多相似之处，列于表 3-2 中。

表 3-2 刚体的定轴转动和质点的直线运动规律对照

质点的直线运动（平动）	刚体的定轴转动（转动）
力大小 F，质量 m，牛顿第二定律：$F = ma$	力矩大小 M，转动惯量 J，转动定律：$M = J\beta$
动量 mv，冲量 $\int_{t_1}^{t_2} F\mathrm{d}t$，动量定理：$\int_{t_1}^{t_2} F\mathrm{d}t = mv_2 - mv_1$	角动量 $J\omega$，冲量矩 $\int_{t_1}^{t_2} M\mathrm{d}t$，角动量定理：$\int_{t_1}^{t_2} M\mathrm{d}t = J\omega_2 - J\omega_1$
动量守恒定律：$\sum_{i=1}^{n} m_i v_i = 恒量$	角动量守恒定律：$\sum_{i=1}^{n} J_i \omega_i = 恒量$
力的功：$A = \int F\mathrm{d}r$	力矩的功：$A = \int M\mathrm{d}\theta$
动能定理：$\int F\mathrm{d}r = \frac{1}{2}mv^2 - \frac{1}{2}mv_0^2$	动能定理：$\int M\mathrm{d}\theta = \frac{1}{2}J\omega^2 - \frac{1}{2}J\omega_0^2$

 习题

在线答题

3-1 关于力矩，下列说法正确的是（　　）。

  A. 作用在物体上的力不为零，此力对物体的力矩一定不为零

  B. 作用在物体上的力越大，此力对物体的力矩越大

  C. 力矩是作用力与作用点到转轴的距离的乘积

  D. 力矩是作用力与转轴到力的作用线的距离的乘积

3-2 如图 3-17 所示，用力缓慢拉起地面上的木棒，力 F 的方向始终向上，则在拉起的过程中，关于力及它的力矩的变化情况说法正确的是（　　）。

  A. 力 F 变大，力矩变大　　　　　　　B. 力 F 变小，力矩变小

  C. 力 F 不变，力矩变大　　　　　　　D. 力 F 不变，力矩变小

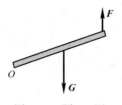

图 3-17　题 3-2 图

3-3 如图 3-18 所示，一均匀木棒 OA 可绕过 O 点的水平轴自由转动，现有一方向不变的水平力 F 作用于该棒的 A 点，使棒从竖直位置缓慢转到偏角 θ（小于 $90°$）的某一位置，设 M 为力 F 对转轴的力矩，则在此过程中 M 和 F 如何变化？下列说法正确的是（　　）。

A. 力 F 变大，力矩变大　　　　　　 B. 力 F 变小，力矩变小

C. 力 F 不变，力矩变大　　　　　　 D. 力 F 不变，力矩变小

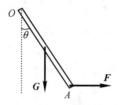

图 3-18　题 3-3 图

3-4 下面说法正确的是（　　）。

A. 作用在定轴转动刚体上的力越大，刚体转动的角加速度越大

B. 作用在定轴转动刚体上的合力矩越大，刚体转动的角速度越大

C. 作用在定轴转动刚体上的合力矩越大，刚体转动的角加速度越大

D. 作用在定轴转动刚体上的合力矩为零，刚体转动的角速度为零

3-5 地面上甲乙两个相同质量的小孩，分别抓紧跨过定滑轮绳子的两端，甲用力往上爬，乙不动。若滑轮和绳子的质量可以忽略，则下列说法正确的是（　　）。

A. 甲先到达滑轮处　　　　　　　 B. 乙先到达滑轮处

C. 同时到达滑轮处　　　　　　　 D. 无法判断

3-6 试分析下列运动是平动还是转动？

（1）自行车脚蹬板的运动；

（2）月球绕地球的运动。

3-7 有人握着哑铃两手伸开，坐在以一定角速度转动的凳子上（摩擦力可忽略不计）。若此人把手缩回使得转动惯量减小为原来的一半，则角速度怎样变化？转动动能增加还是减少？为什么？

3-8 跳水运动员在空中翻筋斗时，常把身体卷缩起来，这样就能加大翻转速度；接触水面时又把身体展开，从而减小转速以利于平稳入水，利用所学知识试解释这样做为什么能加大或减小翻转转速。

3-9 足球守门员要分别接住来势不同的两个球，一个球无转动地从空中飞来，另一个球沿地面滚来，设两个球的质量和前进的速度均相同。试问他要接住这两个球，所做的功是否相同？为什么？

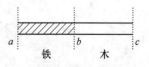

图 3-19　题 3-10 图

3-10 试想有一根杆子，一半是铁，一半是木头，如图 3-19 所示，长度和横截面积都相同，可分别绕 a，b，c 三轴转动，问对哪个轴的转动惯量 J 最大？为什么？

3-11 由高纬度地区流向低纬度地区的江河，水流夹带大量泥沙沉积到河口外的海底，这对地球自转会产

生什么影响?

3-12 一圆形平台可绕中心轴无摩擦地转动,有一辆玩具汽车相对台面由静止启动绕轴做圆周运动,问平台如何运动? 若汽车突然刹车,则又如何? 此过程中角动量是否守恒?

3-13 将一细棒竖直放置,一水平轴垂直地通过细棒的一个端点,现将棒拉至水平位置,然后松开,试讨论细棒的角速度和角加速度的变化情况。

3-14 某发动机飞轮其运动方程为

$$\theta = at + bt^3 - ct^4 \quad (\theta: \text{rad}, \ t: \text{s})$$

式中 a、b、c 都是常数,求 t 时刻飞轮的角速度和角加速度。

3-15 已知刚体定轴转动的运动方程为

$$\theta = 2\pi - 5\pi \cdot t + \pi \cdot t^2$$

求刚体第 6s 末的角位置、角速度、角加速度。

3-16 均质细棒长为 L,质量为 m,试求细棒对过其中点且与棒垂直的转轴的转动惯量。

3-17 均质细棒长为 L,质量为 m,试求细棒对过其端点且与棒垂直的转轴的转动惯量。

3-18 判断题:

（1）一个有固定转轴的刚体受到两个力的作用,当这两个力的合力为零时,它们对转轴的力矩一定是零（　　）。

（2）一个有固定转轴的刚体受到两个力的作用,当这两个力对转轴的合力矩为零时,它们的合力也一定是零（　　）。

3-19 电动机带动一转动惯量 $J = 60\text{kg} \cdot \text{m}^2$ 的系统做定轴转动,由静止经 0.5s 后达到 120rad/min,试求电动机对系统施加的平均驱动力矩。

3-20 某刚体定轴转动的运动方程为 $\theta = 10\sin 20t$,其对该轴的转动惯量 $J = 50\text{kg} \cdot \text{m}^2$,则在 $t = 0$ 时其转动动能是多少?

3-21 某冲床飞轮的转动惯量 $J = 10\text{kg} \cdot \text{m}^2$,转速为 120rad/min,每次冲压过程中,冲压所需的能量完全由飞轮供给。若一次冲压所需做功 400J,试计算冲压后飞轮的转速将减至多少?

3-22 某冲床冲压一次,其飞轮的转速由 30rad/min 下降到 10rad/min,飞轮的转动惯量 $J = 3 \times 10^3 \text{kg} \cdot \text{m}^2$,试求每一次飞轮对外所做的功。

3-23 如图 3-20 所示,一根轻绳跨过定滑轮,其两端分别悬挂质量为 m_1 和 m_2 的两个物体,且 $m_2 > m_1$。定滑轮可看成是质量均匀分布的厚圆盘,其质量和半径分别为 m 和 r,对其转动轴的转动惯量为 $\dfrac{1}{2}mr^2$。设绳与滑轮间无相对滑动,求物体的加速度、滑轮的角加速度和绳中的张力大小。

3-24 均质杆的质量为 m,长为 l,一端为光滑的支点。最初处于水平位置,释放后杆向下摆动,如图 3-21 所示,试求杆在铅垂位置时,杆摆动的角速度以及其下端点的线速度。

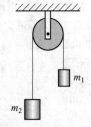
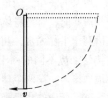

图 3-20　题 3-23 图　　　　　图 3-21　题 3-24 图

3-25 均质薄圆盘,质量为 M,半径为 R,绕通过盘面中心且与盘面垂直的中心轴转动,现以盘面中心为圆心,挖出一半径为 r 的圆孔,求剩余部分对转轴的转动惯量。

3-26 一烟囱高 10m，因其底部损耗而倒下来，求其上端到达地面时的线速度。设倾倒时底部未移动，且认为烟囱为均质细杆。

3-27 一刚体做定轴转动，已知对该轴的转动惯量 $J = 50 kg \cdot m^2$，其运动方程为

$$\theta = 10\sin 20t$$

求 $t = 0$ 时，其转动动能是多少？

3-28 某体操运动员的质量 $m = 60 kg$，身高 $h = 1.6 m$，在单杠上做大回环动作时，其转动惯量可以按照 $J = \frac{1}{3}mh^2$ 计算。当他运动至重心位置最低时，角速度 $\omega = 6 rad/s$，则此时他的转动动能是多少？

3-29 如图 3-22 所示，地球质量为 $m = 6 \times 10^{24} kg$，半径 $r = 6.37 \times 10^6 m$，自转周期 $T = 24h$，公转轨道速度 $v = 3 \times 10^4 m/s$，假定地球为一均匀实心球体，试求地球的自转和公转动能。

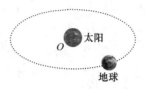

图 3-22 题 3-29 图

3-30 如图 3-23 所示，一根质量为 m、长为 l 的均匀细棒 OA，可绕通过其一端的光滑轴 O 在竖直平面内转动。求：

（1）细棒位于图示位置时的角速度；

（2）细棒自虚线位置 1 静止释放，转到虚线位置 2 时的角速度。

3-31 如图 3-24 所示，半径为 R 的均匀细圆环，可绕通过环上 O 点且垂直于环面的水平光滑轴，在竖直平面内转动。若环最初静止时直径 OA 沿水平方向，环由此位置下摆，求 A 到达最低位置时的速度。

3-32 冲床利用飞轮的转动动能，通过曲柄连杆机构的转动，带动冲头在工件上打孔。已知飞轮转动惯量为 $10 kg \cdot m^2$。飞轮的正常转速是冲一次孔转速降低 20%，飞轮的转速为 180rad/min，求冲头冲一次孔做了多少功？

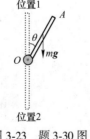

图 3-23 题 3-30 图

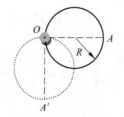

图 3-24 题 3-31 图

 ## 内容选读

陀螺仪的导航

陀螺仪又叫常平架回转仪，通常用作定向装置，是刚体角动量守恒定律的一种重要应用。由于陀螺仪中回转仪的定向作用不受电磁场及周围磁场的影响，因此被广泛应用于飞

机、火箭、舰船等的导航。

　　如图 3-25 所示，常平架回转仪由框架、常平架和回转仪三部分组成。常平架由内外两个圆环构成，外环能绕光滑支点 A、A' 所确定的轴线自由转动，内环又可绕外环上的光滑支点 B、B' 所确定的轴线自由转动。整个常平架被支在框架 L 上。回转仪 D 是一个边缘厚重并能绕自身的对称轴高速转动的转子，其自转轴 CC' 安装在常平架的内环上。AA'、BB' 和 CC' 三个轴彼此垂直，并且都通过回转仪 D 的质心。

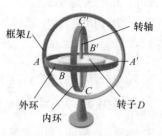

图 3-25　常平架回转仪

　　这种装置的特点是回转仪的轴 CC' 在空间可取任意方位，而且当回转仪绕自身轴 CC' 高速转动时，可以观察到，不论支架 L 如何转动，回转仪 D 的转轴方向始终不变。这是由于回转仪不受任何外力矩作用，轴承又是光滑的，所以其角动量守恒。这种守恒不仅表现在回转仪转动的角速度大小不变，而且其方向也不变，即 CC' 轴指向不变。如果把常平架回转仪的框架固定在飞行器上随飞行器任意翻滚，CC' 轴指向不变的特性就可用作定向装置。例如，通常飞行器的飞行方向和姿态可用三个角度表示：俯仰角、偏航角和侧滚角。要测出这三个角度，至少要在飞机上安装两个回转仪（至少两个），其中一个回转仪自转轴 CC' 绕铅直轴线高速旋转，由上述分析可知，无论飞机怎样运动，转轴 CC' 方向不变，所以就可以用它来确定铅直基准线，这样飞机的俯仰角及侧滚角就都可以根据铅直基准线测量出来了；另外一个回转仪自转轴 CC' 则绕水平轴线高速旋转，以确定水平基准线，用以测量飞机的偏航角。

　　这种具有刚性转子的传统机械式陀螺仪对工艺结构的要求很高，而且结构复杂，存在诸多不足之处。比如，首先机械式陀螺仪的体积大、重量大，不适合对安装空间和质量要求苛刻的场合，而且功耗大，可靠性差，内部有转动部件，无法抗大过载冲击，工作寿命短；其次，由于摩擦及其他干扰，转子轴线会逐渐偏离原始方向，因此每隔一段时间都要对照精密罗盘做一次人工修正。

4　真空中的静电场

人类的生活离不开电，尤其是现代信息社会，电磁学与科技发展、国防建设以及人们的工作生活有着紧密的联系。学习电磁学要从真空中的静电场开始，通过对电场的研究，认识"场"这种特殊物质的基本性质和基本规律。本章内容是学习电磁学理论的第一步，是"直流电路""静电场中的导体与电介质"等后续章节的基础。

4.1　电荷守恒定律　真空中的库仑定律

4.1.1　电荷　基本电荷

物质是由分子和原子组成的，原子又是由原子核和核外电子组成的。原子核里的质子带正电，核外电子带负电。在正常情况下，核内所带正电的总和等于核外电子所带负电的总和，物体呈现电中性，即物体表现为不带电。但在一定条件下，如用丝绸摩擦玻璃棒，玻璃棒上的部分电子转移到了丝绸上，丝绸由于获得电子而带上负电，玻璃棒由于失去电子（正电荷过剩）而带上了正电，这时我们说丝绸和玻璃棒带了电荷。自然界只存在两种电荷，即正电荷和负电荷。同种电荷互相排斥，异种电荷互相吸引。

物体所带电荷的总量叫**电量**，通常用 Q 或 q 表示，单位是库仑（C）。实验证明，自然界中物体所带电量都是一个基本电荷电量的整数倍，这个基本电荷电量则是质子和电子的电量。基本电荷电量通常用 e 表示，经测定

$$e = 1.6 \times 10^{-19} \text{C}$$

质子的带电量为 $+e$，电子的带电量为 $-e$。

4.1.2　电荷守恒定律

丝绸和玻璃棒摩擦前不带电，即它们的电量总和为零。摩擦后，丝绸带一定的负电荷，玻璃棒带等量的正电荷，它们电量的代数和仍然为零，这说明在摩擦过程中没有产生电荷，电荷只是从一个物体转移到了另一个物体上。如果使丝绸和玻璃棒接触，则两个物体上的等量异号电荷发生中和，它们又都不带电了，即电量总和仍然为零。因此人们总结出如下规律：电荷既不能产生，也不能消灭，只能从一个物体转移到另一个物体，但不论电荷在物体间如何分配，电量的代数和必定保持不变，这个结论叫**电荷守恒定律**。无论是宏观领域还是微观领域，电荷守恒定律均成立，它是电磁学最基本的规律之一。

【例题 4-1】

两个完全相同的金属球，分别带有 6.0×10^{-10} C 和 -2.0×10^{-10} C 的电荷，现使它们接触后又分开，各带多少电荷？

解：根据电荷守恒定律，接触前后两个金属球电荷量的代数和不变，为 4.0×10^{-10} C。

由于两个金属球完全相同，因此接触再分开后，每个球的电荷量均为 2.0×10^{-10} C。

4.1.3 真空中的库仑定律

通常的带电体都是有一定大小和形状的，带电体之间的相互作用与它们之间的距离及带电量有关，也与带电体的大小、形状及电荷分布有关。但是为了简化所研究的问题，如果当一个带电体本身的限度远小于所研究对象之间的距离时，可以忽略带电体的大小和形状，而将其看成是一个带电的点，叫做**点电荷**，它是一种理想化模型。需要注意的是，带电体能否看成点电荷，要根据所研究的问题而定。如两个带电体限度约 10cm，相距 100m，带电体的限度远小于它们之间的距离，这时当我们研究它们之间的作用力时，可以把它们看成点电荷来处理；但如果它们相距 10cm，这时就不能看作点电荷了。

1785 年，法国科学家库仑（C. A. Coulomb）通过实验总结出了真空中点电荷之间相互作用力的基本规律：真空中两个静止的点电荷之间作用力的大小与这两个点电荷所带电量乘积的绝对值成正比，与它们之间距离的平方成反比，这一规律叫**真空中的库仑定律**。电荷间的作用力叫静电力或库仑力。如图 4-1 所示，静电力的方向沿着两个点电荷的连线，根据"同种电荷互相排斥，异种电荷互相吸引"来判断。

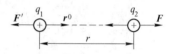

图 4-1　电荷间的静电力

库仑定律用公式表示为

$$\boldsymbol{F} = k \frac{q_1 q_2}{r^2} \boldsymbol{r}^0 = \frac{q_1 q_2}{4\pi\varepsilon_0 r^2} \boldsymbol{r}^0 \tag{4-1}$$

$\boldsymbol{r}^0$ 为施力电荷 q_1 指向受力电荷 q_2 的单位矢量。k 为静电力常数，实验测得

$$k = 9.0 \times 10^9 \text{N} \cdot \text{m}^2 / \text{C}^2$$

ε_0 为真空电容率，其值为

$$\varepsilon_0 = 8.85 \times 10^{-12} \text{F/m}$$

当存在两个以上点电荷时，每两个点电荷之间的作用力仍然满足库仑定律。这时，某个点电荷所受到的作用力是其他各个点电荷对该点电荷作用力的矢量和。

【例题 4-2】

在氢原子中，电子与质子的距离约为 $r = 5.3 \times 10^{-11}$ m，电子的质量 $m = 9.11 \times 10^{-31}$ kg，质子的质量为 $M = 1.67 \times 10^{-27}$ kg，求它们之间的万用引力和库仑力，并进行比较。

解：它们之间的库仑力为

$$F_e = k \frac{q_1 q_2}{r^2} = 9.0 \times 10^9 \text{N} \cdot \text{m}^2 / \text{C}^2 \times \frac{(1.6 \times 10^{-19} \text{C})^2}{(5.3 \times 10^{-11} \text{m})^2} = 8.2 \times 10^{-8} \text{N}$$

万有引力为

$$F_G = G \frac{Mm}{r^2} = 6.67 \times 10^{-11} \text{N} \cdot \text{m}^2 / \text{kg}^2 \times \frac{1.67 \times 10^{-27} \text{kg} \times 9.11 \times 10^{-31} \text{kg}}{(5.3 \times 10^{-11} \text{m})^2} = 3.61 \times 10^{-47} \text{N}$$

两者之比为

$$\frac{F_e}{F_G} = 2.27 \times 10^{39}$$

可见，微观粒子的万有引力远小于库仑力，因此在研究微观粒子间的相互作用时，可以忽略万有引力。

思考与讨论

真空中的库仑定律和万有引力定律很相似，请思考并讨论库仑力和万有引力的异同。

分析：相同点：（1）库仑力和万有引力的大小都与双方的质量或电荷量的乘积成正比，与距离的平方成反比。（2）两种力的方向均沿着两个物体的连线，均为保守力。（3）叠加原理均适用，即两个物体之间的作用力不因第三个物体的存在而改变。

不同点：（1）库仑定律是描述真空中两个静止的点电荷之间的相互作用力；万有引力是描述任意两个物体或两个粒子间的相互作用力。（2）库仑定律适用于微观研究，针对带电体；万有引力适用于宏观研究，针对一切物体。

4.2 电场 电场强度

4.2.1 电场

电荷之间的相互作用是如何传递的呢？对于这个问题，历史上曾有过不同的看法，在一定时期内，人们认为电荷间的作用力不需要媒介物，这种观点称为"超距作用"。直到19世纪30年代，法拉第提出，电荷间的相互作用是通过一种特殊的媒介物——电场来传递的，近代物理学理论和实验证实了这种观点的正确性。

当电荷存在时，其周围就会存在电场，任何置于电场中的电荷都将会受到它的作用力，这种作用力称为**电场力**，产生电场的电荷通常称为场源电荷。静止电荷产生的电场叫**静电场**，静电力其实就是电场力。

电场看不见摸不着，我们可以通过电场产生的效果来感知它的存在。例如，在电场中放置一个检验电荷，该电荷可以视为点电荷，并且其电量远小于场源电荷的电量，也就是说，其本身所产生的电场可以忽略不计，这样就可以通过检验电荷所受电场力来反映电场的性质。但是需要注意的是，无论是否放置检验电荷，场源电荷所产生的电场都是客观存在的。

4.2.2 电场强度

如何定量描述电荷所产生电场的性质及其分布情况？实验发现，将一个检验电荷 q 放置在场源电荷 Q 所产生电场的不同位置，电荷 q 所受电场力的大小是不同的。在距 Q 较近的位置，q 受到的电场力大；在距 Q 较远的位置，q 受到的电场力小；说明这两个位置电场强弱不同。如果把带有不同电量的两个检验电荷放置在电场中的同一点，发现它们所受电场力大小也不同，带电量大的检验电荷所受电场力大，但是检验电荷所受电场力与其电量的比值大小是相同的，与检验电荷无关，反映了电场的性质，这个比值就叫该点的**电场强度**，简称场强，通常用 E 来表示，即

$$E = \frac{F}{q} \tag{4-2}$$

电场强度的单位是牛顿/库仑（N/C），它是一个矢量，电场中某点场强的方向与正电荷在该点所受电场力的方向一致。

【例题 4-3】

一个电量为 $q = 4.0 \times 10^{-8} C$ 的正电荷在电场中某点所受的电场力为 $6.0 \times 10^{-4} N$，求：

（1）该点的电场强度；

（2）若将该正电荷移走，而将一电量为 $q' = -2.0 \times 10^{-8} C$ 的负电荷放置在该点，该点的电场强度为多大？并求出负电荷所受电场力的大小和方向。

解：（1）根据电场强度的定义式

$$E = \frac{F}{q} = \frac{6.0 \times 10^{-4} N}{4.0 \times 10^{-8} C} = 1.5 \times 10^4 N/C$$

该点电场强度的方向与该正电荷所受电场力的方向相同。

（2）该点电场强度的大小和方向与该点是否放电荷以及电荷的大小、正负均无关，所以该点的电场强度不变。电场强度大小为

$$E = 1.5 \times 10^4 N/C$$

负电荷在该点所受电场力大小为

$$F' = q'E = 2.0 \times 10^{-8} C \times 1.5 \times 10^4 N/C = 3.0 \times 10^{-4} N$$

负电荷所受电场力的方向与该点电场强度方向相反。

4.2.3 点电荷的场强

根据库仑定律和场强定义，可以求解点电荷的场强大小。如求点电荷 Q 在距离其为 r 处的 P 点所产生的场强大小。设在该点放置一检验电荷 q，则该检验电荷所受电场力的大小为

$$F = k \frac{Qq}{r^2}$$

根据场强定义，该点场强的大小为

$$E = \frac{F}{q} = k \frac{Q}{r^2} \tag{4-3}$$

由式（4-3）可以看出，点电荷 Q 在某点处的场强大小与其电量成正比，与该点到电荷距离的平方成反比。场强方向与放在该点的正电荷所受电场力的方向一致。如图 4-2 所示，如果 Q 是正电荷，电场各点场强方向背离 Q 而去，如果 Q 是负电荷，场强方向指向 Q。

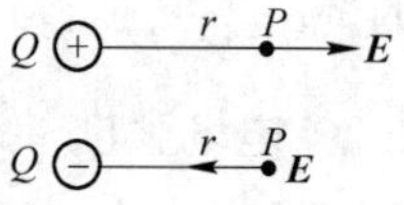

图 4-2 电荷场强的方向

若存在多个点电荷，则电场是由所有点电荷共同形成的，电场中某一点的场强应该是各点电荷在该点产生的场强的矢量和。

【例题 4-4】

如图 4-3 所示，在真空中 O 点放一点电荷，其带电量 $Q = 1.0 \times 10^{-9} C$，直线 MN 通过 O 点，OM 的距离 $r = 30cm$，在 M 点放一个带电量 $q = -1.0 \times 10^{-10} C$ 的检验电荷，求：

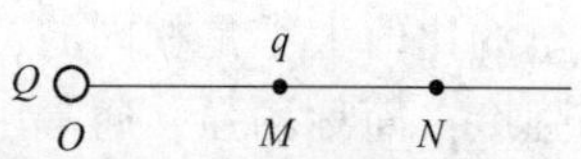

（1）q 在 M 点受到的电场力；

图 4-3 例题 4-4 图

（2）M 点的场强；

（3）移走 q 后 M 点的场强；

（4）M、N 哪点的场强大。

解：根据题意，Q 是场源电荷，q 为检验电荷。为了方便，只用电荷量的绝对值计算，力和场强的方向通过电荷的正负判断。

（1）根据库仑定律，电荷 Q 对 q 的电场力为

$$F = k\frac{Qq}{r^2} = \frac{9.0 \times 10^9 \text{N} \cdot \text{m}^2/\text{C}^2 \times 1.0 \times 10^{-9}\text{C} \times 1.0 \times 10^{-10}\text{C}}{(0.3\text{m})^2} = 1.0 \times 10^{-8}\text{N}$$

因为 Q 为正电荷，q 为负电荷，电场力的方向沿着 OM 指向 O。

（2）M 点的场强为

$$E = k\frac{Q}{r^2} = \frac{9.0 \times 10^9 \text{N} \cdot \text{m}^2/\text{C}^2 \times 1.0 \times 10^{-9}\text{C}}{(0.3\text{m})^2} = 1.0 \times 10^2 \text{N/C}$$

因为 Q 为正电荷，所以 M 点的场强方向沿着 OM 连线向右。

（3）移走检验电荷 q 后，M 点的场强不变。

（4）M 点的场强大。

🤔 思考与讨论

对于电荷连续分布的带电体，可以认为该带电体的电荷是由许多无限小的电荷元组成的，而每个电荷元都可以看成是点电荷，所有点电荷场强的矢量叠加，就是带电体的场强，可以用积分进行计算。试分析均匀带电圆环轴线上的电场[5]。

分析：设均匀带电细圆环的半径为 R，带电量为 q，为了讨论方便，设 $q>0$，如图 4-4 所示，将圆环分成许多小段 dl，每小段带电 dq。设电荷元 dq 在 P 点的场强为 $d\boldsymbol{E}$，$d\boldsymbol{E}$ 在平行于和垂直于轴线的两个方向的分矢量分别是 $d\boldsymbol{E}_{//}$ 和 $d\boldsymbol{E}_{\perp}$。由于环上电荷呈轴对称分布，所以环上全部电荷的 $d\boldsymbol{E}_{\perp}$ 互相抵消，则 P 点场强沿轴线方向，由于

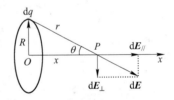

图 4-4 均匀带电细圆环轴线上的电场

$$dE_{//} = dE\cos\theta = \frac{dq\cos\theta}{4\pi\varepsilon_0 r^2}$$

所以圆环在 P 点的场强大小为

$$E = \int_q \frac{dq\cos\theta}{4\pi\varepsilon_0 r^2} = \frac{\cos\theta}{4\pi\varepsilon_0 r^2}\int_q dq = \frac{q\cos\theta}{4\pi\varepsilon_0 r^2}$$

其中 $\cos\theta = x/r$，$r = \sqrt{R^2 + x^2}$，得

$$E = \frac{qx}{4\pi\varepsilon_0(R^2 + x^2)^{3/2}}$$

由上式可知，圆环圆心处场强为零。根据对称性分析，若 $q>0$，$\boldsymbol{E}$ 的方向沿轴线指向圆环两侧；若 $q<0$，$\boldsymbol{E}$ 的方向沿轴线指向圆心。当 $x \gg R$ 时，$E = q/(4\pi\varepsilon_0 x^2)$，此时，带电圆环的电场相当于一个点电荷的电场。

4.3　静电场的高斯定理

4.3.1　电场线　电通量

除了用电场强度描述电场的分布以外，还可以用电场线描绘电场的分布。电场线是人为绘制的为了更加形象描述电场分布的曲线，它不仅能表示电场的方向，还能表示场强的大小：曲线上每一点的切线方向表示该点的场强方向，曲线的疏密程度表示场强的大小；电场线的数目与场强之间有定量关系。如图 4-5 所示，设想在某一点作一个垂直于该点场强的面元 dS，使通过该面元的电场线的数目与该面元面积的比值等于场强 E，即电场中某点场强的大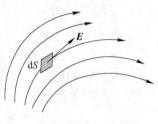

图 4-5　电场线

小等于穿过该点附近垂直于电场方向的单位面积的电场线的数目。

图 4-6 画出了几种不同电荷分布的电场的电场线。电场线始于正电荷（或无穷远），止于负电荷（或无穷远），是不闭合曲线，并且任何两条电场线都不相交。各点场强大小和方向都相同的电场叫匀强电场，匀强电场的电场线是疏密均匀且互相平行的一组直线，如带有等量异种电荷的两块面积很大，彼此平行又靠得很近的金属板间就形成了匀强电场。

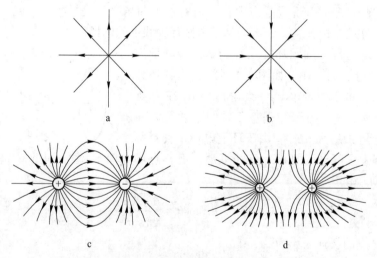

图 4-6　不同电荷的电场线

a—正点电荷；b—负点电荷；c—等量异号点电荷；d—等量同号点电荷

通过电场中某一曲面 S 的电场线数，称为通过该曲面的**电通量**，用 Φ_e 表示。如图4-7所示，如果曲面 S 为平面，电场为匀强电场，且电场线与平面垂直，通过该面的电通量为

$$\Phi_e = ES \tag{4-4}$$

如果平面法线方向与匀强电场成 θ 角，则通过 S 面的电通量为

$$\Phi_e = ES\cos\theta \tag{4-5}$$

电通量为标量，但有正负，正负由 θ 角决定。当 $\theta <$ $\pi/2$ 时，电通量为正；$\theta > \pi/2$ 时，电通量为负。对于闭合曲面，规定曲面的法线方向垂直于曲面向外，因此穿出曲面的电通量为正，穿入曲面的电通量为负。

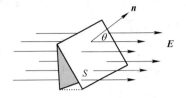

图 4-7　电通量

4.3.2　高斯定理

电场线反映了静电场的分布，所以电通量与场源电荷之间必然存在一定的关系。如图 4-8 所示，假设真空中有一点电荷 q，以 q 为中心作一半径为 r 的闭合球面 S，则球面上各点的场强大小为

$$E = \frac{q}{4\pi\varepsilon_0 r^2}$$

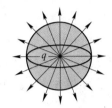

图 4-8　高斯定理

由于场强始终垂直于球面，所以通过该球面的电通量可以等效为匀强电场垂直穿过平面的情况，则通过球面的电通量为

$$\Phi_e = ES = \frac{q}{4\pi\varepsilon_0 r^2} \times 4\pi r^2$$

$$\Phi_e = \frac{q}{\varepsilon_0}$$

同理可以证明，若闭合曲面是任意形状，或电荷不在球心处，上述结果仍然成立。若球面内包含多个点电荷，上述结果将表示为

$$\Phi_e = \frac{1}{\varepsilon_0 (S内)} \sum q_i \tag{4-6}$$

上式告诉我们，通过该球面的电通量只与球面内所包围的点电荷的代数和有关，与球面半径 r 无关。也就是说，在真空的静电场中，通过任意闭合曲面的电通量，等于该曲面所包围的电荷的代数和除以 ε_0，这就是**静电场的高斯定理**。

正确理解高斯定理，应注意以下几点：

（1）通过闭合曲面的电通量只与闭合曲面内电荷电量的代数和有关，与曲面内电荷分布无关；若电荷电量代数和为零，不代表没有电荷。

（2）通过闭合曲面的电通量与曲面外电荷及其分布无关。

（3）闭合曲面上的场强是闭合曲面内外所有电荷产生的合场强，并非只由闭合曲面内的电荷所激发。

（4）若闭合曲面内的电荷代数和为零，则通过闭合曲面的电通量为零，但不能说曲面上场强一定为零。

高斯定理的重要意义在于反映了静电场是有源场，电荷即其源头。静电场中的高斯定理可推广到变化的电场，它是电磁学的基本方程之一。

【例题 4-5】

应用高斯定理计算无限大均匀带电平面外任一点的电场强度。

解：如图 4-9 所示，设均匀带电的无限大平面面密度为 $\sigma > 0$。P 点为带电平面右侧一点，由于平面无限大且均匀带电，场强必定相对平面对称，场强方向垂直于带电平面。

取垂直于平面的闭合圆柱面作为高斯面，P 点位于它的底面上，由于高斯面侧面上各

点的场强与侧面平行，所以穿过侧面的电通量为零。用 ΔS
表示底面积，则

$$\Phi_e = E\Delta S + E\Delta S = 2E\Delta S$$

根据高斯定理，有

$$2E\Delta S = \frac{1}{\varepsilon_0}\sigma\Delta S$$

$$E = \frac{\sigma}{2\varepsilon_0}$$

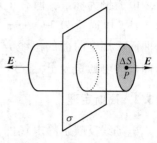

图 4-9　例题 4-5 图

由此可见，P 点的场强大小与它到平面的距离无关，所
以无限大均匀带电平面两侧的电场为均匀电场，场强大小由平面的电荷密度决定。如果 σ
>0，场强方向垂直于平面指向两侧；如果 $\sigma<0$，场强方向垂直于平面指向平面。

思考与讨论

讨论无限大均匀带电平行薄板的电场。

分析：设两平行薄板面电荷密度分别为 $+\sigma$ 和 $-\sigma$。根据场强
叠加原理，两平行薄板的总场强可以看成各个平板产生的场强的
叠加。由于 $+\sigma$ 产生的场强垂直于平板向外，$-\sigma$ 产生的场强垂直
于平板向里，大小都是 $\sigma/2\varepsilon_0$，如图 4-10 所示，因此两平行薄板
之间场强的大小为

$$E_内 = \frac{\sigma}{2\varepsilon_0} + \frac{\sigma}{2\varepsilon_0} = \frac{\sigma}{\varepsilon_0}$$

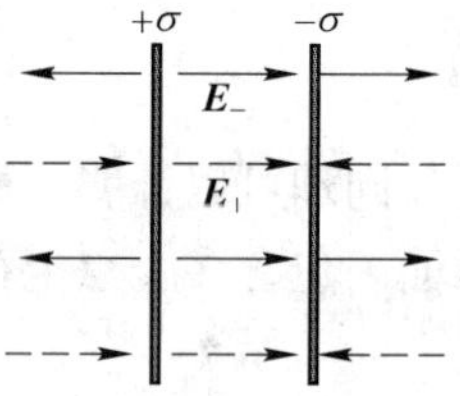

图 4-10　无限大均匀
带电平行薄板的电场

场强的方向垂直于平板，由 $+\sigma$ 指向 $-\sigma$，且为匀强电场。

在两平行薄板两侧，由于两个平板产生的场强方向相反，
所以

$$E_外 = \frac{\sigma}{2\varepsilon_0} - \frac{\sigma}{2\varepsilon_0} = 0$$

4.4　电势能　电势

电场强度是从电荷在电场中受力的角度研究静电场性质而引入的物理量，我们还可以
从在电场中电荷移动时静电力做功的角度来研究静电场的性质。

4.4.1　静电场力的功

如图 4-11 所示，设有一点电荷 q，另有一检验电荷 q_0 在 q 的电场中从 a 点沿任一路
径移动到 b 点，下面计算电场力所做的功。首先在路径中任一点 c 附近取元位移 $\mathrm{d}l$，并设
此处场强为 $\boldsymbol{E}$，$\boldsymbol{E}$ 与 $\mathrm{d}l$ 的夹角为 θ，那么在这段位移中电场力所做的功为

$$\mathrm{d}A = \boldsymbol{F} \cdot \mathrm{d}l = q_0\boldsymbol{E} \cdot \mathrm{d}l = q_0 E\cos\theta\mathrm{d}l$$

其中 $\mathrm{d}l\cos\theta = \mathrm{d}r$，$E = q/(4\pi\varepsilon_0 r^2)$，则

$$dA = \frac{q_0 q}{4\pi\varepsilon_0 r^2}dr$$

则 q 从 a 点移动到 b 点时电场力对它做的功为

$$A_{ab} = \int_a^b dA = \frac{q_0 q}{4\pi\varepsilon_0}\int_{r_a}^{r_b}\frac{1}{r^2}dr$$

$$= \frac{q_0 q}{4\pi\varepsilon_0}\left(\frac{1}{r_a} - \frac{1}{r_b}\right) \tag{4-7}$$

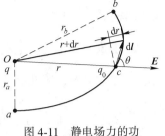

图 4-11 静电场力的功

r_a、r_b 分别是场源电荷 q 到 a 点和 b 点的距离。该结果表明，电场力做的功与电荷的电量以及路径的起点和终点的位置有关，而与具体路径无关。可以证明，对于任意的带电体系的电场，也可以得到同样的结论。静电力做功的这个特点表明，静电力是保守力，静电场是保守场。

如果点电荷 q_0 在电场中沿任意闭合路径运动一周，则电场力对它所做的功为

$$\oint_L q_0 \boldsymbol{E} \cdot d\boldsymbol{l} = 0$$

因为 $q_0 \neq 0$，所以

$$\oint_L \boldsymbol{E} \cdot d\boldsymbol{l} = 0 \tag{4-8}$$

式（4-8）表明，在静电场中，电场强度 $\boldsymbol{E}$ 沿任意闭合路径的线积分（称为 $\boldsymbol{E}$ 的环流）为零，这个结论称为**静电场的环路定理**，它也是表征静电场性质的一个重要定理[5]。

4.4.2 电势能

如前所述，静电力是保守力，静电力做功与电荷的移动路径无关，而只与电荷的起点和终点位置有关。这说明静电力和重力相似，在重力场中，用重力势能表示物体具有与位置有关的能量，同样在静电场中，表示电荷具有与位置有关的能量叫**电势能**，用 E_p 表示，电势能是标量，单位是焦耳（J）。

在重力场中，重力做了多少负功（克服重力做了多少功），物体的重力势能就增加了多少；重力对物体做了多少正功，物体的重力势能就减少了多少。电场力做功与电势能之间的关系也是如此，即电场力做了多少负功，电荷的电势能就增加了多少；电场力做了多少正功，电荷的电势能就减少了多少，如图 4-12 所示，电荷 q 在匀强电场中从 a 点移动到 b 点，电场力做的功为

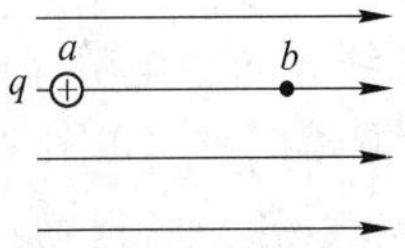

图 4-12 电势能

$$A_{ab} = E_{pa} - E_{pb} \tag{4-9}$$

A_{ab} 表示电荷从 a 点移动到 b 点时电场力做的功，E_{pa} 表示电荷在 a 点的电势能，E_{pb} 表示电荷在 b 点的电势能。若两点之间的距离为 d，一正电荷 q 从 a 点移动到 b 点，电场力做的功为

$$A_{ab} = qEd$$

电场力做的是正功，电荷的电势能减少了 qEd。与重力势能相似，必须先规定零势能点，才能确定电荷电势能的大小。如选 b 点为零电能点，则电荷在 a 点的电势能为

$$E_{pa} = qEd$$

4.4.3　电势　电势差

电势能反映了电荷在电场中某一位置所具有的能量，其大小不仅与电场分布有关，还与电荷电量 q 有关，因此电势能不能用来描述电场的性质。而电势能与电荷的比值 $\dfrac{E_{pa}}{q} = \dfrac{qEd}{q} = Ed$ 是一个常量，与电荷无关，只与电场分布有关，所以这个比值可以反映电场性质，称为**电势**，电场中 a 点的电势用 U_a 来表示，即

$$U_a = \frac{E_{pa}}{q} \tag{4-10}$$

电势是标量，单位是伏特（V），同样在表示电势大小时，也需要选取零电势点，通常选取无穷远处为零电势点。在实际中，也常选取大地为零电势点。

若静电场中 a、b 两点的电势分别为 U_a 和 U_b，则

$$U_{ab} = U_a - U_b \tag{4-11}$$

U_{ab} 叫这两点的**电势差**，也叫**电压**，单位是伏特（V）。

电荷 q 从 a 点移动到 b 点，电场力做功为

$$A_{ab} = E_{pa} - E_{pb} = qU_a - qU_b$$

$$A_{ab} = qU_{ab} \quad \text{或} \quad U_{ab} = \frac{A_{ab}}{q} \tag{4-12}$$

式（4-12）表明，静电场中任意 a、b 两点的电势差在数值上等于把单位正电荷从 a 点移动到 b 点时电场力所做的功。当 $A_{ab} > 0$ 时，电场力做正功，电荷的电势能减小；若 q 为正电荷，则是从电势高的地方移向电势低的地方；若 q 为负电荷，则是从电势低的地方移向电势高的地方。当 $A_{ab} < 0$ 时，电场力做负功，电荷的电势能增大；正电荷则是从电势低的地方移向电势高的地方，负电荷则是从电势高的地方移向电势低的地方。也就是说，静电场中，电势高的地方，正电荷的电势能大，负电荷则相反。此外，如果正电荷沿着电场线方向移动，电场力做正功，电荷电势能减小，电势也是减小的。因此我们得出，沿着电场线方向，电势是逐渐降低的。

【例题 4-6】　如图 4-13 所示，匀强电场的场强 $E = 2.0 \times 10^3 \text{N/C}$，$ab$ 与电场线平行，bc 与电场线垂直。ab 之间的距离 $d = 10\text{cm}$，a 点放置着一个正点电荷，$q = 2.0 \times 10^{-8}\text{C}$。求：

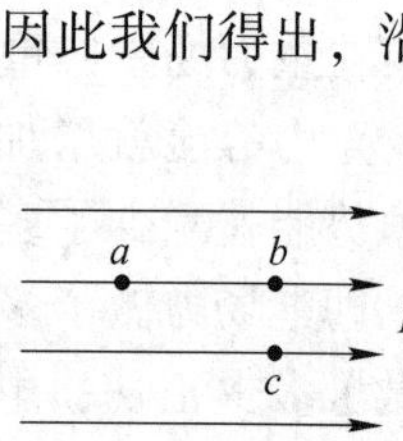

(1) 电荷从 a 移动到 b 时，电场力做功 A_{ab}；

(2) 该电荷再从 b 移动到 c 时，电场力做功 A_{bc}；

图 4-13　例题 4-6 图

(3) 电势差 U_{ab}、U_{bc}。

解：(1) 正电荷从 a 点移动到 b 点，电场力做正功为

$$A_{ab} = qEd = 2.0 \times 10^{-8}\text{C} \times 2.0 \times 10^3\text{N/C} \times 0.01\text{m} = 4.0 \times 10^{-7}\text{J}$$

(2) 由于 bc 与电场线垂直，所以电荷从 b 移动到 c 时，电场力不做功，故

$$A_{bc} = 0$$

(3) 电势差 U_{ab}：

$$U_{ab} = \frac{A_{ab}}{q} = \frac{4.0 \times 10^{-7}\text{J}}{2.0 \times 10^{-8}\text{C}} = 20\text{V}$$

由于 bc 与电场线垂直，所以 $U_{bc} = 0$。

4.5 等势面 电势差与场强的关系

4.5.1 等势面

我们用电场线形象地描述电场强度的分布，既然电势也是描述电场的物理量，是否可以用电势的分布来描述电场性质呢？

静电场中各点的电势是逐点变化的，但是可以找到电势相等的点，这些电势相等的点所组成的曲面称为**等势面**，它形象地反映了电场中电势的分布情况。

在同一等势面上所有点的电势是相同的。显然，当电荷在等势面上移动时，电势能不变，电场力不做功，这说明电场力的方向与电荷移动方向垂直，也就是说电场线与等势面是相互垂直的，并且电场线指向电势降低的方向。在画等势面时，相邻等势面的电势差都相等，等势面密集的地方场强大，等势面稀疏的地方场强小。可见，等势面同样能反映电场的强弱。

图 4-14 和图 4-15 分别为匀强电场和正点电荷电场的电场线及等势面图。实线为电场线，虚线为等势面。

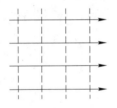

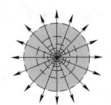

图 4-14 匀强电场   图 4-15 正点电荷电场

4.5.2 电势差与场强

前边讨论过，在匀强电场中，若电荷 q 从 a 点移动到 b 点，电场力做功与电势差之间存在以下关系

$$A_{ab} = qU_{ab}$$

而电场力做的功也可以用电场强度来表示，即

$$A_{ab} = qEd$$

由此可得

$$U_{ab} = Ed \quad 或 \quad E = \frac{U_{ab}}{d} \tag{4-13}$$

式（4-13）给出了匀强电场中电势差与场强之间的关系，由于电势差的测量比场强的测量容易得多，所以可以利用该关系式，通过测量电势差得到场强大小。比如测量平行板电容器间的场强，只需要知道电容器间的电势差及两个极板之间的距离即可。

4.6　本章重点总结

4.6.1　真空中的库仑定律

（1）电荷守恒定律：电荷既不能产生，也不能消灭，只能从一个物体转移到另一个物体，但不论电荷在物体间如何分配，电量的代数和必定保持不变，这个结论叫电荷守恒定律。

（2）真空中的库仑定律：真空中两个静止的点电荷之间作用力的大小与这两个点电荷所带电量乘积的绝对值成正比，与它们之间距离的平方成反比，这一规律叫真空中的库仑定律。其公式为

$$F = k\frac{q_1 q_2}{r^2}r^0$$

4.6.2　电场强度

（1）电场强度的定义：

$$E = \frac{F}{q}$$

电场强度的单位是牛顿/库仑（N/C），它是一个矢量，电场中某点场强的方向与正电荷在该点所受电场力的方向一致。

（2）点电荷的场强：

$$E = k\frac{Q}{r^2}$$

4.6.3　静电场的高斯定理

（1）电场线：电场线始于正电荷（或无穷远），止于负电荷（或无穷远），是不闭合曲线，并且任何两条电场线都不相交。

（2）电通量：

$$\Phi_e = ES\cos\theta$$

（3）高斯定理：

$$\Phi_e = \frac{1}{\varepsilon_{0(S内)}}\sum q_i$$

4.6.4　电势　电势差与场强的关系

（1）电场力做功与电势能的关系：电场力做负功，电荷的电势能增加；电场力做正功，电荷的电势能减少。

（2）电势　电势差：

电势：

$$U_a = \frac{E_{pa}}{q}$$

电势差：

$$U_{ab} = U_a - U_b$$

电场力做功与电势差的关系：

$$U_{ab} = \frac{A_{ab}}{q}$$

（3）等势面：电势相等的点所组成的曲面称为等势面，它形象地反映了电场中电势的分布情况。

（4）电势差与场强的关系：

$$U_{ab} = Ed$$

习题

在线答题

4-1　有三个完全一样的金属球，A 球带的电量为 q，B 球和 C 球均不带电，现要使 B 球带的电量为 $3q/8$，应该怎么办？

4-2　如图 4-16 所示，真空中有三个点电荷，它们固定在边长为 50cm 的等边三角形的三个顶点上，每个电荷的电量都是 2.0×10^{-6}C，求它们各自受到的库仑力。

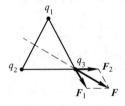

图 4-16　题 4-2 图

4-3　两个点电荷相距为 d，相互作用力大小为 F，保持它们的电荷量不变，要想使作用力变为 $4F$，则它们之间的距离应该为多少？

4-4　在边长为 a 的正方形的每个顶点都放置一个电量为 q 的点电荷，则每个电荷受到其他三个电荷的静电力的合力为多大？

4-5　如图 4-17 所示，两个带有等量同种电荷的小球，质量均匀 0.1g，用长 $l = 50$cm 的丝线挂在同一点，平衡时两球相距 $d = 20$cm，则两个小球的带电量为多少？（取 $g = 10$m/s^2）

图 4-17　题 4-5 图

4-6　有两个相距 $r = 10$cm 的点电荷，$Q_1 = 5.0 \times 10^{-8}$C，$Q_2 = -5.0 \times 10^{-8}$C，求它们连线中点的场强，以及 $q = -2.0 \times 10^{-12}$C 的点电荷在该点受的电场力。

4-7　两个正点电荷的电量分别为 $2q$ 和 q，相距为 L，第三个点电荷 q' 放在何处时所受的合力为零？

4-8　如图 4-18 所示，真空中，正点电荷 $q_1 = 4.0 \times 10^{-8}$C，负点电荷 $q_2 = -2.0 \times 10^{-8}$C，它们之间作用力的

大小为 $1.8×10^{-4}$N，求：

（1）点电荷 q_1 和 q_2 所在位置的电场强度的大小；

（2）点电荷 q_1 和 q_2 所在位置的电场强度的方向。

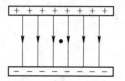

图 4-18 题 4-8 图

4-9 把一检验电荷 q 放在电场中的 A 点，测得它所受的电场力为 F，再把该电荷放在 B 点，测得它所受的电场力为 $3F$，则 A、B 两点的场强之比为＿＿＿＿＿；如果把另一个检验电荷 $5q$ 放在电场中的 A 点，它所受的电场力为＿＿＿＿＿。

4-10 场源电荷为 Q，在与其相距 $r=30$cm 的 P 点，有一正的检验电荷 $q=1.0×10^{-10}$C，该电荷所受电场力 $F=1.0×10^{-6}$N，方向背离 Q。求：

（1）P 点的场强；

（2）Q 为何种电荷，电量为多少？

4-11 如图 4-19 所示，匀强电场中有一质量 $m=1.6×10^{-10}$kg 的小油滴，当场强 $E=5.0×10^5$N/C 时，油滴静止不动，问这个油滴带何种电荷，电荷量是多少？

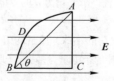

图 4-19 题 4-11 图

4-12 如图 4-20 所示，在场强为 E 的匀强电场中，有相距为 L 的 A、B 两点，AB 连线与电场线的夹角为 θ，连线 AC 与 BC 垂直。将一正电荷 q 从 A 点移到 B 点，若沿着直线 AB 移动该电荷，电场力做功 $A_1=$＿＿＿＿＿，若沿着路径 ADB 移动该电荷，电场力做功 $A_2=$＿＿＿＿＿，若沿着路径 ACB 移动该电荷，电场力做功 $A_3=$＿＿＿＿＿；由此可见，电荷在电场中移动时，电场力做功的特点是＿＿＿＿＿。

图 4-20 题 4-12 图

4-13 把两个异种电荷的距离增大一些，它们的电势能是增加还是减少？

4-14 如图 4-21 所示，A、B 是一条电场线上的两点，一个正电荷从 A 点移动到 B 点，问：

（1）A、B 哪一点的电势高？

（2）该正电荷从 A 移动到 B，其电势能增加还是减少？

图 4-21 题 4-14 图

4-15 如图 4-22 所示电场线，场中 A、B 两点的场强和电势分别为 E_A、E_B、和 U_A、U_B，则（　　）。

　　 A. $E_A > E_B$，$U_A < U_B$　　 B. $E_A < E_B$，$U_A < U_B$　　 C. $E_A < E_B$，$U_A > U_B$　　 D. $E_A < E_B$，$U_A > U_B$

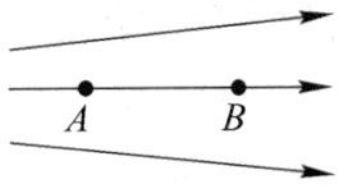

图 4-22　题 4-15 图

4-16 如图 4-23 所示，匀强电场 $E = 5.0 \times 10^3$ N/C，$AB = 20$cm，BC 与电场线垂直。求：

　　（1）$q = 1.0 \times 10^{-6}$C 的电荷从 A 移动到 B 时，电场力做功 A_{AB}；

　　（2）$q' = -2.0 \times 10^{-6}$C 的电荷从 A 移动到 B 时，电场力做功 A'_{AB}；

　　（3）电势差 U_{AB}，U_{BA}，U_{BC}。

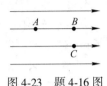

图 4-23　题 4-16 图

4-17 两块平行的带等量异种电荷的金属极板，相距 $d = 10$mm，极板间电压 $U = 10$V，求极板间电场的电场强度 E。

4-18 如图 4-24 所示，匀强电场的场强大小为 2.0×10^5 V/m，A、B 两极板相距 1.0cm，a 点距 A 板 0.20cm，b 点距 B 板 0.30cm，求电势差 U_{AB}，U_{Aa}，U_{Bb}，U_{ab}。

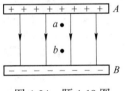

图 4-24　题 4-18 图

 内容选读

静 电 防 护

　　静电学主要研究静电应用技术，如静电除尘、静电复印、静电生物效应等，更主要的是静电防护技术，如电子工业、石油工业、兵器工业、纺织工业、橡胶工业以及军事领域的静电危害，减少静电造成的损失。近年来随着科学技术的飞速发展、微电子技术的广泛应用及电磁环境越来越复杂，静电放电的电磁场效应如电磁干扰（EMI）及电磁兼容性（EMC）问题，已经成为一个迫切需要解决的问题：一方面，一些电阻率很高的高分子材料如塑料、橡胶等制品的广泛应用以及现代生产过程的高速化，使静电能积累到很高的程度；另一方面，静电敏感材料的生产和使用，如轻质油品、火药、固态电子器件等，工矿企业部门受静电的危害也越来越突出，静电危害造成了相当严重的后果和损失。它可以在不经意间将昂贵的电子器件击穿，造成电子工业年损失达上百亿美元。1967 年 7 月 29

日，美国 Forrestal 航空母舰上发生严重事故，一架 A4 飞机上的导弹突然点火，造成了 7200 万美元的损失，并受伤了 134 人，调查结果是导弹屏蔽接头不合格，静电引起了点火。1969 年底在不到一个月的时间内，荷兰、挪威、英国三国的三艘 20 万吨超级油轮洗舱时产生的静电相继发生爆炸。

　　静电防范原则主要是抑制静电的产生，加速静电的泄漏，进行静电中和等。首先要对静电产生的主要因素（物体的特性、表面状态、带电历史、接触面积和压力、分离速度等）尽量予以排除；其次采取限制流速、减少管道的弯曲，增大直径、避免振动等措施。静电防护除降低速度、压力、减少摩擦及接触频率，选用适当材料及形状，增大电导率等抑制措施外，还可采取下列措施：（1）接地，即将金属导体与大地（接地装置）进行电气上的连接，以便将电荷泄漏到大地。（2）搭接（或跨接），将两个以上独立的金属导体进行电气上的连接，使其相互间大体上处于相同的电位。（3）屏蔽，用接地的金属线或金属网等将带的物体表面进行包覆，从而将静电危害限制到不致发生的程度，屏蔽措施还可防止电子设施受到静电的干扰。（4）对几乎不能泄漏静电的绝缘体，采用抗静电剂以增大电导率，使静电易于泄漏。（5）采用喷雾、洒水等方法，使环境相对湿度提高到 60%～70%，以抑制静电的产生，解决纺织厂等生产中静电的问题。

5 直流电路基础

若在导体内的任意两点间维持恒定的电势差，使得导体内有一个稳定的电场，那么导体内的电荷会做定向运动而形成电流。本章将讨论恒定电流（大小和方向都不随时间变化的电流）的基本知识，包括电流、电压、电功、功率等基本物理量，以及欧姆定律、基尔霍夫定律等基本规律。

5.1 电流 电阻 欧姆定律

5.1.1 电流的形成

电流是电荷的定向运动形成的，形成电流的带电粒子称为载流子。要形成电流必须有自由电荷，自由电荷可以是自由电子或正负离子。金属导体中的载流子是自由电子，电解质溶液中的载流子是正负离子，但是只有自由电荷还不能形成电流。以金属导体为例，金属中存在大量的自由电子和正离子，自由电子在正离子间做无规则的热运动，电子在各个方向随机运动的概率是相同的，没有形成定向移动，也就不能形成电流。当金属导体两端存在电势差时，导体内部就存在电场，自由电子除了做不规则的热运动之外，在电场力的作用下还会产生定向漂移。大量电子的漂移则表现为电子的定向运动，形成了电流。因此，电流的产生需要两个条件：存在可自由移动的电荷，以及导体两端要有电势差。

习惯上规定正电荷定向移动的方向为电流的方向，自由电子移动的方向与电流方向相反。因为正电荷的移动方向是沿着电场的方向，所以电流的方向是从高电势流向低电势。

描述电流强弱的物理量叫**电流强度**，简称电流，用 I 表示。如果在时间 Δt 内通过导体某一横截面的电量为 Δq，则通过该横截面的电流为

$$I = \frac{\Delta q}{\Delta t} \tag{5-1}$$

电流强度的单位叫安培，简称安，用 A 表示。电流强度常用单位还有毫安（mA）和微安（μA），它们的换算关系为

$$1A = 10^3 mA = 10^6 \mu A$$

电流强度是标量，但有方向。如果电流的大小和方向都不随时间改变，称为恒定电流或直流电。

5.1.2 电阻

在两端电势差相同的条件下，不同导体内电流大小不同，也就是说导体对电流阻碍作用的大小不同。衡量导体导电性能的物理量叫**电阻**，用 R 表示，电阻的单位是欧姆（Ω）。电阻是导体本身的一种性质，实验表明，对于一定材料制成的均匀导体，在一定温

度下，它的电阻取决于导体的材料、长度和横截面积，存在以下关系

$$R = \rho \frac{l}{S} \tag{5-2}$$

　　式（5-2）称为**电阻定律**。式中，l 为导体的长度；S 为导体的横截面积；ρ 与导体的材料有关，叫材料的电阻率，单位是欧姆·米（$\Omega \cdot m$），它反映了导体材料的导电性能，ρ 越小，材料的导电性能越好，表 5-1 列出了 20℃ 常温下一些材料的电阻率。

表 5-1　几种常用材料在 20℃ 时的电阻率[3]　　　　　　　　　　　　　（$\Omega \cdot m$）

材　料	ρ	材　料	ρ
银	1.6×10^{-8}	镍铬	1.0×10^{-6}
铜	1.7×10^{-8}	碳	3.5×10^{-5}
铝	2.9×10^{-8}	硅	2.3×10^{-3}
钨	5.3×10^{-8}	铁	1.0×10^{-7}
锰铜	4.4×10^{-7}	电木	$10^{10} \sim 10^{14}$
镍铜	5.0×10^{-7}	橡胶	$10^{13} \sim 10^{16}$

　　从表 5-1 中可以看出，不同材料的电阻率不同，纯金属的电阻率小，导电性能好；合金的电阻率大，导电性能差。根据材料导电性能的不同，分为导体、绝缘体和半导体。在室温下，金属导体的电阻率一般为 $10^{-8} \sim 10^{-6} \Omega \cdot m$，绝缘体的电阻率为 $10^8 \sim 10^{18} \Omega \cdot m$，半导体的电阻率为 $10^{-5} \sim 10^6 \Omega \cdot m$。同一种材料的电阻率还与温度有关，金属材料的电阻率随着温度升高而增大，一些半导体的电阻率随着温度的升高而减小。半导体的导电性能介于导体和绝缘体之间，不同的半导体导电性能受外界环境的影响不同。除了温度外，受到光照、掺入杂质等也能使一些半导体的导电性能发生变化，人们利用半导体的这些特性，制成了热敏电阻、光敏电阻、晶体管等各种电子元件。

5.1.3　欧姆定律

　　德国物理学家欧姆在 1827 年经过实验研究，得出了通过导体的电流 I、导体两端的电压 U 以及导体的电阻 R 之间的关系为

$$I = \frac{U}{R} \quad 或 \quad U = IR \tag{5-3}$$

　　式（5-3）称为**欧姆定律**。根据欧姆定律可知，导体两端的电流与电压成正比，这种遵从欧姆定律的电阻称为线性电阻。而有些电阻的阻值不是定值，电阻大小会随着电路中电流和电压的变化而变化，称为非线性电阻，这种电阻不遵从欧姆定律。

　　通常用伏安特性曲线来研究导体电阻的变化规律。以电压 U 为横坐标，电流 I 为纵坐标，画出导体中电流随电压变化的曲线。线性电阻的伏安特性曲线为直线，直线斜率的倒数是电阻的阻值；非线性电阻的伏安特性曲线不是直线，而是有一定形状的曲线。

【例题 5-1】

　　如图 5-1 为某个电阻的伏安特性曲线，从中可知该电阻的阻值是多少？当它两端的电压为 15V 时，流过该电阻的电流是多少？

解：由电阻的伏安特性曲线可知，当 $U = 10\text{V}$ 时，电流 $I = 2\text{A}$。

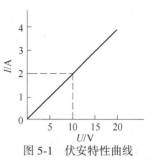

根据欧姆定律，有

$$R = \frac{U}{I} = \frac{10\text{V}}{2\text{A}} = 5\Omega$$

当电压 $U' = 15\text{V}$ 时，电流为

$$I' = \frac{U'}{R} = \frac{15\text{V}}{5\Omega} = 3\text{A}$$

图 5-1　伏安特性曲线

5.2　电阻的串并联

电阻的规格数值各有不同，实际中常常需要把若干个电阻适当地联接起来，成为一个组合来使用。联接的基本方法有两种，分别是串联和并联。

5.2.1　电阻的串联

电阻的串联是将若干个电阻串接在一起。如图 5-2 所示，若在电路两端存在电压 U，由于电路没有分支，所以通过电阻 R_1，R_2，$\cdots$，R_n 的电流 I_1，I_2，$\cdots$，I_n 是相等的，都是电路中的电流 I；加在电路两端的总电压 U 等于各电阻两端的电压 U_1，U_2，$\cdots$，U_n 之和；电路的等效电阻 R 为各个电阻的总和，即存在以下关系式：

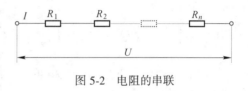

图 5-2　电阻的串联

$$I = I_1 = I_2 = \cdots = I_n \tag{5-4}$$

$$U = U_1 + U_2 + \cdots + U_n \tag{5-5}$$

$$R = R_1 + R_2 + \cdots + R_n \tag{5-6}$$

根据上式可知

$$\frac{U_1}{U} = \frac{I_1 R_1}{IR} = \frac{R_1}{R}, \ \frac{U_2}{U} = \frac{R_2}{R}, \ \cdots, \ \frac{U_n}{U} = \frac{R_n}{R} \tag{5-7}$$

可见，串联电路中，总电压在各电阻之间的分配与电阻的阻值成正比，阻值大的电阻分得的电压大，这叫做串联电阻的分压作用。实际中，如果电路两端的电压大于用电器的最大允许电压，则可以在电路中串联一个电阻分出一部分电压，这种起分压作用的电阻叫分压电阻。通过串联分压电阻，用电器即可得到它能承受的电压。

【例题 5-2】

一个内阻为 100Ω 的电压表，量程为 10V，要使量程扩大到 15V，应该串联一个多大的电阻？

解：电压表内的电流不能超过允许值，否则将烧毁仪表，必须串联一个电阻，分担一部分电压。

如图 5-3 所示，电压表的内阻 $R_1 = 100\Omega$，原量程 $U_1 = 10\text{V}$，要使其量程扩大到 15V，设串联一个阻值为 R_2 的电阻来分担另一部分电压，即

$$U_2 = 15\text{V} - 10\text{V} = 5\text{V}$$

由于通过各电阻的电流相同，因此有

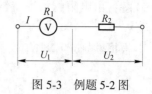

图 5-3　例题 5-2 图

$$\frac{U_1}{U_2} = \frac{R_1}{R_2}$$

$$R_2 = \frac{U_2}{U_1}R_1 = \frac{5\text{V}}{10\text{V}} \times 100\Omega = 50\Omega$$

5.2.2　电阻的并联

电阻的并联是将各个电阻都跨接在相同的两点之间。如图 5-4 所示，若在电路两端加一电压 U，可知各个电阻两端的电压与总电压是相等的。由于电路分成了若干个分支，所以电路的总电流等于流过各电阻的电流之和，即

$$U = U_1 = U_2 = \cdots = U_n \tag{5-8}$$

$$I = I_1 + I_2 + \cdots + I_n \tag{5-9}$$

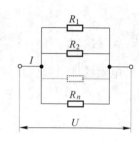

图 5-4　电阻的并联

根据欧姆定律，可知电路的等效电阻和各电阻之间的关系如下

$$\frac{1}{R} = \frac{1}{R_1} + \frac{1}{R_2} + \cdots + \frac{1}{R_n} \tag{5-10}$$

可见，电阻并联的效果是使电阻减小，等效电阻小于任一支路的电阻。根据并联电路的特点，可得

$$\frac{I_1}{I} = \frac{U_1/R_1}{U/R} = \frac{R}{R_1}, \ \frac{I_2}{I} = \frac{R}{R_2}, \ \cdots, \ \frac{I_n}{I} = \frac{R}{R_n} \tag{5-11}$$

由上式可知，总电流在各个支路之间的分配与各支路电阻大小成反比，电阻大的支路，通过它的电流小，这叫并联电路的分流作用。实际中，如果电路的电流大于用电器所允许的最大电流，则可以并联一个电阻进行分流，这种起分流作用的电阻叫分流电阻。

实际中的电路往往比较复杂，既有串联又有并联，即混联电路。分析混联电路时，要明确电流的输入端和输出端，以及电阻的联接关系，通过将电阻逐步合并计算出等效电阻。

【例题 5-3】

已知电流计的内阻为 100Ω，量程为 10mA，要使其量程扩大到 15mA，需要并联一个多大的电阻？

解：如图 5-5 所示，电流计的内阻 $R_1 = 100\Omega$，原量程 $I_1 = $ 10mA，要使其量程扩大到 15mA，设并联一个阻值为 R_2 的电阻来分担另一部分电流，即

$$I_2 = 15\text{mA} - 10\text{mA} = 5\text{mA}$$

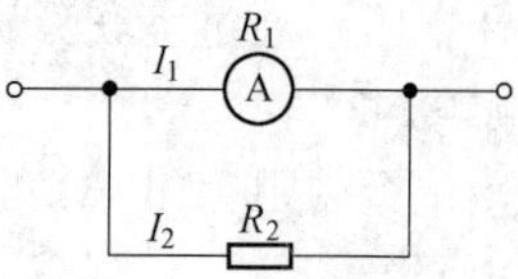

由于两个电阻两端的电压相等，则

图 5-5　例题 5-3 图

$$I_1R_1 = I_2R_2$$

$$R_2 = \frac{I_1}{I_2}R_1 = \frac{10\text{mA}}{5\text{mA}} \times 100\Omega = 200\Omega$$

【例题 5-4】

如图 5-6 为一混联电路，电阻 $R_1 = 7\Omega$，$R_2 = 4\Omega$，$R_3 = 3\Omega$，$R_4 = 9\Omega$，电路两端电压 $U = 2V$，求电路的总电流 I。

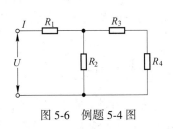

解：R_3、R_4 串联，再与 R_2 并联后的电阻为

$$R_并 = \cfrac{1}{\cfrac{1}{R_2} + \cfrac{1}{R_3 + R_4}} = \cfrac{1}{\cfrac{1}{4\Omega} + \cfrac{1}{3\Omega + 9\Omega}} = 3\Omega$$

图 5-6　例题 5-4 图

再与 R_1 串联，电路的总电阻为

$$R_总 = R_1 + R_并 = 10\Omega$$

$$I_总 = \frac{U}{R_总} = \frac{2V}{10\Omega} = 0.2A$$

5.2.3　惠斯通桥式电路

如图 5-7 所示的电路叫惠斯通桥式电路，可以用来测量电阻。在电路中有四个电阻 R_x、R_1、R_2、R_s 组成四边形，这四个电阻叫桥式电路的桥臂。在 B、D 两点之间跨接了一个灵敏检流计 G，用来比较这两点之间的电势高低。在电路闭合的状态下，若检流计中有电流时，说明 B、D 两点电势不相等，这时称桥式电路处于非平衡状态；若检流计中没有电流，则称电路处于平衡状态。

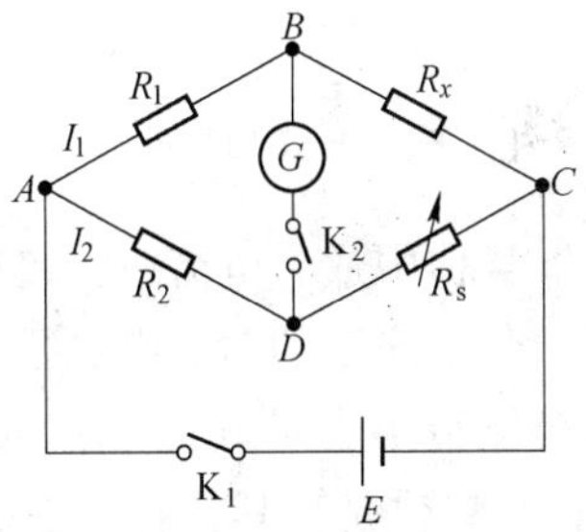

图 5-7　惠斯通桥式电路

当电路处于平衡状态时，B、D 两点电势相等，则

$$U_{AB} = U_{AD}, \quad U_{BC} = U_{CD}$$

同时，由于检流计中没有电流，所以通过 R_1 和 R_x 的电流相等，设为 I_1；通过 R_2 和 R_s 的电流相等，设为 I_2，根据欧姆定律得

$$U_{AB} = I_1 R_1, \quad U_{AD} = I_2 R_2$$
$$U_{BC} = I_1 R_x, \quad U_{CD} = I_2 R_s$$

可得

$$I_1 R_1 = I_2 R_2, \quad I_1 R_x = I_2 R_s$$

两式相除，可得

$$\frac{R_1}{R_2} = \frac{R_x}{R_s} \tag{5-12}$$

式（5-12）就是桥式电路处于平衡时四个桥臂之间的关系，也就是电路平衡的条件。利用该公式可以测量电阻，R_x 为待测电阻，R_1/R_2 称为倍率。测量时，选择恰当的倍率，调节 R_s 使电路平衡，可求得待测电阻的阻值，即

$$R_x = \frac{R_1}{R_2} R_s \tag{5-13}$$

电桥就是基于桥式电路制成的用来测量电阻的仪器，测量的灵敏度和精确度高，在测量技术中被广泛用来测量电阻、电容、电感、频率、温度、压力等电学量和非电学量，在

自动控制和自动检测中也得到了广泛应用。惠斯通电桥又称为直流单臂电桥，是电桥中最基本的一种，此外还有双臂电桥、交流电桥等[15]。

思考与讨论

为了测量电路中的电流，需要串联一个电流表接入电路，那么电流表所测电流比原电流大了还是小了？为了测量某负载电阻两端的电压，需要并联一个电压表，那么电压表所测电压比原电压大了还是小了？

分析：电流表串联接入电路以后，增大了电路的总电阻，所测电流比原电流小了。电压表与负载电阻并联后，总电阻较负载电阻变小，所以分压变小，所测电压比原电压小了。

5.3　电功　电功率

5.3.1　电功　电功率

导体中通有电流时，实现了电能向其他形式能量的转换，能量的转换是依靠做功实现的，是电流做的功。电流是正电荷从高电势流向低电势一端，电场力做功使正电荷减少的电势能转换成了其他形式的能量，所以电流做的功实际上是电场力做的功，称为**电功**（A），单位是焦耳（J）。在通电的用电器中，电功转化为用电器工作所需要的某种形式的能量，用电器可以是电灯、电动机、电解槽等用电设备，通常称它们为负载。设负载两端的电压为 U，通过的电流为 I，在时间 t 内通过负载的电量 $q = It$，电场力做的功为

$$A = qU = UIt \tag{5-14}$$

式（5-14）为电功的计算公式，它表示在时间 t 内电流做功的大小。对于纯电阻电路，由欧姆定律可得到电功的另外两个表达式为

$$A = I^2Rt = \frac{U^2}{R}t \tag{5-15}$$

如果是非纯电阻电路，欧姆定律不适用，只能用式（5-14）计算电功，而不能用另外两个公式。

实际中我们更关注用电器消耗电能的快慢程度，即**电功率**。电功率表示电流做功的快慢，简称功率，用 P 表示，它是电功与完成这些功所需时间 t 的比值，即

$$P = \frac{A}{t} = UI \tag{5-16}$$

电功率的国际单位是瓦特，简称瓦（W）。对于纯电阻电路，由欧姆定律可得到电功率的另外两个表达式为

$$P = I^2R = \frac{U^2}{R} \tag{5-17}$$

日常生活中，还常用到"度"这个单位，"度"即"千瓦·时（kW·h）"，是功率为 1 千瓦的负载正常工作 1 小时所消耗的电能。用电器上一般都标有额定电压和额定功

率，如果实际电压过高，用电器有烧毁的危险；如果电压过低，用电器不能正常工作，因此用电器的额定电压要与电源电压保持一致。

【例题 5-5】

一只 220V、100W 的灯泡，在正常工作时，通过灯丝的电流和灯丝的电阻分别是多少？

解 已知 $P = 100W$，$U = 220V$，根据式（5-16）可得

$$I = \frac{P}{U} = \frac{100W}{220V} = 0.45A$$

由式（5-17）可得

$$R = \frac{U^2}{P} = \frac{(220V)^2}{100W} = 484\Omega$$

5.3.2 焦耳定律

电流流过导体时，导体会发热，这些热量是由电能转化而来的。英国物理学家焦耳通过实验发现，通电导体产生的热量 Q，与导体的电流 I、导体电阻 R 和通电时间 t 有关，它们存在的关系为

$$Q = I^2 R t \tag{5-18}$$

此关系称为**焦耳定律**，Q 叫做**焦耳热**，单位是焦耳（J）。单位时间内导体产生的热量叫做**电热功率**（P_Q），其公式为

$$P_Q = \frac{Q}{t} = I^2 R \tag{5-19}$$

对于电热设备，我们希望电能能够全部转化为焦耳热。但是对于很多用电设备来说，比如输电线、仪表、电子元件等，焦耳热的产生不仅消耗电能，还会引起设备过热而产生故障，通常需要用散热装置进行降温。

如果是白炽灯、电热器等电热设备，电能全部转化为焦耳热，此时电功和焦耳热相等，则下式成立：

$$Q = A = UIt = I^2 R t$$

而对于非纯电阻电路，比如电动机、电解槽等，这时电能大部分转化成了机械能和化学能，只有一小部分转化成了内能，电功和焦耳热不相等。

？ 思考与讨论

灯泡的灯丝断了再搭上，接到原来的电源上，灯泡比以前是更亮了还是暗了？为什么？

分析：灯丝断了以后再搭上，灯丝的长度变短，横截面积变大，因此灯泡的电阻变小，根据 $P = \frac{U^2}{R}$ 可知，灯泡的实际功率变大，所以灯泡更亮了。

5.4 电动势 闭合电路的欧姆定律

5.4.1 电源的电动势

我们知道，要使导体内产生恒定电流，必须使导体两端存在恒定的电势差，如何才能实现这一条件呢？若存在电势不等的两极，并用导线将这两极与导体连接起来，这时在静电力的作用下，正电荷从高电势一端流向低电势一端，导线中有电流产生。随着正负电荷的逐渐中和，两极之间的电势差逐渐减小。要维持两极之间的电势差不变从而得到恒定电流，必须使正电荷从低电势重新回到高电势一端，显然靠静电力是不可能完成的，因此必须靠某种非静电力的作用使正电荷逆着静电场的方向从低电势返回高电势，这种提供非静电力的装置叫做**电源**。电源将消耗其他形式的能量，克服静电力做功，将正电荷从低电势移动到高电势，也就是将其他形式的能量转换成了电能，例如，发电机是将机械能转化为电能，电池将化学能转化为电能，太阳能板将太阳能转化为电能。

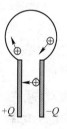

如图 5-8 所示为电源的工作原理图。电源有两个极，分别是正极和负极，正极的电势高，负极的电势低。我们日常所见的干电池、蓄电池都是提供直流电的电源。不同电源两极间电压大小不同，它是由电池本身的性质决定的，反映了电源转化能量能力的大小，这个物理量称为电源的**电动势**，用符号 ε 表示，单位与电压相同，也是伏特（V）。电动势是标量，但有方向，规定：**电动势的方向是从电源负极经电源内部指向正极**。电源内部有电阻，称为电源的内电阻或内阻，用符号 r 表示。电源的内阻一般很小，如干电池内阻小于 1Ω，铅蓄电池内阻为 $5\times10^{-3} \sim 1\times10^{-1}\Omega$。

图 5-8 电源

在电路中，电源一般用如图 5-9 的符号来表示。实际中通常需要将几个电池联接成电池组使用，联接方法有串联和并联两种形式。串联电池组是把一个电池的负极和下一个电池的正极相连，依次将电池连成一串，如图 5-10 所示。设每个电池的电动势为 ε_0，内阻为 r_0，实验测得，n 个电池组成的串联电池组的电动势和内阻分别为

$$\varepsilon = n\varepsilon_0 , \quad r = nr_0$$

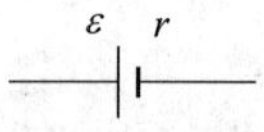

图 5-9 电源 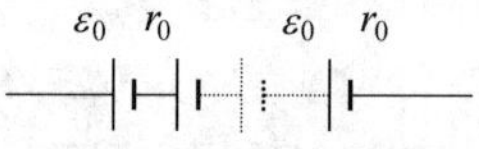   图 5-10 电源串联

如图 5-11 所示，并联电池组是将所有电池的正极联接在一起，作为电池组的正极，负极联接在一起作为电池组的负极。根据并联电路的特点，可以得到，n 个电池组成的并联电池组的电动势和内阻分别为

$$\varepsilon = \varepsilon_0 , \quad r = \frac{r_0}{n}$$

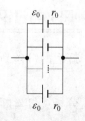

图 5-11 电源并联

可见，串联电池组可以增大输出电压，因此当用电器的额定电

压高于单个电池的电动势时，可以采用将电池串联的方式。但是，电路的总电流要通过每个电池，所以用电器的额定电流必须小于单个电池允许通过的最大电流。并联电池组并没有增加电动势，但是总电流是每个电池电流的 n 倍。因此，当用电器的额定电流大于单个电池允许通过的最大电流时，可以采用将电池并联的方式。需要注意的是，电动势大小不同的电源不能并联使用。

5.4.2 闭合电路的欧姆定律

前面讲了欧姆定律，即通过导体的电流和导体两端的电压成正比，它描述的是一段含有负载但不含电源的电路所遵循的规律。下面将要研究包含电源在内的闭合电路的欧姆定律。

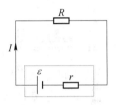

由于电源本身有内阻，因此一般将闭合电路分为两部分。如图 5-12 所示，电源内部的部分为内电路，内电路的电压叫做内电压，用 U' 表示；电源外部的电路为外电路，外电路的电压叫做外电压或路端电压，用 U 表示。$U+U'$ 是一个常量，电源的电动势为

$$\varepsilon = U + U'$$

电源内阻用 r 表示，外部电路的电阻即外电阻用 R 表示。如果电路中的电流为 I，根据欧姆定律得

图 5-12 闭合电路
欧姆定律

$$U = IR, \quad U' = Ir$$

进而可以得到闭合电路中电流的大小为

$$I = \frac{\varepsilon}{R + r}$$

此式表明，闭合电路中的电流与电源的电动势成正比，与内外电阻之和成反比，这个结论就叫做**闭合电路的欧姆定律**。根据以上分析可知，当外电路负载电阻增大时，电路中的电流减小，内电压减小，路端电压增大；当外电阻减小时，路端电压减小。若外电路断开，R 为无穷大，此时电流为零，路端电压等于电源的电动势，叫做开路电压。若外电路短路，即 R 为零，路端电压为零，此时电流为 $I=\varepsilon/r$，称为短路电流。

电路中电源的输出功率与负载有关，电源的输出功率 P 为

$$P = I^2 R = \left(\frac{\varepsilon}{R + r}\right)^2 R = \frac{\varepsilon^2}{\dfrac{(R - r)^2}{R} + 4r}$$

可知当 $R=r$ 时，电源的输出功率达到最大，为

$$P = \frac{\varepsilon^2}{4r}$$

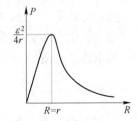

图 5-13 电源的输出功率

P 随负载 R 变化的曲线如图 5-13 所示。

【例题 5-6】

如图 5-14 所示，闭合开关 K，当电阻箱的电阻 $R_1 = 4.0\Omega$ 时，电压表示数为 $U_1 = 1.6V$；当电阻箱电阻为 $R_1 = 7.0\Omega$ 时，电压表示数为 $U_1 = 1.75V$。求电源电动势和内阻的大小。

解： 根据欧姆定律，可求出电流为

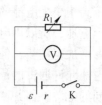

图 5-14　例题 5-6 图

$$I_1 = \frac{U_1}{R_1} = \frac{1.6\text{V}}{4.0\Omega} = 0.4\text{A}, \quad I_2 = \frac{U_2}{R_2} = \frac{1.75\text{V}}{7.0\Omega} = 0.25\text{A}$$

再根据闭合电路欧姆定律，可列出方程组：

$$\begin{cases} \varepsilon = U_1 + I_1 r \\ \varepsilon = U_2 + I_2 r \end{cases}$$

代入数据得

$$\begin{cases} \varepsilon = 1.6 + 0.4r \\ \varepsilon = 1.75 + 0.25r \end{cases}$$

解得

$$\varepsilon = 2\text{V}, \quad r = 1\Omega$$

 思考与讨论

电源的电动势和路端电压有什么不同？在什么情况下它们的值相等？

分析：电源的电动势和路端电压实质是不同的。电源的电动势只取决于电源本身的性质，一定的电源具有一定的电动势，与外电路的性质以及是否接通外电路无关。而路端电压不是常量，其值与外电路有关。当外电路断开时，电源的电动势与路端电压的值相等。

应用案例

我们知道，将电压表接在电源两端时，测得的只是路端电压，小于电源的电动势。要想准确测量电源的电动势，一般使用电位差计。如图 5-15 所示为线式电位差计原理图，E_s 为已知电源，E_x 为待测电源，ab 之间为一段电阻丝，单位长度的电阻值为 r_0，c、d 为两个滑动头。设工作电流 I_0 恒定，测量时，先将开关 K 打向 E_s 一端，调节 c、d 的位置，使检流计指零，设此时 c、d 之间的电阻丝长度为 L_s；然后将开关 K 打向 E_x 一端，调节 c、d 的位置，使检流计指零，设此时 c、d 之间的电阻丝长度为 L_x，可证明待测电源电动势 E_x 的大小为

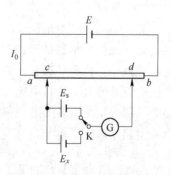

图 5-15　线式电位差计原理图

$$E_x = \frac{L_x}{L_s} E_s$$

因为，当开关 K 打向 E_s 一端、检流计指零时，则表明：

$$E_s = I_0 r_0 L_s$$

同理，当开关 K 打向 E_x 一端、检流计指零时为

$$E_x = I_0 r_0 L_x$$

两式比较可得

$$E_x = \frac{L_x}{L_s} E_s$$

由于 E_s 为已知电源，只要测出 L_s 和 L_x 的长度，就可以求出待测电动势 E_x 的大小[16]。

【应用知识介绍】 电位差计也称电势差计、电位计，是高精度测量电势差或电源电动势的仪器。它采用了补偿原理，使测量回路中不存在电流，测量结果有较高的精确度和灵敏度。电位差计应用广泛，使用时配以电源、标准电池、检流计等仪器，不仅能精确测量电势差，还能间接测量电流、电阻、校准电表，或用于温度、位移等非电学量的测量和控制。电位差计有直流电位差计和交流电位差计。根据结构的不同，常见的有线式（板式）电位差计和箱式电位差计。线式电位差计具有结构简单、直观的优点，但是使用复杂。箱式电位差计使用简单，便于携带，更广泛地用于电压或电动势的测量。

5.5 基尔霍夫定律

实际中有很多复杂的电路，各段电路的联接形成多个节点和多个回路，无法用简单电路的方法进行计算。为了解决这类电路的问题，人们总结出了一些简单有效的规律，基尔霍夫定律就是其中之一。

基尔霍夫定律分为基尔霍夫第一定律和基尔霍夫第二定律，分别给出了电路中各电流和各电压之间的关系。基尔霍夫第一定律的数学表达式为

$$\sum_i I_i = 0 \tag{5-20}$$

式（5-20）表明，**在任一节点处，电流强度的代数和为零。规定：流入节点的电流为负，流出节点的电流为正**。基尔霍夫第一定律还可以表述为：流入某节点的电流之和等于流出该节点的电流之和。如果电流方向很难判断，则需要先规定某一方向为电流的正方向，结果中电流若为正值，则说明其实际方向与规定方向相同；若为负值，说明其实际方向与规定方向相反。

如图 5-16 所示电路，电路中有三条支路，分别是 ABC、ADC、AC；两个节点，分别是 A 和 C；三个回路，分别是 $ABCA$、$ADCA$、$ABCDA$。根据基尔霍夫第一定律，对节点 A 和 B 分别写出电流方程为

$$-I_1 + I_2 + I_3 = 0 \tag{5-21}$$
$$I_1 - I_2 - I_3 = 0 \tag{5-22}$$

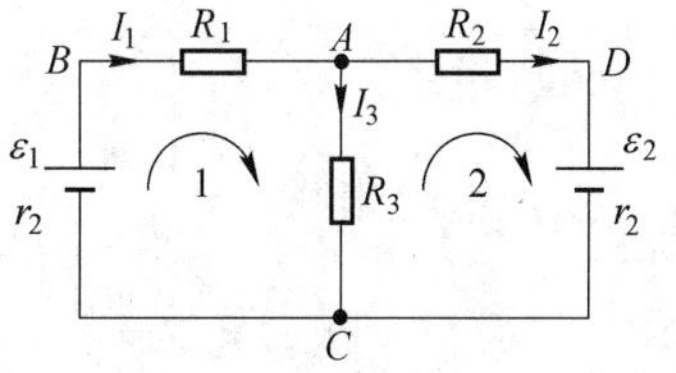

图 5-16 基尔霍夫定律

基尔霍夫第二定律的数学表达式为

$$\sum_i \pm (\varepsilon_i) + \sum_i \pm (I_i R_i) = 0 \tag{5-23}$$

式（5-23）表明，**从回路中任一点出发，沿回路循环一周，在循环方向上，电势降落的代数和等于零**。使用基尔霍夫第二定律时，要先选定回路的循环方向。图 5-16 中，若选定所示循环方向，分别得到回路 1 和回路 2 的方程为

$$-\varepsilon_1 + I_1 r_1 + I_1 R_1 + I_3 R_3 = 0 \tag{5-24}$$
$$\varepsilon_2 + I_2 r_2 + I_2 R_2 - I_3 R_3 = 0 \tag{5-25}$$

根据基尔霍夫定律，对每个节点都可以列出一个电流方程，对于每一个回路都可以列

出一个电压方程,但并不是所有方程都是独立的。如果电路有 n 个节点, b 条支路,则有 $n-1$ 个电流的独立方程、 $b-(n-1)$ 个电压的独立方程,对这些方程进行联立求解,即可解决复杂电路问题。

【例题 5-7】

如图 5-16 所示,若 $\varepsilon_1 = 12V$, $r_1 = 1\Omega$, $\varepsilon_2 = 8V$, $r_2 = 0.5\Omega$, $R_1 = 3\Omega$, $R_2 = 1.5\Omega$, $R_3 = 4\Omega$,求通过每个电阻的电流大小。

解:将节点的电流方程式(5-21)和回路的电压方程式(5-24)和式(5-25)联立,并代入已知数据,可得

$$\begin{cases} -I_1 + I_2 + I_3 = 0 \\ -12 + I_1 + 3I_1 + 4I_3 = 0 \\ 8 + 0.5I_2 + 1.5I_2 - 4I_3 = 0 \end{cases}$$

解方程组得

$$I_1 = 1.25A, \quad I_2 = -0.5A, \quad I_3 = 1.75A$$

上述结果中, I_1 、 I_3 为正值,说明实际电流方向与图中所设方向相同; I_2 为负值,说明实际电流方向与图中所设电流方向相反。

5.6　本章重点总结

5.6.1　欧姆定律　电阻串并联

(1)欧姆定律:

电流: $I = \dfrac{\Delta q}{\Delta t}$,规定正电荷定向移动的方向为电流的方向。

电阻:
$$R = \rho \frac{l}{S}$$

欧姆定律:
$$I = \frac{U}{R} \quad 或 \quad U = IR$$

(2)电阻串联:
$$I = I_1 = I_2 = \cdots = I_n$$
$$U = U_1 + U_2 + \cdots + U_n$$
$$R = R_1 + R_2 + \cdots + R_N$$

(3)电阻并联:
$$U = U_1 = U_2 = \cdots = U_n$$
$$I = I_1 + I_2 + \cdots + I_n$$
$$\frac{1}{R} = \frac{1}{R_1} + \frac{1}{R_2} + \cdots + \frac{1}{R_n}$$

5.6.2　电功　电功率　焦耳定律

电功:
$$A = qU = UIt$$

电功率：

$$P = \frac{A}{t} = UI$$

焦耳定律：

$$Q = I^2 Rt$$

5.6.3　闭合电路的欧姆定律

$$I = \frac{\varepsilon}{R + r}$$

5.6.4　基尔霍夫定律

基尔霍夫第一定律：

$$\sum_i I_i = 0$$

基尔霍夫第二定律：

$$\sum_i \pm (\varepsilon_i) + \sum_i \pm (I_i R_i) = 0$$

 习题

在线答题

5-1　有一段导线电阻是 4Ω，如果把它均匀拉伸，使它的长度为原来的 2 倍，电阻为_____Ω；如果把它对折起来使用，电阻为_____Ω。

5-2　一个电阻两端的电压 $U_1 = 10V$，测得电流 $I_1 = 5.0mA$，若电压 $U_1 = 15V$，电流 $I_2 =$ _____ mA。

5-3　图 5-17 所示为两个电阻 A、B 的伏安特性曲线，哪个电阻的阻值大？

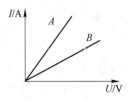

图 5-17　题 5-3 图

5-4　图 5-18 所示为 A、B 电阻的伏安特性曲线，A、B 的电阻值分别为多少？

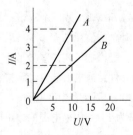

图 5-18　题 5-4 图

5-5　高压输电线掉落到地面上时，由于泥土导电，在附近的人双足之间就有跨步电压，如果跨步电压约为 700V，一个电阻为 5kΩ 的人站在这个位置时，流过人体的电流为多少？

5-6　两个阻值分别为 3Ω 和 6Ω 的电阻，将它们串联或并联时的电阻分别为多少？

5-7　图 5-19a 为分压电路，图 5-19b 为分流电路，求：

（1）图 5-19a 电路的总电压为 7.5V，负载 R_1 的阻值为 2Ω，所能承受的最大电压为 3V，需要接入一个阻值为多少的分压电阻 R_2？

（2）图 5-19b 电路的总电流为 3A，负载 R_3 的阻值为 2Ω，所能承受的最大电流为 1A，需要接入一个阻值为多少的分流电阻 R_4？

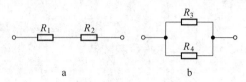

图 5-19　题 5-7 图

5-8　图 5-20 所示的为一混联电路，电阻 $R_1 = 2Ω$，$R_2 = 3Ω$，$R_3 = 6Ω$，$R_4 = 4Ω$，电路两端电压 $U = 4V$，求电路的总电流 I。

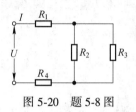

图 5-20　题 5-8 图

5-9　如图 5-21 所示的电路，电路总电压 $U = 6V$，电阻 $R_1 = 2kΩ$，$R_3 = 12kΩ$，当开关 K 断开时，电流表示数为 $I = 1mA$，求：

（1）电阻 R_2 的大小是多少？

（2）当开关 K 闭合时，电流表的示数 I' 是多少？

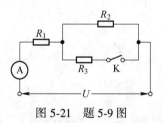

图 5-21　题 5-9 图

5-10　有两个灯泡，一个上面写着"220V，60W"，另一个写着"220V，100W"，若把它们并联在 110V 的电源上，问哪一个灯泡较亮，这时总共消耗功率多少？若把它们串联在 110V 电源上，哪个灯泡较亮，这时消耗的功率与并联相比，是增加了还是减少了？

5-11　电热驱蚊器采用了新型的陶瓷电热元件，通电后会自动维持在适当温度，使驱蚊药受热挥发，驱蚊器的平均功率为 5W，它连续工作 10h，消耗多少度电？

5-12　用电器的额定电压为 6V，额定功率为 1W，如果电源的输出电压为 10V，需要串联一个多大的电阻才能使用电器正常工作？

5-13　一电源电动势为 ε，内电阻为 r，均为常数，将此电源与可变外电阻 R 联接时，电源供给的电流 I 将随 R 改变。试求：

（1）电源端电压 U 与外电阻 R 的关系；

（2）外电阻的输出功率 P 与 R 的关系；

（3）欲使电源的输出功率最大，R 应为多大？

（4）电源的能量一部分消耗于外电阻，另一部分消耗于内电阻，外电阻消耗功率与电源总功率之比，称为电源的效率 η，求 η 和 R 的关系，当输出功率最大时，η 等于多少？

5-14 人造卫星通常采用太阳能电池供电，它由许多电池板组成。某电池板的开路电压为 $600\mu V$，短路电流为 $30\mu A$，求这块电池板的内阻。

5-15 电源电动势为 3.0V，内阻为 0.35Ω，外电路的电阻为 1.65Ω，求电路中的电流、路端电压和短路电流。

5-16 如图 5-22 所示，$R_1 = 14.4\Omega$，$R_2 = 6.9\Omega$。当开关 K 打到位置 1 时，电流表的读数为 $I_1 = 0.2A$；当打到位置 2 时，电流表的读数为 $I_2 = 0.4A$，求电源的电动势和内阻。

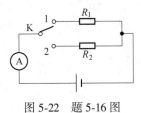

图 5-22　题 5-16 图

5-17 如图 5-23 所示，已知 $\varepsilon_1 = 130V$，$\varepsilon_2 = 117V$，$R_1 = 1\Omega$，$R_2 = 0.6\Omega$，$R_3 = 24\Omega$，求各支路电流。

5-18 图 5-24 所示为一网状电路，其中 $\varepsilon_1 = 1V$，$\varepsilon_2 = 2V$，$\varepsilon_3 = 3V$，$R_1 = 3\Omega$，$R_2 = 2\Omega$，$R_3 = 1\Omega$，电源内阻不计，求各支路电流。

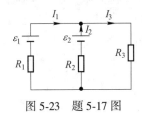

图 5-23　题 5-17 图

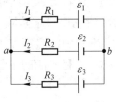

图 5-24　题 5-18 图

 内容选读

乔治·西蒙·欧姆

乔治·西蒙·欧姆（Georg Simon Ohm），德国物理学家。

欧姆发现了电阻中电流与电压的正比关系，即著名的欧姆定律；他还证明了导体的电阻与其长度成正比，与其横截面积和传导系数成反比；以及在稳定电流的情况下，电荷不仅在导体的表面上，而且在导体的整个截面上运动。电阻的国际单位制"欧姆"以他的名字命名。欧姆的名字也被用于其他物理及相关技术内容中，比如"欧姆接触""欧姆杀菌""欧姆表"等。

欧姆出生于德国埃尔朗根的一个锁匠世家，父亲乔安·渥夫甘·欧姆是一位锁匠，母亲玛莉亚·伊丽莎白·贝克是埃尔朗根的裁缝师之女。虽然欧姆的父母亲从未受过正规教育，但是他的父亲是一位受人尊敬的人，高水平的自学程度足以让他给孩子们出色的

Georg Simon Ohm
(1787~1854)

教育。欧姆在 11~15 岁时曾上埃尔朗根高级中学，在那里他接受到了一点点科学知识的培养，并且感受到学校所教授的与父亲所传授的有着非常鲜明的不同。欧姆 15 岁时，埃尔朗根大学教授卡尔·克利斯坦·凡·兰格斯多弗（Karl Christian von Langsdorf）对他进行了一次测试，他注意到欧姆在数学领域异于常人的出众天赋，他甚至在结论上写道，从锁匠之家将诞生出另一对伯努利兄弟。

16 岁时欧姆进入埃尔朗根大学研究数学、物理与哲学，由于经济困难，中途辍学，到 1813 年才完成博士学业。从 1820 年起，他开始研究电磁学。欧姆的研究工作是在十分困难的条件下进行的。他长期担任中学教师，不仅要忙于教学工作，而且由于图书资料和仪器都很缺乏，他只能利用业余时间，自己动手设计和制造仪器来进行有关的实验。

1826 年，欧姆发现了电学上的一个重要定律——欧姆定律，这是他最大的贡献。这个定律在我们今天看来很简单，然而它的发现过程并非如一般人想象的那么简单。欧姆为此付出了十分艰巨的劳动。在那个年代，人们对电流强度、电压、电阻等概念都还不大清楚，特别是电阻的概念还没有，当然也就根本谈不上对它们进行精确测量了；况且欧姆本人在他的研究过程中，也几乎没有机会跟他那个时代的物理学家进行接触，他的这一发现是独立进行的。欧姆独创地运用库仑的方法制造了电流扭力秤，用来测量电流强度，引入和定义了电动势、电流强度和电阻的精确概念。欧姆定律及其公式的发现，给电学的计算带来了很大的方便。1841 年英国皇家学会授予他科普利奖章，1842 年他被聘为国外会员，1845 年被接纳为巴伐利亚科学院院士。1854 年欧姆与世长辞。10 年之后英国科学促进会为了纪念他，决定用欧姆的名字作为电阻单位的名称。使人们每当使用这个术语时，总会想起这位勤奋顽强、卓有才能的中学教师。

6 静电场中的导体与电介质

在第 4 章中，我们学习了真空中的静电场，但实际电场中总会有导体或电介质，它们处在同一空间时会产生相互作用。本章将讨论静电场和导体、电介质相互影响的规律，研究静电场中导体和电介质的有关性质。此外，我们还将学习一种广泛应用在电工和电器设备中的元件，即电容器的有关知识，包括电容器的构造、电容的概念、电容器的联接规律等。

6.1 静电场中的导体

6.1.1 静电平衡

在金属导体内，原子中最外层的电子与原子核之间的吸引力较弱，常常摆脱原子核的束缚而在金属原子之间做无规则的自由运动，这种电子叫做自由电子。若将金属导体放入静电场中，导体内的自由电子将在电场力的作用下做定向移动，从而使导体上的电荷重新分布，这种现象叫做**静电感应**。

如图 6-1 所示，将导体放入场强为 E_0 的匀强电场中，自由电子在电场力的作用下沿着与电场方向相反的方向移动，从而使导体的左端带负电，右端带正电，产生的这些电荷叫做感应电荷。感应电荷将会激发另一个电场 E，其方向与 E_0 的方向相反，因此它将削弱原电场 E_0，但只要 E 不能完全与 E_0 抵消，自由电子的移动就不会停止，导体两端的感应电荷将继续增加。随着感应电荷的逐渐增加，E 逐渐增加，当 E 和 E_0 的大小相等时，导体内的合场强大小将会等于零，自由电荷不再定向移动，这时称导体内部达到了**静电平衡状态**。

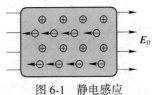

图 6-1　静电感应

处于静电平衡的导体内部场强处处为零，根据电势差与场强的关系可知，导体内部及表面上任意两点之间的电势差均为零，整个导体是等势体，导体表面是等势面，并且靠近导体表面处的场强方向处处与导体表面垂直。

根据高斯定理，还可以得出以下推论：导体内没有净电荷，电荷只能分布在导体表面上。导体表面的电荷分布与表面的曲率有关，曲率大的地方，电荷密度大。如果导体有尖端，尖端处电荷密度很大，它周围的电场很强，从而导致附近的空气电离产生大量的带电粒子，其中与尖端所带电荷异号的带电粒子被尖端吸引，与尖端所带电荷中和；与尖端电荷同号的电荷受到排斥，形成一股"电风"，这种现象称为尖端放电。若将一根点燃的蜡烛靠近导体尖端，尖端放电所产生的"电风"能将蜡烛的火焰吹动。

利用尖端放电的原理，火花放电设备的电极常常做成尖端形状；建筑物上的避雷针也是利用尖端放电避免建筑物遭受雷击。尖端放电也有它有害的一面，比如高压设备中的零部件都做成表面光滑的球形，以防止尖端放电现象的发生。

6.1.2 静电屏蔽

静电平衡原理告诉我们，处于静电平衡状态的导体内部场强处处为零，根据这一规律，常常用空腔导体隔离腔内外静电场的互相影响，称为**静电屏蔽**。如图 6-2a 所示，空腔导体 A 放在带电体 B 的附近，当处于静电平衡状态时，空腔导体 A 内的场强处处为零，空腔导体内形成了一个不受腔外电场影响的屏蔽环境。如图 6-2b 所示，若空腔导体 A 内放置一个电量为 q 的带电体 C，达到静电平衡时，空腔导体 A 内外表面将分别带有电荷 $-q$ 和 q，如果再将 A 接地，就能使其表面的电荷消失，这样则屏蔽了带电体 C 的电场对腔外空间的影响。

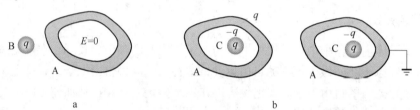

图 6-2 静电屏蔽
a—带电体 B 在空腔外；b—带电体 C 在空腔内

在实际中，电气设备用的金属外壳，高压设备上接地的金属网罩等都是利用静电的屏蔽原理[5]。

 应用案例

在等电位作业时，人体直接接触高压带电部分，处在高压电场中的人体，会有危险电流流过，危及人身安全，因而所有进入高压场的工作人员，都应穿屏蔽服。带电作业屏蔽服又叫做等电位均压服，是采用均匀的导体材料和纤维材料制成的服装，其作用是穿着后，使处于高压电场中的人体外表面各部分形成一个等电势屏蔽面，从而防护人体免受高压电场及电磁波的危害。成套的屏蔽服应该包括上衣、裤子、帽子、袜子、手套、鞋及相应的连接线和连接头。

6.2   电容器   电容器的联接

6.2.1 电容器   电容

电容器是储存电荷和电能的元件，广泛应用在电工电子设备中。两块彼此靠近又互相绝缘的导体，就组成了一个电容器，两个导体称为电容器的极板。电容器充电以后，两个极板上带有等量异号电荷+Q 和-Q，叫做电容器的电量；电容器两极板间的电势差 U 叫做电容器的电压。最常见的电容器有：一对平行的导电平板组成的平行板电容器，一对共轴圆筒形导体组成的柱形电容器，两个同心球形导体组成的球形电容器等。

实验表明，对某一电容器来说，它的两极板之间的电压 U 与电量 Q 成正比，Q/U 是一个常量。而对于不同的电容器，这个比值一般不同，在给电容器两个极板间加上同样电压情况下，这个比值越大的电容器所带的电量越多，说明这个比值反映了不同电容器储存电荷能力的大小，把它叫做电容器的**电容**，用 C 来表示，即

$$C = \frac{Q}{U} \tag{6-1}$$

电容器的电容是由电容器本身结构决定的，与其是否带电无关。电容的单位是法拉，简称法，符号为 F，法拉是个很大的单位，实际中常用微法（μF）和皮法（pF）作单位，它们之间的换算关系为

$$1F = 10^{6}\mu F, \ 1F = 10^{12}pF$$

平行板电容器是最简单的一种电容器，它是由两块靠得很近的平行极板组成的。由于两极板间距离通常很小，极板面积的线度相对很大，因此两极板之间的电场接近于匀强电场。设两极板正对面积为 S，极板间距离为 d，则真空平行板电容器的电容 C_0 为

$$C_0 = \frac{\varepsilon_0 S}{d} \tag{6-2}$$

其中，ε_0 是真空电容率，其值为

$$\varepsilon_0 = 8.8542 \times 10^{-12}F/m$$

空气平行板电容器通常也用此式计算电容。

要想得到更大的电容，除了增大电容器两个极板的正对面积，缩短极板间距离外，还可以向电容器极板间插入玻璃、云母等电介质。不同电介质对电容的影响不同，均匀充满某种电介质的电容器的电容 C 与真空时的电容 C_0 之间的关系为

$$C = \varepsilon_r C_0 \tag{6-3}$$

ε_r 叫做这种电介质的相对电容率，令

$$\varepsilon = \varepsilon_r \varepsilon_0$$

ε 称为电介质的电容率。表 6-1 列出了一些常见电介质的相对电容率。可见，空气的相对电容率接近于 1，其他电介质的相对电容率都大于 1。因此在真空电容器中充入电介质，将会使其电容增大。

表 6-1　几种电介质的相对电容率[3]

电介质	相对电容率	电介质	相对电容率
真 空	1	木 材	2.5~8
空 气	1.000585（1atm、0℃）	云 母	3~6
石 蜡	2.2	玻 璃	5~10
橡 胶	2.5~2.8	纯 水	80
变压器油	3	钛酸钡	1000~10000

【例题 6-1】

电容为 $5.0 \times 10^3 \text{pF}$ 的空气平行板电容器，极板间的距离为 1.0cm，电量为 $6.0 \times 10^{-7} \text{C}$，求：

（1）电容器的电压；

（2）两极板间的场强；

（3）若电压或电量发生变化，这个电容器的电容有无变化？

解：（1）根据电容器电压、电量、电容之间的关系可得

$$U = \frac{Q}{C} = \frac{6.0 \times 10^{-7} \text{C}}{5.0 \times 10^3 \times 10^{-12} \text{F}} = 1.2 \times 10^2 \text{V}$$

（2）根据匀强电场电势差和场强之间的关系，可得

$$E = \frac{U}{d} = \frac{1.2 \times 10^2 \text{V}}{1.0 \times 10^{-2} \text{m}} = 1.2 \times 10^4 \text{V/m}$$

（3）电容器的电容是反映电容器本身性质的一个物理量，与电容器的电压和电量无关，所以若电压或电量发生变化，电容不会变。

【例题 6-2】

一空气电容器，极板正对面积为 S，极板间距为 d，合上开关对电容器进行充电，与电源保持联接，这时把极板距离缩短一半，电容器的电荷量有何变化？

解： 电容器与电源保持联接，电压不变。当极板距离缩短一半时，根据：

$$C_0 = \frac{\varepsilon_0 S}{d}$$

电容将变为原来的 2 倍，再根据：

$$Q = CU$$

由于电容器上的电压不变，所以电容器的电荷量将为原来的 2 倍。

6.2.2　电容器的联接

实际中，单个电容器往往不能满足电路的要求，需要把多个电容器按照一定的方法联接起来组成电容器组。电容器的基本联接方式有串联和并联，或者进行串并联的混联。

如图 6-3 所示，若有 n 个电容器并联，并联的各电容器两极板电压相等，总电量是各电容电量之和，即

$$U = U_1 = U_2 = \cdots = U_n$$

$$Q = Q_1 + Q_2 + \cdots + Q_n = \sum_{i=1}^{n} Q_i$$

根据 $C = \dfrac{Q}{U}$，得

$$C = C_1 + C_2 + \cdots + C_n = \sum_{i=1}^{n} C_i \tag{6-4}$$

如图 6-4 所示，若有 n 个电容器串联，串联的各电容器两极板的电量相同，总电压为各电容器电压之和，即

$$Q = Q_1 = Q_2 = \cdots = Q_n$$

$$U = U_1 + U_2 + \cdots + U_n = \sum_{i=1}^{n} U_i$$

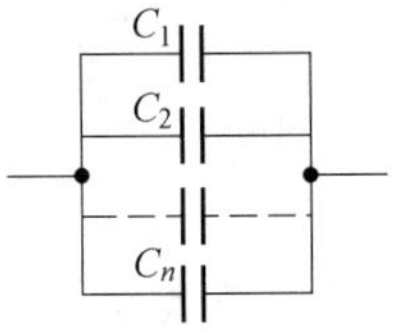

图 6-3 电容器的并联 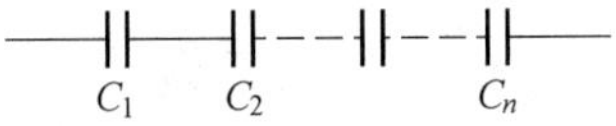　　　　图 6-4 电容器的串联

可得总电容与各电容器电容之间的关系为

$$\frac{1}{C} = \frac{1}{C_1} + \frac{1}{C_2} + \cdots + \frac{1}{C_n} = \sum_{i=1}^{n} \frac{1}{C_i} \tag{6-5}$$

可见，采用并联的方式可以获得较大的电容，而采用串联的方式可以提高电容的耐压能力，即电容器被击穿的危险性减小。如果需要增大电容，又要提高耐压能力，则需要采用串并联混合的联接方式。

【例题 6-3】

三个电容器的电容分别为 $C_1 = 2\mu F$，$C_2 = 4\mu F$，$C_3 = 3\mu F$，将 C_1 与 C_2 并联后再与 C_3 串联，总电容为多少？

解：C_1 与 C_2 并联后再与 C_3 串联，总电容为

$$C_{总} = \frac{1}{\dfrac{1}{C_1 + C_2} + \dfrac{1}{C_3}} = \frac{1}{\dfrac{1}{2\mu F + 4\mu F} + \dfrac{1}{3\mu F}} = 2\mu F$$

【例题 6-4】

现有电容为 C、耐压为 U 的电容器若干个，实际电路却需要电容为 $2C$、耐压为 $2U$ 的电容器，需要用几个现有的电容器进行何种联接？

解：考虑电容串并联的特点，要想使耐压为 $2U$，可以将两个电容串联，但串联起来后的总电容将为 $C/2$；要想得到 $2C$ 的电容，需要有四组这样的电容组再进行并联，如图 6-5 所示电路。

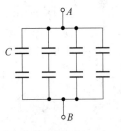

图 6-5 例题 6-4 图

思考与讨论

根据平行板电容器的电容计算公式设计测量微小位移的传感器。

分析：根据空气平行板电容器的计算公式：

$$C_0 = \frac{\varepsilon_0 S}{d}$$

可得电容器两极板之间的距离为

$$d = \frac{\varepsilon_0 S}{C_0}$$

解：保持电容器两个极板的正对面积不变，使电容器的一个极板移动微小位移 Δd，

此时电容器的电容变为 C'_0，极板间距离为 d'，则

$$d' = \frac{\varepsilon_0 S}{C'_0}$$

可得微小位移：

$$\Delta d = d' - d = \varepsilon_0 S\left(\frac{1}{C'_0} - \frac{1}{C_0}\right)$$

所以，在平行板电容器正对面积已知的前提下，测出电容器极板移动前后的电容，即可求出微小位移的大小。

6.3　静电场中的电介质

电介质也称绝缘体，其内部没有可以自由移动的电荷，通常条件下是不导电的。但是若把电介质放入静电场中，会产生类似于导体静电感应的现象，其原子中的电子和原子核受到电场力的作用，发生微观的相对移动，使电介质表面出现极化电荷。电介质在电场中产生极化电荷的现象称为电介质的极化。

电介质的分子是由带正电的原子核和带负电的电子组成的，考察外电场对分子的作用时，分子的全部正电荷和全部负电荷可以等效地看成分别集中于两点，即正电荷中心和负电荷中心，等效为一个电偶极子。一类电介质，如 SO_2、NH_3、H_2O 等，正负电荷中心不重合，具有固定的电矩，这类分子叫做有极分子；另一类电介质，如 H_2、O_2、CO_2 等，正负电荷中心重合，分子固有电矩为零，这类分子叫做无极分子，如图 6-6a 所示。

当有外电场存在时，如图 6-6b 所示，无极分子由于受到电场力的作用，分子正负电荷中心将发生相对位移，等效于一个电偶极子。电矩方向沿着外电场的方向，因此在电介质的两端分别出现正负电荷，如图 6-6c 所示。这些电荷不能离开电介质，称为**束缚电荷**或**极化电荷**。电介质的这种极化是由正负电荷中心发生相对位移引起的，所以叫做**位移极化**。当外电场撤去时，正负电荷中心又重合在一起，极化现象消失。

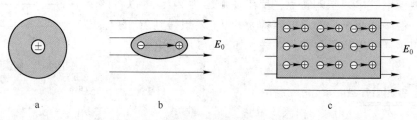

图 6-6　位移极化
a—无极分子；b—束缚电荷；c—位移极化

有极分子电介质在无外电场存在时，虽然每个分子等效于一个电偶极子，但是由于分子的热运动，分子电矩的方向是杂乱的，宏观上对外不显电性。当有外电场存在时，如图 6-7 所示，分子的电矩转向外电场的方向，从而使电介质两端出现正负束缚电荷，这种极化叫做**取向极化**。一般来说，电介质在产生取向极化的同时，也存在位移极化，但取向极化的强度比位移极化大得多。

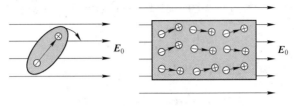

图 6-7　取向极化

尽管两类电介质极化的微观机制不同，但宏观效果都是出现束缚电荷，因此宏观描述中无需将两类电介质分开讨论。为了定量描述电介质在外电场作用下的极化程度，宏观上可以用单位体积的电矩矢量和来描述。设 ΔV 是电介质中的一个体积元，ΔV 内各分子电矩的矢量和为 $\sum\limits_{i} \boldsymbol{p}_i$，则

$$P = \frac{\sum\limits_{i} \boldsymbol{p}_i}{\Delta V} \tag{6-6}$$

矢量 **P** 称为**电极化强度**。如果电介质中各点的电极化强度矢量大小和方向都相同，则称该极化是均匀的，否则极化是非均匀的[5]。

🤔 思考与讨论

极化电荷和导体上的感应电荷有什么不同？

　　分析：感应电荷是导体中的自由电荷，它们不受原子、分子的束缚；是导体内的自由电荷在电场的作用下发生定向移动，出现在导体两端的等量异号电荷。极化电荷是束缚电荷；在外电场的作用下，电介质分子内的正、负电荷转向外电场的方向，形成与外电场方向大体一致的电矩，从而使电介质表现出电性，但是极化电荷不能脱离原子核的束缚而转移。

6.4　静电场的能量

6.4.1　电容器储能

　　充电后的电容器储存了一定量的电荷，如果用导线将电容器两个极板短路，就可以看到两极板放电产生的火花，利用放电火花产生的热能甚至可以熔焊金属，即"电容焊"。这说明充电后的电容器储存了电能。

　　电容器充电的过程实际上就是不断储存电能的过程。充电时，电容器与电源联接，电源静电力做功，不断将正电荷从电容器的负极板移至正极板，电源做的功使电容器获得了能量。设电容为 C 的电容器在充电过程中的某一时刻，两极板上的带电量分别为 q 和 $-q$，此时极板间的电势差为 q/C，这时再把 $\mathrm{d}q$ 的正电荷从负极板移到正极板上，电源所做的功为

$$\mathrm{d}A = \frac{q}{C}\mathrm{d}q$$

如果电容器充满电后所带电量为 Q，则整个充电过程中电源所做的功为

$$A = \int_0^Q \frac{q}{C} dq = \frac{Q^2}{2C}$$

用 W_e 表示电容器充满电时所储存的电能，则

$$W_e = \frac{Q^2}{2C} = \frac{1}{2} CU^2 = \frac{1}{2} QU \tag{6-7}$$

6.4.2　电场能量　电能密度

电容器内的能量存在哪里呢？电容器充电以后具有能量，放电时，两极板上的正负电荷中和，能量被释放，似乎电容器的能量集中在电荷上。但是电荷产生电场，如果用描述电场的电场强度表示储能公式，以真空平行板电容器为例来讨论，根据：

$$U = Ed$$

电容器储存的能量可表示为

$$W_e = \frac{1}{2} CU^2 = \frac{1}{2} \frac{\varepsilon_0 S}{d} (Ed)^2 = \frac{1}{2} \varepsilon_0 E^2 V \tag{6-8}$$

其中，$V = Sd$，是两极板间电场的空间体积。从式（6-8）可以看出，能量与电场强度相关，有电场的地方就有能量，似乎能量是储存在电场中的。事实上，这一点通过电磁场理论可以得到证实。电磁场理论告诉我们，变化的电场产生磁场，变化的磁场产生电场，电场不是由电荷产生的，而是由变化的磁场激发的，能量以电磁波的形式向空间传播，这说明电能是储存在电场中的。

为了描述电场能量的空间分布，引入电场能量密度的概念，即单位体积内的电场所储存的能量，简称为**电能密度**，用 w_e 表示为

$$w_e = \frac{W_e}{V} = \frac{1}{2} \varepsilon_0 E^2 \tag{6-9}$$

平行板电容器内的电场是匀强电场，能量分布是均匀的，但是式（6-9）对非均匀电场仍然成立，只是非均匀电场的电能密度是逐点变化的，总场能是电能密度的体积分。其计算公式为

$$W_e = \int_V w_e dV \tag{6-10}$$

我们知道，能量是物质的固有属性，电场具有能量正是电场物质性的表现之一。因此，电场也是物质，是不同于实物物质的另一种形态的物质。

【例题 6-5】

真空平行板电容器所围成的长方体体积是 0.8m^3，两极板间距离为 0.1m，充电后极板间电压为 30V，求平行板电容器内电能密度和所具有的电场能。

解： 根据匀强电场电势差和场强的关系，可得

$$E = \frac{U}{d} = \frac{30 \text{V}}{0.1 \text{m}} = 3.0 \times 10^2 \text{V/m}$$

平行板电容器内电能密度为

$$w_e = \frac{1}{2} \varepsilon_0 E^2 = \frac{1}{2} \times 8.8542 \times 10^{-12} \text{F/m} \times (3.0 \times 10^2 \text{V/m})^2 \approx 4.0 \times 10^{-7} \text{J/V}$$

电容器所具有的电场能为

$$W_e = w_e V = 4.0 \times 10^{-7} \text{J/V} \times 0.8 \text{m}^3 = 3.2 \times 10^{-7} \text{J}$$

6.5 本章重点总结

6.5.1 静电场中的导体

（1）导体的静电平衡：导体内场强处处为零，导体内没有净电荷，电荷都分布在导体表面。导体为等势体，导体表面为等势面。

（2）静电屏蔽：接地的空腔导体能使腔内外的电场互不影响。

6.5.2 电容器

（1）电容：

电容器的电容 $\qquad C = \dfrac{Q}{U}$

真空平行板电容器的电容 $\qquad C_0 = \dfrac{\varepsilon_0 S}{d}$

电介质电容器的电容与真空电容器电容的关系 $\qquad C = \varepsilon_r C_0$

（2）电容器的联接：

电容器的并联：

$$U = U_1 = U_2 = \cdots = U_n$$

$$Q = Q_1 + Q_2 + \cdots + Q_n = \sum_{i=1}^{n} Q_i$$

$$C = C_1 + C_2 + \cdots + C_n = \sum_{i=1}^{n} C_i$$

电容器的串联：

$$Q = Q_1 = Q_2 = \cdots = Q_n$$

$$U = U_1 + U_2 + \cdots + U_n = \sum_{i=1}^{n} U_i$$

$$\frac{1}{C} = \frac{1}{C_1} + \frac{1}{C_2} + \cdots + \frac{1}{C_n} = \sum_{i=1}^{n} \frac{1}{C_i}$$

6.5.3 静电场中的电介质

（1）位移极化和取向极化。

（2）电极化强度矢量：

$$\boldsymbol{P} = \frac{\sum_i \boldsymbol{p}_i}{\Delta V}$$

6.5.4　静电场的能量

（1）电容器储能：

$$W_e = \frac{Q^2}{2C} = \frac{1}{2}CU^2 = \frac{1}{2}QU$$

（2）真空中的匀强电场储能：

$$W_e = \frac{1}{2}\varepsilon_0 E^2 V$$

电能密度：

$$w_e = \frac{W_e}{V} = \frac{1}{2}\varepsilon_0 E^2$$

  习题

在线答题

6-1 关于静电感应现象，下列说法错误的是（　　）。

　　A. 导体处于静电平衡时，内部场强处处为零

　　B. 处于静电平衡的导体，净电荷只能分布在导体的外表面

　　C. 处于静电平衡的导体不是一个等势体

　　D. 导体外表面的电荷分布，跟表面的曲率有关

6-2 谈一谈生活中静电的利用与防范。

6-3 阐述避雷针的原理。

6-4 一个电容为 C_0 的空气电容器，充电后与电源脱离，此时电量为 Q，电压为 U_0。当极板间充满某种电介质时，测得电压 $U = U_0/3$，求这种电介质的相对电容率 ε_r。

6-5 使用电容器时，电压不能超过规定的耐压值，否则电介质可能被击穿，导致电容器的损坏。使电介质击穿的场强叫做击穿场强，空气的击穿场强为 $3.6 \times 10^6\,\mathrm{V/m}$，现有一空气平行板电容器，极板间距离为 $1.5\,\mathrm{cm}$，允许加在电容器上的最大电压值为多少。

6-6 现有三只电容器，电容分别为 2pF，5pF，7pF，计算：

　　（1）将三只电容器串联，总电容是多少？

　　（2）将三只电容器并联，总电容是多少？

6-7 如图 6-8 所示，三只电容器的电容都是 2200μF，计算：

　　（1）X 到 Y 之间的电容；

　　（2）如果在 XY 两端加上 20V 的电压，计算总电容所带电量。

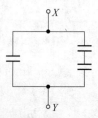

图 6-8　题 6-7 图

6-8 如图 6-9 所示，电源电压为 12V，电容器的电容为 100μF，计算：

(1) 电容器的电荷量；

(2) 如果将电源断开，将该电容与另一个 300μF 的电容并联，则两个电容器上所带的电量和电压分别是多少？

图 6-9　题 6-8 图

6-9 已知电容器分别为 $C_1 = 10\mu F$，$C_2 = 2\mu F$，$C_3 = 8\mu F$，耐压分别为 1000V，400V，500V，求：

(1) 现需要电容值 $C = 5\mu F$，耐压 800V 的等值电容器，应将这几个电容器怎样联接才能达到要求？

(2) 当外电压为 1000V 时，各电容器承受的电压和电量为多少？有无击穿的危险？

6-10 真空平行板电容器正对面积是 $3m^3$，两极板间距离 0.2m，充电后极板间电压为 40V，求平行板电容器内具有的电场能。

 内容选读

法拉第笼

　　法拉第笼（Faraday Cage）是一个由金属或者良导体做成的笼子，是以电磁学的奠基人、英国物理学家迈克尔·法拉第的姓氏命名的一种用于演示等电势、静电屏蔽和高压带电作业原理的设备。它是由笼体、高压电源、电压显示器和控制部分组成的，其笼体与大地连通，高压电源通过限流电阻将 10 万伏直流高压输送给放电杆，当放电杆尖端距笼体 10cm 时，出现放电火花。根据接地导体静电平衡的条件，笼体是一个等势体，内部电势差为零，电场为零，

法拉第笼

电荷分布在接近放电杆的外表面上。表演时先请几位观众进入笼体后关闭笼门，操作员接通电源，用放电杆进行放电演示。这时即使笼内人员将手贴在笼壁上，使放电杆向手指放电，笼内人员不仅不会触电，而且还可以体验电子风的清凉感觉。这是由于人体触电的原因是身体的不同部位存在电势差，强电流通过身体，而此时手指虽然接近放电火花，但放电电流是通过手指前方的金属网传入大地，身体并不存在电势差，没有电流通过，所以没有触电的感觉。美国纽约时间 2012 年 10 月 8 日，魔术师大卫·布莱恩穿着 27 磅（12.2kg）重的金属盔甲成功挑战了 72h 百万伏特高压电击，其利用的就是法拉第笼的原理。

　　法拉第笼可有效地隔绝笼体内外电磁波干扰从而起到静电屏蔽作用。运用这个原理，科学技术人员将许多精密仪器设备的金属外壳接地，有效地避免了不必要的电磁干扰以及

雷电袭击。20世纪50年代建筑物的避雷网就是采用了法拉第笼体系，将建筑物四面用金属接地，形成一个等势体以防备雷击。但其静电屏蔽作用有时也会带来麻烦，如果电梯内没有中继器的话，当电梯门关上的时候，手机信号会很不好，这就是电梯的屏蔽作用造成的。

另外，法拉第笼可以防止由电脑显示器阴极射线管（CRT）发出的电磁场的逃脱。因为这些场如果逃脱就能被中途截取并破译，这样黑客在不需要信号线、电缆和摄像设备的情况下就可以远程实时地看到屏幕上的数据，这种行为被称为屏幕辐射窃密（Van Eck Phreaking），它也能被政府官员用于查看罪犯和某些犯罪嫌疑人的计算机使用活动。

高压带电操作员的防护服也类似于一个法拉第笼。防护服是用金属丝制成的，当接触高压线时，形成了等电势，使得作业人员的身体没有电流通过，起到了很好的保护作用。汽车也是一个法拉第笼，由于汽车外壳是个大金属壳，形成了一个等势体，当驾驶员在雷雨天行驶时，车里的人不用担心遭到雷击。

需要说明的是，即使住在法拉第笼子里，也不能完全避免电磁辐射。法拉第笼不能屏蔽低速变化的磁场，比如地磁，在法拉第笼里，指南针照样能工作，人类不可能完全避免电磁辐射。

7 稳 恒 磁 场

磁现象和电现象一样，很早就被人们发现。我国是最早发现并应用磁现象的国家。远在春秋战国时期（约公元前 300 年），我国就发现天然磁石能够吸引铁屑；东汉著名的唯物主义思想家王充在《论衡》中描述的"司南勺"是被公认的最早的磁性指南工具；11世纪，我国科学家沈括发明了指南针，并发现了地磁偏角，比欧洲哥伦布的发现早了 400年；12 世纪初，我国已有了关于指南针用于航海的明确记载。

1819 年，奥斯特发现放在载流导线附近的小磁针会受到磁力作用而发生偏转，首次揭开了电与磁之间的关系；1820 年安培发现磁铁对载流导线和载流线圈的作用，让人们知道了磁现象和电荷的运动是密切相关的。随着研究深入，电磁理论迅速发展，并在生产生活、科学实验以及军事上得到了广泛应用[5]。

7.1 磁场 磁感应强度

7.1.1 基本磁现象

7.1.1.1 磁现象

大到天体，小到粒子，磁现象无处不在。人们最早发现的磁现象就是天然磁铁具有磁性，能够吸引铁、镍、钴等金属。人们最早发现的天然磁铁的主要成分是 Fe_3O_4，现在使用的磁铁，多是用铁、钴、镍等金属或用某些氧化物制成的。

磁铁各部分的磁性强弱不同，磁性最强的区域称为磁极。所有的磁铁都具有两极，即南极（S极）和北极（N 极）。将条形磁铁或者小磁针悬挂或支撑起来，使它能够在水平面内自由转动，则静止时两磁极总是分别指向地球的南北方向，指南的一端叫做南极，指北的一端叫做北极。如果我们把磁铁的磁极相互靠近，它们之间还会产生相互作用的磁力，如图 7-1 所示：同性磁极相互排斥，异性磁极相互吸引。

图 7-1 磁极之间的作用

磁铁的 N 极和 S 极总是同时存在，不可分割的。如果我们把磁铁任意分割，每一小块都有南北两极。目前来说，只有一个磁极的磁铁是不存在的。

地球也是一个大磁体，它周围存在着地磁场（见图 7-2）。研究表明，地球的地磁两极位于地理南、北极附近，其中地磁南极在地理北极附近，地磁北极在地理南极附近。指南针在地球的磁场中受到磁场力的作用，所以会一端指南、一端指北。

候鸟在长途迁徙时不会迷路凭借的"秘密武器"之一，就是它们对地球磁场的感知能力，它们能利用地磁场"导航"。地磁场很弱，但分布是有一定规律的。如果某些地方的地磁场表现异常，与邻近地区之间差异较大，就可能是地下有大量铁矿。现在，测量和研究地磁场，已经成为勘探大型铁矿的重要方法之一。利用地磁场的分布规律，还可以进行导航。由于具有无源性，地磁制导和导航在军事领域有着不可比拟的优势。使用地磁制导的导弹抗干扰性能强，突防能力得到大大提升。地磁导航已在导航定位、地球物理武器、战场电磁信息对抗等领域展现了巨大的军事潜力。除此之外，地磁场还可以应用于地震预报等[7]。

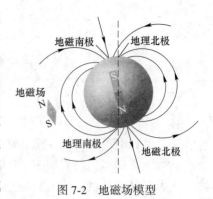

图 7-2　地磁场模型

7.1.1.2　安培分子电流假说

磁现象和电流或者电荷运动紧密联系。现在已经知道，无论是磁铁和磁铁之间的力，还是电流和磁铁之间的力，以及电流和电流之间的力，在本质上都是一样的，统称为磁力。那么磁力到底是怎样产生的呢？

1822 年，法国科学家安培在实验的基础上，提出了著名的**分子电流假说**。他认为一切磁现象都起源于电流。在磁性物质的分子中，存在着小的环形电流，称为**分子电流**，如图 7-3 所示。这种分子电流相当于最小的基元磁体，分子电流使每一个分子都成为一个小磁体，物质的磁性就取决于物质中这些分子电流对外磁效应的总和。通常情况下，由于分子的热运动，物体内部的这些分子电流是毫无规则地取向各个方向，它们产生的磁场互相抵消，所以对外不显示磁效应，整个物体

图 7-3　分子电流

不显示磁性。而当这些分子电流的取向出现某种有规律的排列时，比如当物体（如软铁棒）受到外界磁场作用时，其内部的许许多多的小磁体，因受到磁力作用，就像小磁针在磁场中会发生偏转一样，从而导致分子电流的取向大致相同，两端形成磁极，于是对外界就会产生一定的磁效应，显现出物质的磁化状态，这就是**磁化现象**。

随着科学技术的发展，安培假说逐渐得到证实。近代研究表明，分子电流是由原子内部电子的运动形成的。所以，磁铁的磁场和电流的磁场一样，都来源于电荷的运动。因此，一切磁现象都来源于电荷的运动，磁力本质上就是运动电荷之间的一种相互作用力，这也就是**物质磁性的电本质**。

7.1.2　磁场　磁感应强度

7.1.2.1　磁场

我们已经知道，电荷通过电场相互作用，从而产生电场力。那么磁力是如何形成的呢？磁力产生的原理与电场力一样。

所有的磁体都会在其周围产生一种特殊物质——磁场。同电场一样，磁场也是物质存在的一种形态。磁场同样也是看不见、摸不着，但是确实存在的，它也具有能量、动量和

质量，磁力就是磁体通过自己的磁场对放入其中的磁体施加的作用力。

在磁场中放入小磁针，小磁针受力时，力的方向一般会随着磁针的位置变化，但力的方向有确定的分布，这表明磁场具有方向特征。小磁针在磁场中的不同位置，磁极所受磁力大小一般也不同，这又表明磁场具有强弱特征。所以用一个既有大小又有方向的物理量来定量描述磁场，这就是矢量函数 **B**，称为**磁感应强度**，简称**磁感强度**。

7.1.2.2 磁感应强度

我们来看看磁场对通电导线的作用力，从而引出磁感应强度 **B** 的定义。

如图 7-4 所示，把一段直导线 CD 水平放置在竖直方向的磁场中。当导线通电时，会发生什么现象呢？改变导线中的电流方向或者改变磁场方向，又会发生什么呢？

实验发现：通电导线在磁场中发生了运动，这就表明通电导线在磁场中受到了磁场的作用。磁场对通电导线的作用力，叫做**安培力**。

实验表明：安培力的大小与导线的方向有关。当导线方向和磁场方向平行时，此时的安培力最小，等于零；当导线方向和磁场方向垂直时，安培力最大，并且垂直时的最大安培力，和导线的长度 L 以及导线

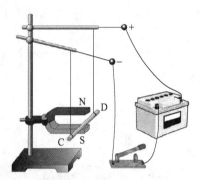

图 7-4 磁场中的通电导线

中的通电电流大小 I 密切相关。导线越长，通电电流越大，最大安培力越大。同时还表明：对于磁场中的特定位置，最大安培力的大小 F_{max} 跟电流大小 I 和导线长度 L 的乘积 IL 的比值 F_{max}/IL，总是一个常数；在磁场的不同位置，该比值一般不同。这个比值越大，表示同一根导线受到的磁力就越大，即表明该处的磁场就越强；反之，则磁场越弱。因此，我们用这个比值来定义磁场的强弱，即磁感应强度的大小为

$$B = \frac{F_{max}}{IL} \tag{7-1}$$

磁感应强度的方向，通常规定为该点可以自由转动的小磁针静止时 N 极指向。

磁感应强度 **B** 是矢量，和电场一样，磁场也服从矢量叠加原理，即

$$B = B_1 + B_2 + \cdots + B_n = \sum_{i=1}^{n} B_i \tag{7-2}$$

在国际单位制中，磁感应强度的单位是特斯拉，简称特，符号是 T。习惯上还用高斯（G）作为磁感应强度的单位，它们的换算关系为

$$1G = 10^{-4}T, \quad 1T = 1N/(A \cdot m)$$

磁感应强度 **B** 是描述磁场强弱和方向的物理量，它与电场中电场强度 **E** 的地位相当。磁场中各点 **B** 的大小和方向都相同的磁场称为**均匀磁场**或**匀强磁场**。磁场中各点的 **B** 都不随时间改变的磁场称为**稳恒磁场**，也称**恒定磁场**。需要注意的是，均匀磁场是相对空间而言的，同一区域内的均匀磁场在不同的时刻可能是不一样的；而稳恒磁场则是相对时间而言的，磁场中各点的 **B** 都不随时间发生改变，但并不意味着各点的 **B** 是一样的。

地球的磁场是随着位置变化的，比如赤道附近地磁的磁感应强度为 $(3 \sim 4) \times 10^{-5}$T，

一般永久磁体的磁场约为 10^{-2}T，大型电磁铁两极表面的空气隙中可以产生约 3T 的强磁场。近年来，由于超导材料的新发展，已经能够获得 40T 的强磁场。某些原子核附近的磁场可以达到 10^4T，脉冲星表面的磁场可高达 10^8T。精密测量还表明，人体也有磁场，人体最强的磁场信号来自于肺，约为 10^{-9}T，而心脏激发的磁场约为 $3×10^{-10}$T，某些医疗方法还与人体磁场有关。

7.1.3　磁感线

　　磁场是一种看不见、摸不着的特殊物质。磁场中的不同位置，磁场的方向一般是不同的，那么如何形象地描述磁场的分布情况呢？

　　人类没有能够感觉到磁性的器官，我们只能是通过间接的方法显示磁场的分布。比如把一块玻璃板（或硬纸）水平放置在有磁场的空间里，上面撒上铁屑，轻轻地敲击玻璃板（或硬纸），铁屑就会在磁场的作用下规则排列，显示出磁场的分布情况，如图 7-5 所示。

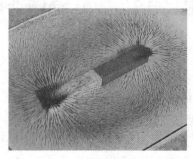

a　　　　　　　　　　　　b

图 7-5　磁场

a—条形磁铁磁场分布；b—蹄形磁铁磁场分布

　　正像电场的分布情况可以借助于电场线来描述一样，为了形象地描述磁场，根据铁屑的排布情况，在磁场中画出一系列带箭头的曲线，使曲线上每一点的切线方向跟该点的磁场方向一致，这些曲线也就是**磁感应线**，简称**磁感线**。

　　磁感线是一些有方向的曲线，其上每点的切线方向与该点的磁感应强度 **B** 的方向一致，反映的是各点的磁场方向。此外，和电场线一样，磁感线的疏密，直观反映的是磁场的强弱。磁感线越密，磁场越强；反之，磁感线越稀疏，磁场就越弱。如图 7-6 分别显示了条形磁铁和通电螺线管周围磁场的磁感线分布情况。从图中可以看出，条形磁铁的磁感线是从 N 极出发走向 S 极的；螺线管在外部空间产生的磁感线与条形磁铁的磁感线十分相似，它从螺线管的一端（称为等效 N 极）出发，走向另一端（称为等效 S 极），但在内部是从 S 极走向 N 极的。越是靠近磁极的地方，磁场较强，远离磁极的地方，磁场较弱。

　　磁感线和电场线一样，都可以形象地描述场的分布情况，两者有很多相同之处。比如，磁感线和电场线都不会相交。因为不论是电场还是磁场，场中确定的点，对于磁场和电场来说只有一个确定的方向。磁感线和电场线也有不同之处，比如电场线是不闭合的，而磁感线是闭合的。

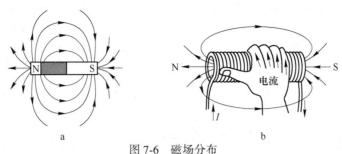

图 7-6 磁场分布

a—条形磁铁磁场分布；b—通电螺线管的磁场分布

7.1.4 毕奥-萨伐尔定律

1820 年奥斯特发现电流周围存在着磁场，这种磁场叫做**电流的磁场**，通电导线附近的磁针，受到电流磁场的作用会发生偏转，这种**电流能够产生磁场的现象叫做电流的磁效应**。由恒定电流激发的磁场，磁感应强度只是空间位置的函数，不随时间发生变化，这种磁场是稳恒磁场。那么恒定电流与其产生的磁场之间有何关系呢？

我们可以把电流看作是由许多微段电流组成，由于磁场服从叠加原理，我们只需要求出微段电流在某点产生的磁感应强度，就可以计算出此电流在该点产生的磁感应强度。19 世纪 20 年代，毕奥、萨伐尔两人对电流产生的磁场分布做了许多实验研究，最后总结出了一条有关微段电流产生磁场的基本定律，称为**毕奥-萨伐尔定律**。

如图 7-7 所示，载流导线中的电流为 I，导线横截面积的线度到考察点 P 的距离相比可以忽略不计，这样的电流称为线电流。在线电流上取长度为 $\mathrm{d}l$ 的定向线元 $\mathrm{d}\boldsymbol{l}$，且规定 $\mathrm{d}\boldsymbol{l}$ 的方向与线元内电流的方向相同，并将乘积 $I\mathrm{d}\boldsymbol{l}$ 称为电流元。毕奥-萨伐尔定律指出，电流元在给定点 P 所产生的磁感应强度 $\mathrm{d}\boldsymbol{B}$ 的大小和电流元的大小 $I\mathrm{d}l$ 成正比，和电流元到 P 点的径矢 $\boldsymbol{r}$ 与 $I\mathrm{d}\boldsymbol{l}$ 之间的夹角 θ 的正弦值成正比，而与电流元到考察点 P 的距离 r 的平方成反比，在国际单位制中写为

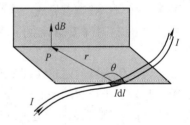

图 7-7 毕奥萨伐尔定律

$$\mathrm{d}B = \frac{\mu_0}{4\pi} \times \frac{I\mathrm{d}l\sin\theta}{r^2} \tag{7-3}$$

式中的 μ_0 称为真空磁导率，其值 $\mu_0 = 4\pi \times 10^{-7} \mathrm{N/A^2}$。这是 $\mathrm{d}\boldsymbol{B}$ 的大小，$\mathrm{d}\boldsymbol{B}$ 方向则沿着矢积 $\mathrm{d}\boldsymbol{l} \times \boldsymbol{r}$ 的方向，于是

$$\mathrm{d}\boldsymbol{B} = \frac{\mu_0}{4\pi} \times \frac{I\mathrm{d}\boldsymbol{l} \times \boldsymbol{r}^0}{r^2} \quad \text{或} \quad \mathrm{d}\boldsymbol{B} = \frac{\mu_0}{4\pi} \times \frac{I\mathrm{d}\boldsymbol{l} \times \boldsymbol{r}}{r^3} \tag{7-4}$$

式中，$\boldsymbol{r}^0$ 为 $\boldsymbol{r}$ 的单位矢量，式（7-4）就是毕奥-萨伐尔定律的数学表达式。

任意载流导线在 P 点的磁感应强度可以由积分求得，即

$$\boldsymbol{B} = \int \mathrm{d}\boldsymbol{B} = \frac{\mu_0}{4\pi} \int \frac{I\mathrm{d}\boldsymbol{l} \times \boldsymbol{r}^0}{r^2} \tag{7-5}$$

利用毕奥-萨伐尔定律，原则上就可以计算任意电流系统产生的磁场的磁感应强度。

下面我们直接给出了几种基本而又典型的磁场。

7.1.4.1　载流直导线的磁场

设直导线长度为 L，通有电流 I，如图 7-8 所示。利用毕奥-萨伐尔定律，经过积分计算，距离导线为 a 处 P 点的磁感应强度大小为

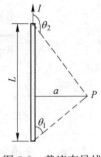

图 7-8　载流直导线

$$B = \frac{\mu_0 I}{4\pi a}(\cos\theta_1 - \cos\theta_2) \tag{7-6}$$

其中 θ_1 和 θ_2 分别为直导线两端的电流元与它们到 P 点径矢的夹角。

讨论以下特殊情况：

（1）无限长载流直导线，则 $\theta_1 \approx 0$，$\theta_2 \approx \pi$，式（7-6）变为

$$B = \frac{\mu_0 I}{2\pi a} \tag{7-7a}$$

（2）半无限长载流直导线，且 P 点与导线一端的连线垂直于该导线，则有

$$B = \frac{\mu_0 I}{4\pi a} \tag{7-7b}$$

（3）若 P 点位于导线的延长线上，则 $B = 0$。

以上利用毕奥-萨伐尔定律给出的是载流直导线的磁场强弱。载流直导线产生的磁场的方向可以由右手螺旋定则（安培定则）来判断，如图 7-9 所示。

直线电流磁场的磁感线都是环绕直导线的闭合曲线，是垂直于导线的平面内的一系列同心圆。利用右手螺旋定则（或安培定则）判定磁感线方向的具体步骤为：右手握住直导线，让垂直于四指的拇指指向电流方向，则弯曲的四指所指的方向就是磁感线的方向。

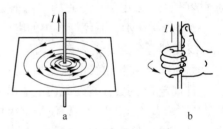

图 7-9　直线电流的磁场
a—磁感线分布；b—安培定则

7.1.4.2　载流圆线圈轴线上的磁场

设单匝圆线圈的中心为 O，半径为 R，通有电流为 I，如图 7-10 所示。则载流圆导线轴线上距离圆心 O 点为 x 的任意一点 P 处的磁场强度大小为

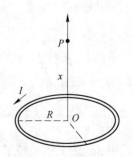

图 7-10　载流圆线圈

$$B = \frac{\mu_0}{2} \frac{I R^2}{(R^2 + x^2)^{3/2}} \tag{7-8}$$

讨论以下特殊情况：

（1）若 P 点位于圆形电流中心处，此时 $x = 0$，则

$$B = \frac{\mu_0 I}{2R} \tag{7-9}$$

（2）若为圆弧形载流导线，如图 7-11 所示，圆弧中心处的磁
场强度大小为

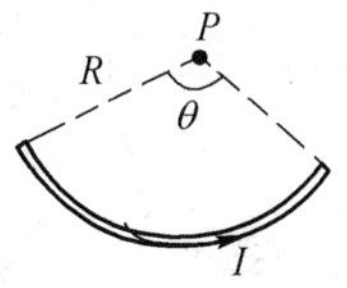

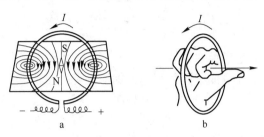

$$B = \frac{\mu_0 I}{2R} \cdot \frac{\theta}{2\pi} \qquad (7\text{-}10)$$

图 7-11　圆弧形载流导线

环形电流磁场的磁感线是一些围绕环形导线的闭合曲线，如图 7-12a 所示。磁感线的
方向也可以由安培定则来判定，如图 7-12b 所示：让右手弯曲的四指指向电流方向，则与
四指垂直的拇指所指的方向即为环形电流轴线上的磁感线的方向。

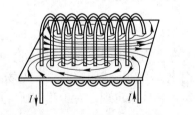

图 7-12　环形电流的磁场
a—磁感线分布；b—安培定则

7.1.4.3　载流空心长直螺线管中部

载流空心长直螺线管可近似看作无限长螺线管，其内部磁场强度为

$$B = \mu_0 n I \qquad (7\text{-}11)$$

式中，n 为单位长度上的匝数。这表明在密绕的无限长螺线管轴线上的磁场是均匀的，其
方向也可以用右手螺旋定则（安培定则）来判定，如图 7-13 所示：让右手弯曲的四指指
向电流方向，则与四指垂直的拇指所指的方向就是通电螺线管内部磁场方向。

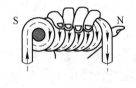
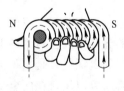

图 7-13　通电螺线管的磁场
a—磁感线分布；b—安培定则

通电螺线管的磁场与条形磁铁的磁场很相似。螺线管的一端相当于是条形磁铁的 N
极，另一端相当于是 S 极。螺线管外部磁感线是从 N 极出来进入 S 极；内部磁感线与螺
线管中心轴线平行，方向是由 S 极指向 N 极，并和外部磁感线相接，形成闭合曲线[13]。

【例题 7-1】
如图 7-14 所示，两条平行的高压输电线，相距为 40cm，载有电流 50A，且电流方向
相反，试计算在两条输电线之间中点 P 处的磁感应强度的大小 B。若两条输电线中的电流

方向相同又如何？

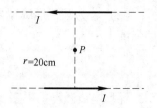

图 7-14　电线间的磁场

分析：因磁场服从叠加原理，所以两条输电线间中点 P 处磁感应强度大小 B 等于两条输电线单独在此处产生的磁感应强度的矢量和。

解：由安培定则可知，两条输电线在 P 点产生的磁感应强度的方向相同，根据式（7-7a）和场的叠加原理，得出总的磁感强度大小为

$$B = B_1 + B_1 = \frac{\mu_0 I}{2\pi r} + \frac{\mu_0 I}{2\pi r} = \frac{4\pi \times 10^{-7} \times 50}{\pi \times 0.2}\text{T} = 1 \times 10^{-4}\text{T}$$

磁感应强度的方向垂直纸面向外。

如果两条输电线的电流方向相同，则由叠加原理可得

$$B = 0\text{T}$$

【例题 7-2】

试计算图 7-15 中 O 点处的磁感应强度大小 B。

解：取垂直纸面向外为磁场的正方向。由安培定则可知，三段导线所产生的磁场磁感应强度方向均垂直纸面向外，即均为正值，根据磁场的叠加原理得

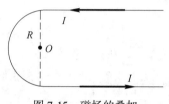

图 7-15　磁场的叠加

$$B = B_{上直} + B_{下直} + B_{半} = \frac{\mu_0 I}{4\pi R} + \frac{\mu_0 I}{4\pi R} + \frac{\mu_0 I}{4R} = \frac{\mu_0 I(2 + \pi)}{4\pi R}$$

上式中很显然 B 为正值，所以 O 点的磁感应强度方向与所取正向同向，即磁场的方向为垂直纸面向外。

7.2　磁场的高斯定理和安培环路定理

通过以上学习，我们知道磁感线和电场线两者有很多相同之处，比如都可以形象地描述场的分布情况；对于场中某一确定的点，都不会相交等。当然两者也有不同之处，比如静电场的电场线总是始于正电荷，终止于负电荷，它们永远不会形成闭合曲线。电场线的这些特点可以反映在两个基本定理中：静电场的高斯定理和环路定理，对于我们研究电场的分布很有意义。那么，磁感线的分布特点是不是也可以精确地用数学公式表述呢？这就是磁场的高斯定理和环路定理。

7.2.1　磁通量

仿照引入电通量的办法，我们引入一个面的磁通量，从而建立起磁感应线的疏密与磁感应强度之间的定量关系。例如，规定：磁感应强度为 1T 的匀强磁场中，与磁场方向垂直的单位面积上（1m^2）只能画 1 条磁感线，这样磁感应强度的大小 B 表示的就是与磁场方向垂直的单位面积上的磁感线数。因此，电磁学和电工学中磁感应强度又称为磁通密度。

穿过磁场中任意给定曲面的磁感线总数，定义为通过该曲面的磁通量，用 Φ 表示。

如图 7-16 所示，S 表示磁场中的任意一个给定曲面，磁场为不均匀磁场。现在求通

过面 S 的磁通量。

我们先关注曲面 S 上的任意面积元 dS，其中 dS 的法线方向上单位矢量为 n，n 与该处的磁感应强度矢量 B 之间的夹角为 θ，由磁通密度的定义可知，穿过面积元 dS 的磁通量为

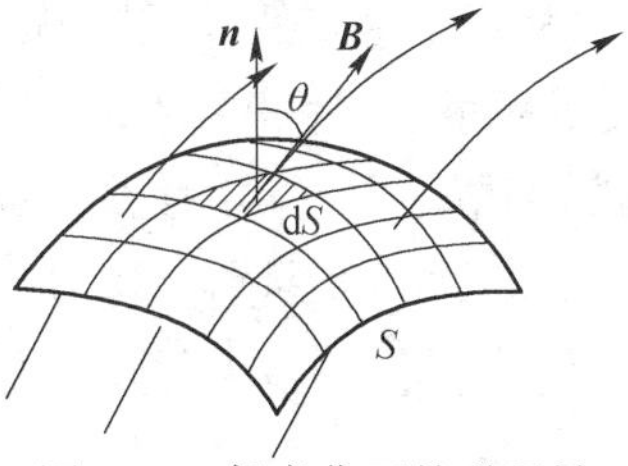

图 7-16　任意曲面的磁通量

$$d\Phi = B\cos\theta dS = \boldsymbol{B} \cdot d\boldsymbol{S}$$

进一步便可求得曲面 S 的总的磁通量为

$$\Phi = \int d\Phi = \int_S B\cos\theta dS = \int_S \boldsymbol{B} \cdot d\boldsymbol{S} \tag{7-12}$$

特殊情况下，如果磁场为均匀磁场，曲面 S 为平面，则穿过平面 S 的磁通量为

$$\Phi = BS\cos\theta \tag{7-13}$$

式中，θ 为磁场方向和平面 S 的法线方向之间的夹角。所以对于平面 S 来说，如果磁场方向与其法线方向垂直，也即磁场方向和平面 S 平行时，此时通过平面 S 的磁通量最少，为零；如果磁场方向和平面法线方向平行，也即磁场方向和平面 S 垂直时，此时磁通量最大，为 BS。

磁通量为标量，单位名称是韦伯，符号是 Wb，$1\text{Wb} = 1\text{T} \cdot \text{m}^2$。

7.2.2　磁场的高斯定理

静电场中的高斯定理给出的是穿过任意闭合曲面的电通量和它所包围的电荷之间的定量关系。那么对于恒定电流产生的磁场，穿过任意闭合曲面的磁通量和什么有关呢？

对于闭合曲面，我们仍然规定外法向为法线的正方向，当磁感线从里往外穿出时，磁通量为正，由外往里穿入时为负。由磁感线的闭合特征，不难判断出，对于任意一个闭合曲面，穿入的磁感线必然要穿出，即穿入的磁感线数目一定等于穿出的磁感线数目。也就是说：穿过磁场中任意闭合曲面的总磁通量恒等于零。其计算公式为

$$\oint_S \boldsymbol{B} \cdot d\boldsymbol{S} = 0 \tag{7-14}$$

这就是磁场的高斯定理。它说明磁场是没有起点和终点的，即磁场是无源场[17]。

7.2.3　安培环路定理

我们已经知道，静电场中，电场强度沿任意闭合路径的线积分恒等于零，也即静电场是保守场。那么对于稳恒磁场来说，磁感强度沿任意闭合路径线积分，结果又如何呢？它遵从的是安培环路定理。

真空中的安培环路定理指出：磁感应强度沿着任意闭合环路 L 的线积分，等于穿过该环路的所有电流的代数和的 μ_0 倍，数学表述为

$$\oint_L \boldsymbol{B} \cdot d\boldsymbol{l} = \mu_0 \sum_L I_i \tag{7-15}$$

其中电流 I 的正负规定如下：当穿过闭合回路 L 的电流方向和回路 L 的环绕方向服从右手螺旋定则时，$I>0$；反之，$I<0$。如果电流 I 不穿过回路 L，则它对式（7-15）右端无贡献，求和符号中取为零。如图 7-17 所示的情况，$\sum_{L\text{内}} I_i = I_1 - I_2$。

为了叙述方便，我们称式（7-15）中的闭合积分回路 L 为"安培环路"。要注意的是，不论安培环路是什么样的，也不论电流的形状如何，安培环路定理都是成立的。正如高斯定理可以帮助我们计算某些具有一定对称性的带电体的电场分布一样，安培环路定理也可以帮助我们计算某些具有一定对称性的载流导线的磁场分布。

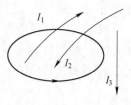

图 7-17　电流的正负

应当指出，式（7-15）表述的安培环路定理仅适用于恒定电流产生的磁场。恒定电流本身总是闭合的，因此安培环路定理仅适用于闭合的载流导线，对于任意设想的一段载流导线则不成立。另外，如果电流随着时间变化，还需要对式（7-15）进行修正。

矢量分析中，把矢量的环流等于零的场称为无旋场，否则称为有旋场。安培环路定理说明磁场是涡旋场，电流是以涡旋的形式激发磁场的。而磁场的高斯定理则说明磁场是无源场，磁感线总是闭合的，因而稳恒磁场的特性是有旋无源，而静电场的特性是有源无旋。高斯定理和环路定理共同给出了磁场的全部性质，是稳恒磁场的基本场方程。

思考与讨论

如图 7-18 所示，磁感应强度为 B 的匀强磁场中放置一个标准长方体，长方体的长、宽、高分别为 a、b、c。试分析并计算通过该长方体的磁通量应该是多少？

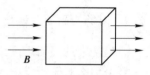

图 7-18　磁场中的长方体

分析：磁通量有进有出，总的磁通量为零。

7.3　磁场对通电导线的作用

通过前面学习，我们已经知道，通电导线在磁场中要受到力的作用，这个力叫做安培力。安培力的应用极为广泛，比如，我们生活中常见的电动机、磁电式仪器、磁悬浮列车和军事上的电磁炮等，它们的正常工作都离不开安培力。那么，安培力遵循什么规律呢？

7.3.1　安培力

有关安培力的规律是根据实验总结出来的，称为安培定律。安培定律的数学表述为

$$d\boldsymbol{F} = I d\boldsymbol{l} \times \boldsymbol{B} \qquad (7\text{-}16)$$

即在磁场中某点处的电流元 $Id\boldsymbol{l}$ 受到的磁场作用力 $d\boldsymbol{F}$ 等于电流元和磁感应强度的叉乘。利用安培定律，原则上可以求出任意载流导体在磁场中受到的安培力为

$$\boldsymbol{F} = \int I d\boldsymbol{l} \times \boldsymbol{B} \qquad (7\text{-}17)$$

下面我们只讨论匀强磁场，且直导线的情况，比如把一段直导线放入匀强磁场中，载流导线和磁场方向之间的夹角为 θ，则安培力的大小和方向就可以确定了。

（1）安培力的大小。通过式（7-17）进行计算，直接给出安培力的大小为

$$F = ILB\sin\theta \qquad (7\text{-}18)$$

由此可见，当载流直导线和磁感线垂直时，导线受到的安培力最大，最大安培力 $F_{max} = ILB$；当载流直导线与磁感线平行时，载流导线受到的安培力最小，为零；一般情况下，载流直导线和磁感线方向既不垂直也不平行，安培力介于零和最大值之间，$F = ILB\sin\theta$。

（2）安培力的方向。载流直导线的受力方向，即安培力的方向和磁场方向以及载流导体中的电流方向这三者之间的关系服从左手定则。如图 7-19 所示：伸开左手，使拇指和四指同在一个平面内且相互垂直，让磁感线垂直穿过手心，四指指向载流导体中的电流方向，则拇指所指的方向就是通电导体受到的安培力的方向。安培力的方向总是垂直于磁场以及电流方向，或者说总是垂直于由磁场和电流方向确定的平面。

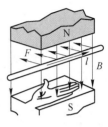

图 7-19　左手定则

【例题 7-3】

把长 20cm，通有 3A 电流的直导线放入磁感应强度为 1.2T 的匀强磁场中。当电流方向和磁感线方向垂直时，导线受到的安培力是多大？平行时呢？

分析：载流直导线，匀强磁场情况。

解：根据式（7-18）当电流方向和磁感线方向垂直时，导线受到的安培力最大，为

$$F_{max} = ILB = 3 \times 0.2 \times 1.2 = 0.72N$$

当电流方向和磁感线方向平行时，安培力最小，为零。

7.3.2　磁场对载流线圈的作用

磁式电流计和直流电动机，都涉及到了磁场对载流线圈的作用。线圈中通一电流时，它们将在磁场的作用下发生转动，下面我们就来研究磁场对载流线圈的作用力矩。

首先，为了叙述方便，今后我们将用右旋法向单位矢量 **n** 来描述一个载流线圈在空间的取向。如图 7-20 所示，矢量 **n** 的指向规定如下：将右手四指弯曲，代表线圈中电流的回绕方向，则伸直的拇指代表的就是线圈平面的法向单位矢量 **n** 的方向。这样一来，矢量 **n** 既可以代表线圈平面在空间的取向，又可以表示线圈中电流的回绕方向[18]。

图 7-20　线圈
法线方向

如图 7-21 所示，在磁感应强度为 **B** 的匀强磁场中，有一个刚性平面载流线圈，边长分别为 L_1 和 L_2，电流为 I。设线圈平面的法向单位矢量 **n** 与磁场方向的夹角为 φ，线圈平面与磁场方向夹角为 θ，对边 AB、CD 均与磁场方向垂直。

根据安培定律，导线 AD 和 BC 所受的安培力分别为

$$F_1 = BIL_1\sin\theta$$

$$F'_1 = BIL_1\sin(\pi - \theta) = BIL_1\sin\theta$$

这两个力大小相等、方向相反，作用在同一直线上，所以相互抵消，不能使线圈发生转动，但使线圈受到张力作用。

导线 AB 和 CD 受到的安培力大小分别为 F_2 和 F'_2，则有

$$F_2 = F'_2 = BIL_2$$

这两个力大小相等、方向也相反，但力的作用线不在同一直线上，因而形成力矩，使

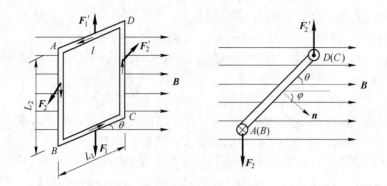

图 7-21　平行载流线圈在匀强磁场中所受的力矩

线圈绕某一轴发生转动，其力矩大小为

$$M = F_2 L_1 \cos\theta = BIL_1 L_2 \cos\theta = BIS\cos\theta = BIS\sin\varphi \tag{7-19}$$

式中，$S = L_1 L_2$ 为线圈面积，M 又称为磁力矩。

如果线圈有 N 匝，则线圈所受的磁力矩的大小为

$$M = NBIS\sin\varphi \tag{7-20}$$

针对式（7-19），讨论以下特殊情况：

（1）$\varphi = \pi/2$，此时线圈平面和磁场平行，线圈所受的磁力矩最大，为 $M_{max} = BIS$。

（2）$\varphi = 0$，此时线圈平面和磁场方向垂直，线圈所受的磁力矩最小，为零。

注意：虽然磁力矩公式是从矩形线圈推导出来的，但其实它适用于任意形状的平面线圈。正是因为有磁力矩的作用，载流线圈才会转动，才会制造出给人类带来便利的电磁设备，比如电动机、磁电式仪表等，大大方便了人们的生产生活[3]。

7.4　磁场对运动电荷的作用

上节讨论的是磁场对载流导体的作用。实际上，载流导体在磁场中受力是磁场对运动电荷作用力的宏观表现。这一节我们将从安培定律出发，讨论磁场对运动电荷的作用力，也即洛伦兹力。

7.4.1　洛伦兹力

7.4.1.1　洛伦兹力的方向

安培力是洛伦兹力的宏观表现，所以洛伦兹力的方向同样可以用左手定则来判断。由于规定正电荷的定向移动方向为电流正方向，所以此时判断的方法如图 7-22 所示：伸开左手，使拇指与四指在同一平面内且相互垂直，其中四指指向正电荷的运动方向（若移动的负电荷，四指的指向应该是它运动方向的反方向），让磁感线垂直穿过手心，则拇指的指向就是运动电荷所受的洛伦兹力的方向。

图 7-22　左手定则判定洛伦兹力方向

应当指出：由于洛伦兹力的方向总是与带电粒子的速度方向垂直，洛伦兹力只是改变粒子运动的方向，而不改变它的速率和动能，所以洛伦兹力永远不对粒子做功。

7.4.1.2 洛伦兹力的大小

现在来确定洛伦兹力的大小。如图 7-23 所示，设在磁感应强度为 B 的匀强磁场中，有一段与磁场方向垂直的通电导线，长度为 L，横截面积为 S，单位体积中含有的自由电荷数目为 n，每个自由电荷的电量为 q，定向移动的平均速率为 v，则导体中的电流 $I = nqvS$，导线受到的安培力为

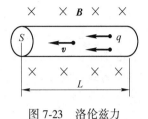

图 7-23 洛伦兹力

$$F = BIL = B(nqvS)L$$

因为安培力是洛伦兹力的宏观表现，是每个运动电荷所受洛伦兹力的合力。而这段导线中含有的运动电荷数目为 nLS，所以每一个运动电荷所受的洛伦兹力 $f = \dfrac{F}{nLS}$，即

$$f = qvB \tag{7-21}$$

利用式（7-21）进行计算时，式中的 q 取绝对值。这是带电粒子运动方向和磁场方向垂直时的情况，如果电荷运动方向和磁场方向不垂直，它们之间夹角为 θ 时，重复上面的推导过程，可得此时的洛伦兹力为

$$f = qvB\sin\theta \tag{7-22}$$

运动电荷在磁场中受到洛伦兹力的作用，运动方向会发生偏转，这对于地球上的生物来说具有十分重要的意义。从太阳或者其他星体上，时刻都有大量的高能粒子流放出，称为宇宙射线。如果宇宙射线到达地球，将会危害地球生物。值得庆幸的是，地球周围存在着地磁场，宇宙射线中带电粒子进入地磁场时，受到洛伦兹力作用，运动方向发生改变，使得地球上的人和其他生物免受其害。

7.4.2 带电粒子在均匀磁场中的运动

我们分三种情况讨论带电粒子在匀强磁场中的运动规律。

7.4.2.1 平行入射

若带电粒子以初速度 v_0 进入匀强磁场，v_0 平行于磁场 B，即两者之间的夹角 $\theta = 0°$ 或 $\theta = 180°$，此时我们说带电粒子是平行入射的。这种情况下，由于洛伦兹力为零，或者说电荷不受洛伦兹力，它将保持自己原来的运动状态，做匀速直线运动。

7.4.2.2 垂直入射

如图 7-24 所示，质量为 m，电荷电量为 q 的带电粒子，以初速度 v_0 进入磁感应强度为 B 的匀强磁场，v_0 与 B 方向垂直，我们说带电粒子是垂直入射的。由于带电粒子受到的洛伦兹力的大小不变，方向总是与粒子运动方向垂直，此时洛伦兹力起到了向心力的作用，所以带电粒子做匀速圆周运动，简称为回旋运动。设粒子做圆周运动的半径为 R，向心力就是洛伦兹力，即

$$qv_0 B = m \frac{v_0^2}{R}$$

所以有

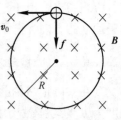

图 7-24　垂直入射

$$R = \frac{nv_0}{qB} \qquad (7\text{-}23)$$

式（7-23）表明，在匀强磁场中做匀速圆周运动的带电粒子，它的运动半径，正比于粒子的运动速率，反比于磁感应强度大小。将式（7-23）代入匀速圆周运动的周期公式可得

$$T = \frac{2\pi m}{qB} \qquad (7\text{-}24)$$

式（7-24）告诉我们，带电粒子在匀强磁场中做匀速圆周运动的周期与粒子的运动速率无关，与粒子的运动半径也无关。也即：一个带电粒子垂直进入一个确定的匀强磁场，不管它的速度大小如何，做匀速圆周运动的周期将保持不变。

7.4.2.3　倾斜入射

普遍情况下，带电粒子进入磁场时，其初速度方向和磁场方向是既不垂直也不平行的，我们说带电粒子倾斜进入磁场。如图 7-25 所示，设带电粒子初速度方向和磁场方向之间的夹角为 θ。此时，可以将带电粒子速度进行分解，分解为平行于 B 方向的分量 $v_{0/\!/}$ 和垂直于 B 方向的分量 $v_{0\perp}$，其中 $v_{0/\!/} = v_0\cos\theta$，$v_{0\perp} = v_0\sin\theta$。根据以上的讨论，若只有 $v_{0/\!/}$ 方向的分量，粒子将不受磁力作用，以此速度做匀速直线运动；若只有 $v_{0\perp}$ 分量，粒子将在垂直于 B 的平面内做匀速圆周运动。而实际上粒子的运动是这两种运动的合成，其运动轨迹应该是一条螺旋线，螺旋半径为

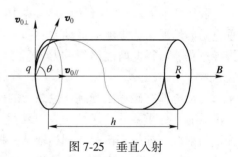

图 7-25　垂直入射

$$R = \frac{mv_{0\perp}}{qB} \qquad (7\text{-}25)$$

螺距为

$$h = v_{0/\!/} T = v_{0/\!/} \frac{2\pi m}{qB} \qquad (7\text{-}26)$$

式中，T 为粒子旋转一周的时间。可见，螺距 h 只与速度的平行分量有关，而与速度的垂直分量无关。

7.4.3　霍尔效应

1879 年美国物理学家霍尔在研究金属的导电机制时发现：当电流垂直外磁场通过半导体时，载流子发生偏转，在垂直于电流和磁场的方向上就会产生一个附加电场，从而在半导体的两端产生电势差。如图 7-26 所示，电流 I 垂直 B 通过半导体，在 AA' 方向上就会产生电势差，这一现象就是**霍尔效应**，这个电势差也称为霍尔电势差。

实验表明：在磁场不太强时，霍尔电压，也就是霍尔电势差 $U_{AA'}$ 与电流强度 I 以及磁感应强度 B 成正比，与板的厚度 d 成反比，即

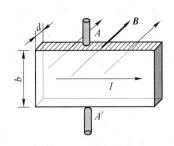

$$U_H = U_{AA'} = R_H \frac{IB}{d} \qquad (7\text{-}27)$$

图 7-26　霍尔效应

式中，比例系数 R_H 叫做霍尔系数，是仅与导体材料有关的常数。

霍尔效应可以用洛伦兹力来说明。磁场使得导体内移动的载流子（电荷）发生了偏转，结果在 AA' 两侧分别聚集了正、负电荷，形成了电势差。设导体内载流子的平均移动速率为 v，它们在磁场中受到的洛伦兹力为 qvB。当 AA' 之间形成电势差后，载流子还会受到一个与洛伦兹力方向相反的电场力的作用，大小为 $qE_H = q\dfrac{U_{AA'}}{b}$，其中 E 为电场强度，b 为导电板的宽度，如图 7-26 所示。两力达到平衡，即为稳恒状态，此时有

$$qvB = qE_H = q\frac{U_H}{b} \qquad (7\text{-}28)$$

此外，设载流子的数密度，即单位体积内的自由电子数为 n，则电流强度 I 与 v 的关系为

$$I = qnbdv \qquad (7\text{-}29)$$

将以上几个式子联立，可得

$$R_H = \frac{1}{nq} \qquad (7\text{-}30)$$

式（7-30）表明，R_H 与载流子的浓度有关。因此通过霍尔系数的测定，可以确定导体内载流子的浓度。实验测得半导体内载流子的浓度远比金属中的载流子浓度小，所以半导体的霍尔系数比金属大得多；而且半导体内载流子的浓度受温度、杂质以及其他因素的影响很大，因此霍尔效应为研究半导体载流子的浓度变化提供了重要的方法。

式（7-30）还表明，霍尔电压的正负与载流子的电荷正负有关。半导体有电子型（n型）和空穴型（p型）两种，前者载流子为电子，后者载流子为"空穴"，相当于是带正电的粒子。因此通过判断霍尔电压的正负，可以判断载流子的种类，确定半导体的导电类型。

利用半导体的霍尔效应制成的器件称为霍尔元件。霍尔元件通常是一个小的长方形的锗片，在其四边焊接有四个引线，其中一对引线用以送入电流，另一对引线用以输出霍尔电势差。近年来，霍尔效应和霍尔元件在科学技术的许多领域中得到了广泛应用。例如，利用霍尔效应测量电路中的强电流进行信号转换等。目前霍尔效应在自动控制和计算技术等方面的应用越来越多。

思考与讨论

磁流体发电是 20 世纪 50 年代末开始进行实验研究的一项新技术。如图 7-27 所示，

由燃料，例如油、煤气或原子能反应堆等加热所
产生的等离子体，温度约为 $3 \times 10^3\,\mathrm{K}$，以大约
1000m/s 的速度通过处于磁场和电场中的高温材
料制成的导电管，就会在导电管的两侧电极上产
生电势差，这也就是所谓的"磁流体发电"。试分
析其基本原理。

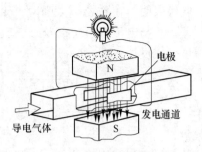

图 7-27　磁流体发电

分析： 如图 7-27 所示，在发电通道的两侧有
磁极产生磁场，等离子体以超音速进入发电通道
时，等离子体中带有正、负电荷的高速粒子，在
磁场中受到洛伦兹力的作用，分别向电极的两极偏移，在两电极间就会有电动势产生。将
正负电极通过外接负载连接起来，就可以得到电功率输出，这样得到的是直流电。直流电
还可以经过转换变成交流电，送入电网供电。因此，磁流体发电实际上就是霍尔效应在能
源技术上的应用[3]。

7.5　本章重点总结

7.5.1　磁场和磁场强度

磁场是存在于磁铁或者电流周围的一种客观存在的物质。

磁感应强度 B 是描述磁场的物理量，为矢量。它的方向，为磁场中某点小磁针静止
时的 N 极指向，它的大小定义为

$$B = \frac{F_{\max}}{IL}$$

即通电导线受到的最大安培力 $F_{\max}$ 与通电电流大小 I 和导线长度 L 的乘积 IL 的比值。

7.5.2　毕奥–萨伐尔定律

$$\mathrm{d}\boldsymbol{B} = \frac{\mu_0}{4\pi} \cdot \frac{I\mathrm{d}\boldsymbol{l} \times \boldsymbol{r}}{r^3}$$

利用毕奥–萨伐尔定律给出以下几种典型磁场。

（1）载流直导线的磁场：

$$B = \frac{\mu_0 I}{4\pi a}(\cos\theta_1 - \cos\theta_2)$$

无限长载流直导线的磁场： $\quad B = \dfrac{\mu_0 I}{2\pi a}$

半无限长载流直导线的磁场： $\quad B = \dfrac{\mu_0 I}{4\pi a}$

（2）载流圆线圈轴线上的磁场：

$$B = \frac{\mu_0 I R^2}{2(R^2 + x^2)^{3/2}}$$

圆形电流圆心处的磁场：

$$B = \frac{\mu_0 I}{2R}$$

圆弧形载流线圈圆心处磁场：

$$B = \frac{\mu_0 I}{2R} \cdot \frac{\theta}{2\pi}$$

（3）载流空心长直螺线管中部磁场：

$$B = \mu_0 n I$$

7.5.3 基本场方程

（1）高斯定理：

$$\oint_S \boldsymbol{B} \cdot \mathrm{d}\boldsymbol{S} = 0 \,(\text{表明磁场是无源场})$$

（2）安培环路定理：

$$\oint_L \boldsymbol{B} \cdot \mathrm{d}\boldsymbol{l} = \mu_0 \sum_L \boldsymbol{I}_i \,(\text{表明磁场是涡旋场})$$

7.5.4 磁场对通电导线的作用

（1）载流导线在磁场中受到的安培力大小：

$$F = ILB\sin\theta$$

式中，θ 为载流导线与磁场方向之间的夹角。

（2）载流平面线圈在均匀磁场中受到的磁力矩大小：

$$M = NBIS\sin\varphi$$

式中，φ 为线圈平面的法向单位矢量 $\boldsymbol{n}$ 与磁场方向之间的夹角。

7.5.5 磁场对运动电荷的作用

（1）洛伦兹力：

$$f = qvB\sin\theta$$

式中，θ 为带电粒子运动方向与磁场方向之间的夹角。

（2）霍尔效应：

霍尔电势差
$$U_{\mathrm{H}} = R_{\mathrm{H}} \frac{BI}{d} = \frac{1}{nq} \frac{BI}{d}$$

习题

在线答题

7-1 关于磁感线下列说法中正确的是（   ）。

　　A. 磁感线是磁场中实际存在的线

　　B. 磁感线是没有起点和终点的闭合曲线

　　C. 由于磁场弱处磁感线疏，因此两条磁感线之间没有磁感线的地方没有磁场

　　D. 磁场中的磁感线有时会相交

7-2（多选题）关于电场线和磁感线的说法，下列叙述正确的是（   ）。

　　A. 相同点1：线的疏密程度都反映了场的强弱

B. 相同点 2：线上某点的切线方向表示该点电场或磁场的方向

C. 相同点 3：任意两条场线不能相交

D. 不同点 1：电场线有头有尾，始于正电荷（或无穷远），止于负电荷（或无穷远），而磁感线是无头无尾的闭合曲线

E. 不同点 2：电场力的方向与电场线切线平行，磁场力的方向与磁感线切线垂直

7-3 如图 7-28 所示，匀强磁场中矩形线圈 abdc 绕 OO′ 轴匀速转动，下列说法中正确的是（　　）。

A. 从图示位置转过 90° 的过程中，穿过线圈的磁通量不断减小

B. 从图示位置转过 90° 的过程中，穿过线圈的磁通量不断增大

C. 从图示位置转过 180° 的过程中，穿过线圈的磁通量无变化

D. 从图示位置转过 360° 的过程中，穿过线圈的磁通量无变化

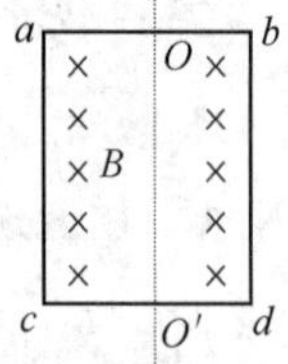

图 7-28　题 7-3 图

7-4 如图 7-29 所示，磁感应强度 B 的匀强磁场中放置一个标准球面，若球面半径为 R，则通过该球面的磁通量为（　　）。

A. $4\pi R^2 B$　　　　B. $2\pi R^2 B$　　　　C. $\pi R^2 B$　　　　D. 0

7-5 已知匀强磁场的磁感应强度为 0.5T，一边长为 2×10^{-2}m 的正方形线圈置于该磁场中，求：当线圈平面和磁场方向垂直时，穿过线圈平面的磁通量。

7-6 如图 7-30 所示，一矩形线圈的面积为 2×10^{-2}m²，在匀强磁场中与磁感线之间的夹角为 30°，穿过其中的磁通量 $\Phi = 4.0\times10^{-3}$Wb，求该磁场的磁感强度的大小。

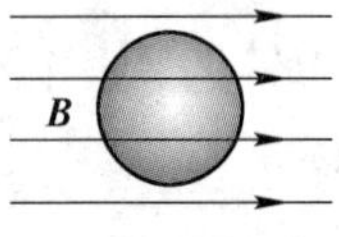

图 7-29　题 7-4 图

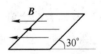

图 7-30　题 7-6 图

7-7 图 7-31 为四种载流导体在磁场中的情形，其中电流 I、磁感应强度 B、磁场力 F 三者的方向标注正确的是（　　）。

A

B

C

D

图 7-31　题 7-7 图

7-8 把长 20cm，通有 3A 电流的直导线放入磁感应强度为 1.2T 的匀强磁场中。当电流方向与磁场方向垂直时，导线所受的安培力为（　　）。

A. 0.36N　　　　B. 0.72N　　　　C. 0.18N　　　　D. 0N

7-9 如图 7-32 所示，将通电导线圆环平行纸面缓慢地竖直向下放入水平方向垂直纸面向里的匀强磁场中，则在通电圆环完全进入磁场的过程中，所受的安培力大小（　　）。

A. 逐渐变大　　　　　　　　　B. 先变大后变小

C. 逐渐变小　　　　　　　　　D. 先变小后变大

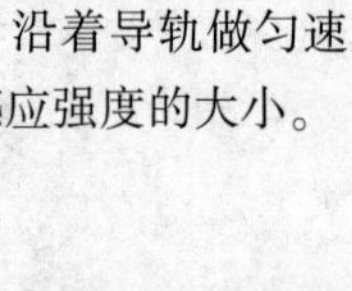

图 7-32　题 7-9 图

7-10 如图 7-33 所示，ab，cd 为相距为 2m 的两根平行金属导轨，水平放置在垂直纸面向内的匀强磁场中。质量为 3.6kg 的金属棒 MN 通以 5A 的电流时，棒 MN 沿着导轨做匀速直线运动；当棒中的电流增大到 8A 时，棒获得 2m/s² 的加速度，求匀强磁场磁感应强度的大小。

图 7-33　题 7-10 图

7-11　如图 7-34 所示，竖直向上的匀强磁场磁感应强度大小为 0.4T，一段长为 1m 的通电导线放置在该磁
　　　场中。已知导线与水平方向之间的夹角 $\theta = 37°$，导线中电流 $I = 0.5A$，则此导线受到的安培力大小
　　　为多少？

图 7-34　题 7-11 图

7-12　图 7-35 所示为自由小磁针静止时 N 极指向通电螺线管，试标出电源的正负极。

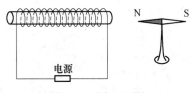

图 7-35　题 7-12 图

7-13　请确定图 7-36 中螺线管的 N 极和 S 极。

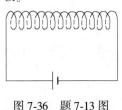

图 7-36　题 7-13 图

7-14　如图 7-37 所示，两条平行的高压输电线，相距 40cm，分别载有 50A 电流，且电流方向相反。试
　　　计算两条输电线距离的中点 P 处的磁感应强度 B。若两条输电线中的电流方向相同，情况又如
　　　何呢？

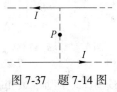

图 7-37　题 7-14 图

7-15　在同一平面内，一段无限长的导线弯成如图 7-38 所示的形状，3/4 圆的半径为 R，$cd /\!/ ba$。设导线中
　　　的电流为 I，求圆心 O 处的磁感应强度。

7-16　在同一平面内，一段无限长的导线弯成如图 7-39 所示的形状，两个半圆的半径分别为 R_1 和 R_2。设
　　　导线中的电流为 I，求圆心 O 处的磁感应强度。

7-17　在同一平面内，一段无限长的导线弯成如图 7-40 所示的形状，大半圆的半径为 R_1，小半圆的半径

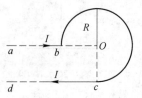

图 7-38   题 7-15 图

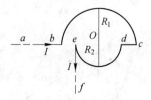

图 7-39   题 7-16 图

为 R_2。设导线中的电流强度为 I，求圆心 O 处的磁感应强度。

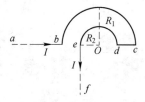

图 7-40   题 7-17 图

7-18 如图 7-41 所示，载流线框位于两个磁极之间，如果按图中标注的方向通入电流，线框将（   ）运动。

    A. 从上往下看顺时针转动　　　　B. 向外平动

    C. 从上往下看逆时针转动　　　　D. 静止不动

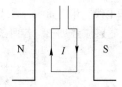

图 7-41   题 7-18 图

7-19 有一个长 0.20m、宽 0.10m 的矩形线圈，共 10 匝，放在磁感应强度为 $1.5×10^{-2}$T 的匀强磁场中。给线圈通以 2.0A 的电流，求线圈受到的最大磁力矩是多少。

7-20 图 7-42 所示的各种情况中，运动电荷不受洛伦兹力作用的是（   ）。

7-21 α粒子，即氦原子核（带两个单位正电荷）以 $3×10^7$m/s 的速率垂直入射进入磁场，已知磁场的磁感应强度为 2T，求 α 粒子受到的洛伦兹力的大小。

7-22 来自宇宙的质子流，以与地球表面垂直的方向射向赤道上空的某一点，则这些质子在进入地球周围

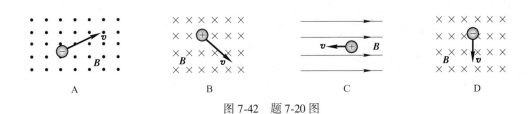

图 7-42　题 7-20 图

空间时，将（　　）。

　　A. 竖直向下沿直线射向地球　　　　B. 相对于预定地面向东偏转

　　C. 相对于预定点稍向西偏转　　　　D. 相对于预定点稍向北偏转

7-23（多选题）电子以一定的初速度垂直进入磁场，则（　　）。

　　A. 磁场对电子的作用力始终不变

　　B. 磁场对电子的作用力始终不做功

　　C. 电子的动量始终不变

　　D. 电子的动能始终不变

7-24 一个带电粒子，沿垂直于磁场的方向射入一个匀强磁场，粒子的一段运动轨迹如图 7-43 所示，轨迹上的每一小段可近似看成是圆弧。由于带电粒子使沿途空气电离，粒子的能量逐渐减小，但带电量不变，从图中可以看出（　　）。

　　A. 粒子从 a 到 b，带正电　　　　B. 粒子从 b 到 a，带正电

　　C. 粒子从 a 到 b，带负电　　　　D. 粒子从 b 到 a，带负电

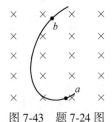

图 7-43　题 7-24 图

7-25 真空中同时存在着竖直向下的匀强电场和垂直纸面向里的匀强磁场，三个带有等量同种电荷的油滴 a、b、c 在场中做不同的运动：a 向左做匀速直线运动，b 静止，c 向右做匀速直线运动，据此可判断出三个油滴质量之间的大小关系为（　　）。

　　A. a 最大　　　　B. b 最大　　　　C. c 最大　　　　D. 都相等

7-26（多选题）一带正电荷的微粒，不计重力作用，穿过如图 7-44 所示的匀强电场和匀强磁场区域，恰好能沿直线运动。现欲使电荷向上偏转，可以采取的办法有（　　）。

　　A. 减小电荷质量　　　　　　　　　B. 减小电荷电量

　　C. 增大入射速度　　　　　　　　　D. 减小磁感应强度

　　E. 增大电场强度

7-27 一个电子在匀强磁场中运动而不受磁场力的作用，则电子的运动方向是（　　）。

　　A. 平行于磁场方向

　　B. 垂直于磁场方向

　　C. 既不垂直于磁场方向，又不平行于磁场方向，而是和磁场方向成一定夹角

　　D. 既不垂直于磁场方向，又不平行于磁场方向，而是和磁场方向成任意夹角

7-28 电子以 1.6×10^6 m/s 的速度沿着与磁场垂直的方向射入磁感应强度 $B = 2.0 \times 10^{-4}$ T 的匀强磁场中，求

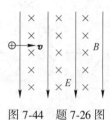

图 7-44　题 7-26 图

电子做匀速圆周运动的轨道半径和周期。

7-29　每过 11 年，太阳的黑子就会大爆发，因为黑子有很强的磁场，对地面的无线电通讯会造成很大干扰。现测得黑子磁场的磁感应强度为 0.5T，若一个电子以 6.0×10^5 m/s 的速率垂直进入这个磁场，且假定磁场为均匀磁场，求它受到的洛伦兹力的大小和回旋半径。

7-30　一个半导体霍尔元件，通过电流大小为 I，放入磁场中，磁感应强度为大小为 B，如图 7-45 所示。实验测得在 CD 面上产生的霍尔电压数值 $U_{CD}<0$，那么该半导体材料是 n 型的还是 p 型的？

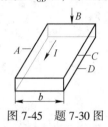

图 7-45　题 7-30 图

7-31　为了使霍尔效应有较高的灵敏度，是选用粒子浓度大的金属材料还是选用粒子浓度小的半导体材料呢？

 内容选读

安 培 介 绍

安德烈·玛丽·安培（André-Marie Ampère），里昂人，法国物理学家、化学家和数学家。安培在电磁作用方面的研究成就卓著，电流的国际单位安培即以其姓氏命名。

1775 年安培出生在法国里昂，据说他在很小的时候就被发现才智出众。安培的父亲一开始曾教他学习拉丁文，但很快就发现安培的数学才能尤为出众，就转教其数学。但安培为了学习欧拉与伯努利的著作，还是坚持完成了拉丁文的学习。安培后来回忆说，他的所有数学知识在 18 岁的时候就已经基本完成了。安培的兴趣很广泛，对历史、旅行、诗歌、哲学及自然科学等方面都有涉猎。

André-Marie Ampère
（1775～1836）

1801 年安培被聘为博各学院物理学与化学教授，和年幼的儿子及生病的妻子分离。

1802 年安培在布雷斯地区布尔格中央学校任物理学和化学教授。

1804 年安培开始在巴黎科技工艺学校（Polytechni School）任教，并在 1807 年成为那里的数学教授。在此期间，他发表了一些概率论及数学分析方面的论文。

1808 年安培被任命为法国帝国大学总学监，此后一直担任此职。

1814 年安培被选为帝国学院数学部成员。

1819 年安培主持巴黎大学哲学讲座。

1820 年，奥斯特发现电流磁效应，安培马上集中精力研究，几周内就提出了安培定则即右手螺旋定则。随后很快在几个月之内连续发表了 3 篇论文，并设计了 9 个著名的实验，总结了载流回路中电流元在电磁场中的运动规律，即安培定律。

1821 年安培提出分子电流假设，第一次提出了电动力学这一说法。

1824 年安培担任法兰西学院实验物理学教授。

1836 年，安培于法国去世。

安培一生的主要成就为：

（1）发现安培定则。奥斯特发现电流具有磁效应的实验，引起了安培的注意，使他受到了极大震动。之后他集中精力研究，两周后就提出了磁针转动方向和电流方向的关系即遵从右手定则的报告，后被人们命名为安培定则。安培定则是表示电流和电流激发磁场的磁感线方向间关系的定则，也叫右手螺旋定则。

（2）发现电流的相互作用规律。安培还提出了电流方向相同的两条平行导线之间互相吸引，电流方向相反则相互排斥，并对它们之间的吸引和排斥也做了讨论。

（3）发明电流计。安培发现，电流在线圈中流动时表现出来的磁性和磁铁相似，于是他创制出第一个螺线管，在此基础上发明了探测和量度电流的电流计。

（4）提出分子电流假说。安培根据磁是由运动电荷产生的观点来说明地磁的成因和物质的磁性，提出了著名的分子电流假说。他认为构成磁体的分子内部存在着一种环形电流——分子电流。分子电流的存在使得每个分子成为一个小磁体，两侧相当于是两个磁极。通常情况下，分子电流取向杂乱无章，它们产生的磁场互相抵消，对外不显磁性。当有外界磁场作用时，分子电流的取向大致相同，对外显示出宏观磁性。安培分子电流假说在当时对物质结构知之甚少的情况下无法证实，它带有相当大的臆测成分。随着科学技术的发展，安培分子电流假说逐渐得到了证实，已成为认识物质磁性的重要依据。

（5）总结出安培定律。安培做了关于电流相互作用的四个精巧的实验，并运用高度的数学技巧总结出电流元之间作用力的定律，描述两电流元之间的相互作用同两电流元的大小、间距以及相对取向之间的关系，后来人们把这个定律称为安培定律。安培第一个把研究动电的理论称为"电动力学"，1827 年安培将他的电磁现象的研究综合在《电动力学现象的数学理论》一书中，这是电磁学史上一部重要的经典论著。为了纪念他在电磁学上的杰出贡献，电流的单位"安培"以他的姓氏命名。

（6）数学和化学方面的贡献。安培曾研究过概率论和积分；他几乎与 H. 戴维同时认识元素氯和碘，导出过阿伏伽德罗定律，还试图寻找各种元素的分类和排列顺序关系。

安培的研究综合在《电动力学现象的数学理论》一书，是电磁学史上一部重要的经典论著。安培还是发展测电技术的第一人，他用自动转动的磁针制成测量电流的仪器，以后经过改进称为电流计。安培一生，只有很短的时期从事物理工作，可是他却能以独特的、透彻的分析，论述带电导线的磁效应，被麦克斯韦称赞为"电学中的牛顿"。

8 电磁感应 电磁波

前面介绍的是静电场和恒定磁场，它们都是不随时间变化的场。实际上，电场和磁场之间有着密切联系。英国科学家法拉第（M. Faraday）经过十年的不懈努力，终于在 1831 年首次发现了电磁感应现象。电磁感应现象的发现意义重大，使人类有可能进入电气化时代。实际上，今天的人类已经离不开电。我们在生活中使用电磁炉烧水、做饭；我们使用电动机来驱动各种机器工作；还有输电用的变压器以及许多的自动控制装置，它们的设计基础，其实都是基于电磁感应现象。本章我们将学习电磁感应和电磁波的相关内容，重点是电磁感应现象及其基本规律、自感和互感现象、电磁振荡和电磁波的有关知识。

8.1 电磁感应定律

8.1.1 电磁感应现象

1820 年奥斯特发现电流的磁效应，从一个侧面打破了长期以来人们认为电和磁是相互独立的观点。基于自然界的对称性原理，人们自然就联想，磁场是否也能产生电流呢？许多科学家为此做了大量艰苦细致的工作，但都没有获得成功。英国科学家法拉第深信磁一定能生电，经过十年的不懈努力，终于在 1831 年 8 月 29 日，第一次发现了因磁场变化而产生感应电流的"磁生电"现象。

如图 8-1 所示，法拉第把两个线圈绕在同一个铁环上，其中一个线圈接电源，另一个线圈接入电流表。当给一个线圈通电或者断电的瞬间，另一个线圈中出现了电流。之后，法拉第又设计并动手做了许多"磁产生电"的实验，比如，闭合回路中的一部分导体做切割磁感线运动时，回路中会产生电流；当把磁铁的某一个磁极插入导体线圈，或从线圈中拔出时，线圈中就会产生感应电流，等等。经过十年的不懈研究，法拉第得出这样一个结论：当穿过闭合导体回路的磁通量发生变化时（不论这种变化是由什么原因引起的），回路中就会有电流产生，这种现象称为**电磁感应现象**。回路中产生的电流叫做**感应电流**，相应的电动势称为**感应电动势**。

图 8-1 法拉第用过的线圈

8.1.2 电磁感应条件

电磁感应现象产生的条件是什么呢？下面我们通过分析法拉第实验进行总结。法拉第实验中两个线圈是同时绕在一个铁环上的，一个接电源，一个接电流表。只有当给线圈通电或者断电的瞬间，另一个线圈中才会产生感应电流；而在中间过程中，也就是其中一个线圈电流稳定的状态下，另一个线圈中是没有感应电流的。究竟是什么导致了电磁感应现象的发生呢？我们就要考虑其中一个通电线圈在电流通断的瞬间变化的量是什么？通电线圈通电瞬间，电流在另一个线圈中建立磁场，并且这个磁场从无到有，所以穿过此线圈的磁通量必然也是从无到有不断增大，这时出现了感应电流；之后，通电线圈中电流稳定，在另一个接有电流表的线圈中产生的磁场也就随之稳定，穿过此线圈的磁通量也就不再发生变化，此时便没有感应电流；而当再次断开通电线圈时，线圈中电流从有到无发生突变，此线圈中电流激发的磁场也是从有到无，导致穿过另一个线圈的磁通量随之也是由大变小，直至变为零，又出现了感应电流。由此可见，产生电磁感应现象的条件是：闭合回路中的磁通量发生变化。要想使回路中的磁通量发生变化，不外乎有两种方式：一种是磁场不变，导体在磁场中运动，这种情况下产生的感应电动势叫做**动生电动势**；一种是导体不动，磁场发生变化，这种情况下产生的感应电动势叫做**感生电动势**。

典型的产生动生电动势的电磁感应实验，为闭合回路中的导体在磁场中运动。可以产生感生电动势的实验，比如上述的法拉第实验，再比如闭合导体回路附近有磁铁与之发生相对运动，或导体回路在磁场中转动等，都可以发生电磁感应现象，进而在闭合回路中形成感应电流。虽然这些实验中，引起感应电流产生的原因似乎不同，但是仔细分析，其本质都是闭合回路磁通量发生变化，并且实验中磁通量变化越快，产生的感应电流就越大；磁通量变化越慢，产生的感应电流就越小。

电磁感应现象的发现为电和磁之间的相互转化铺平了道路，在工程以及生活中很多发明都是根据电磁感应原理制成的，比如我们熟知的发电机、电磁炉以及将来肯定要普及的无接触式充电电池，等等。

（1）钢梁结构检测仪。钢梁结构检测仪就是电磁感应现象在工程上的一种具体应用。其基本工作原理如图 8-2 所示，检测时只需要将该仪器套在钢梁上，然后给 B 线圈通电，让该仪器沿着钢梁移动。由于通电螺线管磁场的强弱跟它内部的铁磁体有关，因此当仪器移动到钢梁结构不均匀的地方时，B 线圈产生的磁场强弱就会发生变化，随之 H 线圈中的磁通量也会随之发生变化，产生感应电流，H 线圈中的检流计的指针就会摆动。

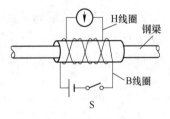

图 8-2　钢梁结构检测仪

（2）火车位置的测定。利用电磁感应现象还可以确定火车的位置。如图 8-3 所示，磁铁被安装在了火车首节车厢的下面，当火车车头经过轨道间的线圈时，由于火车车头上的磁铁相对于轨道有相对运动，导致车头经过的地方底部轨道线圈中的磁通量发生变化，进而产生感应电流，将此信号送入控制中心，人们就可以知道火车此刻的确切位置[3]。

【例题 8-1】

如图 8-4 所示，闭合线圈 abcd 的平面跟磁感线方向平行。试问以下哪种情况下会有

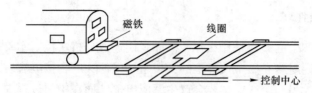

图 8-3　火车位置的测定

感应电流产生？为什么？

(1) 线圈沿着磁感线方向移动

(2) 线圈垂直磁感线运动

(3) 线圈以 bc 边为轴由前向上转动

(4) 线圈以 cd 边为轴由前向右转动

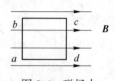

图 8-4　磁场中
的闭合线圈

分析：本题的难点在于判断哪种情况下闭合线圈的磁通量会发生变化。四种情况中，其中前三种磁通量都不发生变化，所以没有感应电流产生，只有第四种情况，磁通量是从无到有的，线圈中将产生感应电流。

8.1.3　感应电流的方向

1834 年，楞次在大量实验的基础上，提出了判定感应电流方向的方法，即**楞次定律**。楞次定律指出：闭合导体回路中的感应电流的方向，总是使得它所激发的磁场去阻碍引起感应电流的磁通量的变化，或者说感应电流的效果总是反抗引起感应电流的原因。

如图 8-5 中磁铁和线圈之间发生了相对运动，此时就会有感应电流产生，而感应电流的方向可以根据楞次定律来进行判断。如图 8-5a 中，把磁铁的 N 极插入闭合线圈中时，穿过线圈的磁通量从无到有，不断增加。根据楞次定律，感应电流产生的磁场要阻碍磁通量的这种变化，所以感应电流产生的磁场方向应该是和原磁场方向相反的，如图中的虚线部分所示，再根据右手螺旋定则，我们就可以判断出感应电流的方向了。同理如图 8-5b 中，当把磁铁的 N 极从闭合线圈中抽离的时候，穿过线圈的磁通量从有到无，不断减少。那么感应电流激发的磁场是要阻碍磁通量的这种变化的，所以感应电流产生的磁场方向和原磁场方向是相同的，如图中的虚线部分所示，再根据右手螺旋定则我们也就可以判断出此时螺线管内的感应电流的方向了。

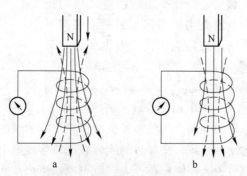

图 8-5　磁铁与线圈相对运动

a—磁铁插入闭合线圈；b—磁铁抽离闭合线圈

应当注意的是，感应电流产生的磁场阻碍的是磁通量的变化，不是磁通量本身。另外，阻碍也并不意味着抵消。

楞次定律可以用能量守恒的观点予以解释。比如在上面的例子中，不论磁铁是靠近还是远离线圈，线圈回路中都产生了感应电流，因而电路中就一定会有电能消耗，放出焦耳热。那么，这些能量是从哪里来的呢？事实上，当图 8-5 中的线圈中有感应电流通过时，它就相当于是一个电磁铁。当磁铁靠近线圈时，线圈靠近磁铁的一端出现的是与磁铁同性的磁极；当磁铁远离线圈时，线圈靠近磁铁的一端出现与磁铁异性的磁极。由于同性磁极相互排斥，异性磁极相互吸引，所以无论是使磁铁靠近还是远离线圈，都必须要克服它们之间的阻力做功。做功的结果就是消耗了其他形式的能量，在线圈中产生了感应电流，也就是获得了电能。所以，电磁感应现象发生时，是不同形式的能量之间进行了转换，这个过程符合能量守恒定律。楞次定律其实是能量守恒定律的一种表现。

楞次定律是一个具有普遍意义的定律，它可以判定各种电磁感应现象中感应电流的方向。运用楞次定律判断感应电流方向时，可以按照以下步骤：

（1）确定回路中原磁场的方向。

（2）确定闭合回路的原磁通量的变化情况，判断磁通量是增加了还是减少了。

（3）根据楞次定律判定感应电流所激发的磁场方向：原磁通量增加时两磁场方向相反，原磁通量减少时两磁场方向相同，即"增反减同"。

（4）利用安培定则给出感应电流的方向。

【例题 8-2】

在图 8-6 所示的实验中，导体 AB 棒做切割磁感线运动，问 AB 棒上产生的感应电流 I 的方向如何？

分析：根据上述步骤应用楞次定律判断感应电流方向。

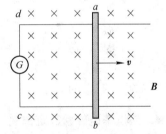

图 8-6 导体 AB 切割磁感

解：分步进行分析判定感应电流 I 的方向。

（1）闭合回路原磁场方向为垂直纸面向里。

（2）AB 棒向右做切割磁感线运动时，闭合回路 abcd 的面积逐渐增大，通过此闭合回路的磁通量也逐渐增大。

（3）根据楞次定律，闭合回路 abcd 中产生的感应电流的磁场方向应该是和原磁场方向相反的，所以应该是垂直纸面向外的。

（4）利用安培定则可以判定感应电流 I 的方向为逆时针方向，所以 AB 棒上的感应电流方向是 b→a。

以上是利用楞次定律判定感应电流方向的实例。其实对于上述闭合回路中一部分导体切割磁感线运动时所产生的感应电流的方向，我们还可以利用**右手定则**进行判断。右手定则的内容是：伸开右手，使大拇指与其余四指垂直，且都跟手掌在一个平面内，让磁感线垂直穿过手心，拇指指向导线运动的方向，则四指的指向就是感应电流的方向。如图 8-7 所示，此时利用右手定则就很容易判定出 AB 棒上的感应电流方向为 b→a。

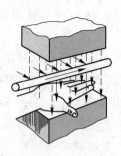

图 8-7 右手定则判定感应电流方向

实际上，右手定则和楞次定律在本质上是一致的。但导体做切割磁感线运动时，用右手定则判定感应电流方向更简便。

【例题 8-3】

如图 8-8 所示，把磁铁的 S 极靠近金属圆环时，试用楞次定律判定金属环中感应电流的方向；如果磁体的 S 极从金属圆环附近移开，此时感应电流的方向又是怎样的呢？

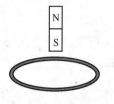

图 8-8 磁铁靠近金属圆环

分析：根据前述步骤应用楞次定律判断感应电流方向。

解：利用以上楞次定律判定感应电流的方法和步骤进行分析，得出靠近金属环时，金属环中产生的感应电流的方向是顺时针的；当磁铁远离金属环时，金属环中产生的感应电流的方向是逆时针的。

8.1.4 法拉第电磁感应定律

穿过闭合回路的磁通量发生变化，电路中就会产生感应电流。既然电路中有感应电流，电路中就一定有电动势。说到底，电磁感应的直接结果是产生了电动势，这个电动势就叫做**感应电动势**，产生电动势的那部分导体就相当于是电源。如果电路没有闭合，这时虽然没有感应电流，但是感应电动势是依然存在的。那么，感应电动势的大小和哪些因素有关呢？

法拉第（M. Faraday）分析了大量实验，对电磁感应现象进行定量研究，1831 年得出以下结论：**当穿过闭合导体回路的磁通量发生变化时，回路中产生的感应电动势的大小与磁通量对时间的变化率成正比**。国际单位制中，这一规律可以表示为

$$\varepsilon_i = -\frac{d\Phi}{dt} \tag{8-1}$$

这个结论就叫做法拉第电磁感应定律。式（8-1）中，负号表示电动势的方向，实质上是楞次定律的数学表述，即感应电动势的方向服从楞次定律。将法拉第电磁感应定律和楞次

定律结合起来，得到既反映电动势大小又反映电动势方向的电磁感应定律。

为了得到较大的感应电动势，通常可以采用多匝线圈。当每匝线圈的磁通量变化率相同时，总电动势为

$$\varepsilon_i = - N \frac{\mathrm{d}\Phi}{\mathrm{d}t} \qquad (8-2)$$

式中，N 为线圈的匝数。

设闭合回路的电阻为 R，由欧姆定律，则回路中的感应电流为

$$I_i = - \frac{N}{R} \frac{\mathrm{d}\Phi}{\mathrm{d}t} \qquad (8-3)$$

式（8-3）中的负号和式（8-1）中的负号具有相同的意义。

【例题 8-4】

如图 8-9 所示，将一条形磁铁插入某个闭合线圈，第一次用时 0.05s，第二次用时 0.1s。设插入方式相同，试求：

（1）两次线圈中的平均感应电动势之比。

（2）两次线圈中的感应电流之比。

分析：感应电动势可以根据法拉第电磁感应定律进行求解。

解：（1）因为时间极短，根据法拉第电磁感应定律，两次线圈中的平均感应电动势之比为：

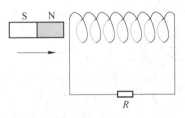

图 8-9 条形磁铁插入闭合线圈

$$\varepsilon_{i1} : \varepsilon_{i2} = \frac{\Delta\Phi}{\Delta t_1} : \frac{\Delta\Phi}{\Delta t_2} = \frac{\Delta t_2}{\Delta t_1} = 2 : 1$$

（2）根据欧姆定律，两次线圈中的感应电流之比也即感应电动势之比，即 2：1。

由法拉第电磁感应定律，可以推导出直导线做垂直切割磁感线运动时所产生的动生电动势的大小，见例题 8-5。

【例题 8-5】

矩形导体线框一边 ab 长为 l，可以自由平行滑动。整个矩形线框回路放在磁感应强度大小为 B、方向与其平面垂直的均匀磁场中，如图 8-10 所示，若导线 ab 以恒定的速率 v 向右运动，求闭合回路中产生的感应电动势。

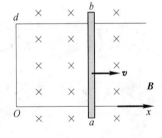

图 8-10 磁场中运动的导体

解：以固定边的位置为坐标原点，向右为 Ox 轴正方向，设 t 时刻 ab 杆的位移为 x，则该时刻穿过闭合回路 $baOd$ 的磁通量为

$$\Phi = BS = Blx$$

当导体棒 ab 匀速向右移动时，穿过该回路的磁通量必将发生变化，回路中产生感应电动势，感应电动势的大小根据法拉第电磁感应定律为

$$E_i = \left| - \frac{\mathrm{d}\Phi}{\mathrm{d}t} \right| = \left| - Bl \frac{\mathrm{d}x}{\mathrm{d}t} \right| = Blv$$

感应电动势的方向可以由楞次定律给出，为由 $a \rightarrow b$。

分析表明，即使图中没有金属框，导体棒 ab 单独做如图所示的切割磁感线运动时，

仍然会产生大小为 Blv 的感应电动势，其方向同样是由 a 到 b。以后这个结论对于导体棒切割磁感线这种情况是可以直接使用的，但是要注意使用条件是：$\boldsymbol{B}$、$\boldsymbol{v}$ 以及导体棒放置方向三者必须相互垂直。

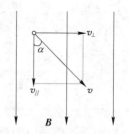

图 8-11   导线运动方向和
磁场方向不垂直

如果直导线运动方向与磁感线方向不垂直，而是有一定的夹角 α，如图 8-11 所示。此时可以将导体棒的速度进行分解，分解为与磁感线方向垂直的速度分量和与磁感线方向平行的速度分量。其中只有与磁感线方向垂直的速度分量 $v_\perp$ 产生感应电动势有作用，所以此种情况下，产生的感应电动势的大小为 $\varepsilon_i = Blv_\perp = Blv\sin\alpha$。

【例题 8-6】

如图 8-12 所示是一个水平放置的导体框架，宽度 $L = 0.50\text{m}$，接有电阻 $R = 0.20\Omega$。设匀强磁场和框架平面垂直，磁感应强度大小 $B = 0.40\text{T}$，方向如图所示。今有一个导体棒 ab 放在框架上，且能无摩擦地沿框架滑动。框架电阻及导体棒 ab 电阻均不计。当 ab 在外力作用下以 $v = 4.0\text{m/s}$ 的速率向右滑动时，试求：

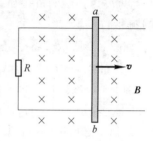

图 8-12   磁场中的矩形框架

（1）导体 ab 上产生的感应电动势的大小；

（2）回路中感应电流的大小和方向；

（3）金属棒受到的安培力的大小和方向。

分析：做切割磁感线运动的导体长度、切割速度和磁感应强度已知，可直接运用公式求解感应电动势的大小，再用欧姆定律可求出闭合回路的感应电流，最后求出安培力。

解：（1）导体棒 ab 上的感应电动势的大小为

$$\varepsilon_i = BLv = 0.40 \times 0.50 \times 4.0 = 0.8\text{V}$$

（2）导体棒 ab 相当于电源，由欧姆定律得出感应电流大小为

$$I_i = \varepsilon_i/R = 0.8/0.2 = 4.0\text{A}$$

根据楞次定律可知回路感应电流的方向为逆时针方向。

（3）ab 棒受到的安培力大小为

$$F = BIL = 0.40 \times 4.0 \times 0.50 = 0.8\text{N}$$

根据左手定则，可判定出安培力的方向向左。

8.2   自感和互感

法拉第电磁感应定律指出，当穿过一个闭合回路的磁通量发生变化时，回路中就会产生感应电动势。大多数情况下，磁通量的变化是由电流变化引起的。在这一节中我们将进一步讨论线圈中由于电流变化引起的感应现象。

8.2.1   自感现象

当一个线圈中的电流发生变化时，它所激发的磁场通过自身的磁通量也随之发生变化，这就使得线圈自身产生感应电动势。这种因回路中电流变化而在自身回路中产生感应

电动势的现象叫做**自感现象**，所产生的电动势叫做**自感电动势**。

自感现象可以通过下述实验进行观察。如图 8-13 所示的电路中，*A* 和 *B* 是两个相同的灯泡，*L* 是一个线圈。实验前调节 *R* 使它的电阻等于线圈的电阻，这样就可以保证两个支路的电阻相等。接通开关 *K* 的瞬间，尽管两个灯泡是同时与电源相联的，但我们会发现灯泡 *A* 比灯泡 *B* 先亮，即灯泡 *B* 比灯泡 *A* 后达到稳定的相同的亮度。为

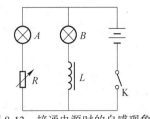

图 8-13 接通电源时的自感现象

什么会出现这样现象呢？这个实验现象可以这样理解：因为灯泡 *B* 与线圈串联，当流过它的电流"从无到有"增加时，穿过线圈的磁通量也随之增加；根据楞次定律，线圈中的自感电动势必然要阻碍电流的这种增加，从而使得灯泡 B 亮得要缓慢些。

切断电源时的自感现象可以由图 8-14 进行观察。把灯泡 *A* 和带铁芯的线圈 *L* 并联后接在直流电源上。当断电时我们就会发现，灯泡 *A* 并不是马上熄灭。那么，为什么会出现这种现象呢？这是因为断开电路的瞬间，通过线圈的电流迅速减弱直至为零，线圈中的磁通量突然减小，在线圈 *L* 中激起较大的自感电动势，阻碍电流的这种减小，力图维持原电流不变。但由于开关 *K* 已经断开，只能在两个

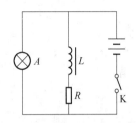

图 8-14 切断电源时的自感现象

支路间形成电流回路，所以断电后灯泡并不马上熄灭。

自感电动势是感应电动势的一种，它也跟线圈中磁通量的变化率成正比。在自感现象中，磁场是由电路中的电流激发的，线圈中磁通量的变化率跟通过线圈中电流的变化率成正比。因此，自感电动势也跟电流的变化率成正比，即

$$\varepsilon_i = -L\frac{dI}{dt} \tag{8-4}$$

式（8-4）中负号表示：**自感电动势将反抗回路中电流的改变**。当电流增加时，自感电动势与原来电流的方向相反；电流减少时，自感电动势与原来电流的方向相同。*L* 是比例系数，叫做线圈的自感系数，简称自感。在数值上等于通过单位电流时，穿过自身回路的磁通量，也等于电流的时间变化率为一个单位时，回路中自感电动势的大小。线圈的自感系数是由其自身的特性决定的，线圈的匝数越多，面积越大，自感系数就越大；结构相同时，有铁芯线圈的自感系数比没有铁芯的要大得多。

国际单位制中，自感的单位是亨利，简称亨，符号为 H，$1H = 1Wb/A = 1V \cdot s/A$。自感的常用单位还有毫亨（mH）和微亨（μH），它们之间的换算关系为

$$1H = 10^3 mH = 10^6 \mu H$$

8.2.2 自感现象的应用

自感现象与我们的生产生活密切相关。在许多电器设备中，常利用线圈的自感稳定电流。例如，日光灯的镇流器就是一个带有铁芯的自感线圈，对于日光灯的启动和正常工作起着必不可少的作用。

8.2.2.1 日光灯的主要构成

日光灯的工作电路图及相关组件如图 8-15 所示，主要由灯管、镇流器和启动器组成。其中日光灯灯管的两端各有一个灯丝，灯管内充有微量的氩气和稀薄的汞蒸气，灯管内壁涂有荧光粉。镇流器是一个自感系数很大的带铁芯的线圈。启动器主要包括一个充有氖气的玻璃泡，内装两个电极，如图 8-16 所示，一个是静触片，一个是 U 形动触片。其中 U 形动触片由两个膨胀系数不同的金属片构成。

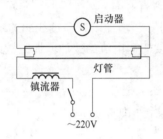

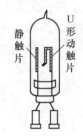

图 8-15 日光灯工作电路图   图 8-16 日光灯的启动器

8.2.2.2 日光灯的工作过程

日光灯的点燃过程：如图 8-15 所示，闭合开关，电压加在启动器两极间，导致图 8-16 的启动器中氖气放电发出辉光，产生的热量使 U 形动触片膨胀伸长，跟静触片接触电路接通，灯丝和镇流器中就会有电流流过。电流流经灯管两端的灯丝产生热，聚集在管内灯丝附近的液态汞，受热变成汞蒸气，使管内具备导电条件。而一旦电路接通，启动器中的氖气就会停止放电。U 形片冷却收缩，导致两个触片分离，电路自动断开；并且在电路突然断开的瞬间，由于镇流器中电流急剧减小，会产生很高的自感电动势，方向和电源电动势的方向相同，这个自感电动势和原来的电源电压加在一起，形成一个瞬时高压，加在灯管两端。在此高压作用下，管内汞蒸气被击穿电离，于是日光灯成为电流的通路开始发光。

日光灯的发光过程：在日光灯正常发光时，由于交变电流通过镇流器的线圈，线圈中产生自感电动势，总是阻碍电流的变化，这时镇流器又起着降压限流的作用，从而保证日光灯的正常工作。

由此可见，镇流器在日光灯启动时产生瞬时高压，正常工作时起着降压限流的作用。启动器起的是自动开关的作用。

此外，在电工设备中，常利用自感作用制成自耦变压器或扼流圈。在电子技术中，利用自感器和电容器可以组成谐振电路或滤波电路等。

以上都是自感现象有益的一面，当然自感在有些情况下，也会给我们带来危害。比如电机、强力电磁铁，在电路中相当于电感很大的线圈。电路断开时由于自感，会产生很大的自感电动势，在断开处会产生强大的火花，产生弧光放电现象，亦称电弧。电弧产生的高温，温度可达 $2 \times 10^3 ℃$ 以上，可用来冶炼、熔化、焊接和切割熔点高的金属。但同时电弧兼具破坏作用，它还会烧坏开关、引起火灾、危及人身安全等。为了防止事故发生，在切断电路前必须先减弱电流，并采用特制的安全开关。防爆电器中常用安全开关，其实是将开关浸泡在绝缘性能良好的油中，以防止电弧的发生。

8.2.3　互感现象

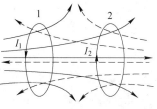

图 8-17　两回路的互感

如图 8-17 所示，两个邻近的线圈回路 1 和 2，分别通有电流 I_1 和 I_2，则任意线圈回路中电流所产生的磁场，将通过另一个线圈回路。根据法拉第电磁感应定律，任意一个回路的电流发生变化时，必将引起另一个线圈回路中磁通量的变化，从而在该线圈回路中产生感应电动势。这种一个回路电流变化在另一个回路中产生感应电动势的现象，叫做**互感现象**，产生的电动势叫做**互感电动势**。在工程和实验室中经常用到的变压器、感应圈等，都是根据这一原理制成的。

因为线圈的磁场是由另外一个线圈中的电流激发的，所以穿过线圈的磁通量和另一个线圈的电流强弱成正比。我们用 Φ_{12} 表示线圈 1 中由电流 I_2 所激发的磁场的磁通量，用 Φ_{21} 表示线圈 2 中由电流 I_1 所激发的磁场的磁通量，则有

$$\Phi_{12} = M_{12}I_2 , \quad \Phi_{21} = M_{21}I_1$$

式中，M_{12} 和 M_{21} 为比例系数，它们和两回路的大小、形状、匝数、相对位置以及周围磁介质的分布有关。如果这些因素都不变，M_{12} 和 M_{21} 就分别是两个常数。理论和实验都可以证明对于给定的一对导体回路，有

$$M_{12} = M_{21} = M$$

即当两个邻近回路的几何形状、匝数、周围磁介质和相对位置都确定后，它们便有了一个确定的互感系数 M，简称互感。所以两个线圈回路的磁通量分别为

$$\begin{cases} \Phi_{12} = MI_2 \\ \Phi_{21} = MI_1 \end{cases} \tag{8-5}$$

由电磁感应定律可得互感电动势为

$$\varepsilon_{21} = -\frac{\mathrm{d}\Phi_{21}}{\mathrm{d}t} = -M\frac{\mathrm{d}I_1}{\mathrm{d}t}$$

$$\varepsilon_{12} = -\frac{\mathrm{d}\Phi_{12}}{\mathrm{d}t} = -M\frac{\mathrm{d}I_2}{\mathrm{d}t} \tag{8-6}$$

由上述两组式子可知，互感系数 M 在数值上等于其中一个线圈回路通以单位电流时，穿过另一个线圈回路的磁通量，也等于一个线圈电流的时间变化率为一个单位时，在另一个回路中激发的感应电动势。互感系数是描述两个回路之间相互影响、耦合程度和互感能力的物理量，互感系数越大，互感现象越明显。互感系数的计算一般比较复杂，实际中常常采用实验的方法来测定。互感系数和自感系数具有相同的单位，都是亨利（H）。

8.2.4　互感现象的应用

互感在工程技术中得到了广泛应用，通过互感线圈能使能量或信号由一个线圈很方便地传递到另一个线圈。例如，电工无线电技术中使用的各种变压器（电力变压器、中周

变压器、输出和输入变压器等）都是互感器件；实验室中用来获得高压的装置——感应圈；用小量程的电表来测量大交流电电压或大交流电电流的互感器等都是互感现象的具体应用。

8.2.4.1　变压器

变压器是利用电磁感应原理来改变交流电压的装置。当然变压器的主要功能除了电压变换外，还可以有电流变换、阻抗变换、隔离、稳压（磁饱和电压器）等。变压器的主要构件是初级线圈、次级线圈和铁芯（磁芯）。如图 8-18 所示，跟电源

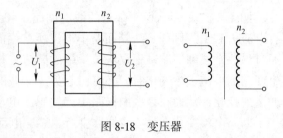

图 8-18　变压器

相连接的线圈，叫做初级线圈，或称为原线圈、一次线圈；跟负载端相连接的线圈叫做次级线圈，或称为副线圈、二次线圈。两个线圈均采用绝缘导线绕制而成，中间的铁芯由涂有绝缘漆的硅钢片叠合而成。

设原副线圈的匝数分别为 n_1 和 n_2，在原线圈加上交变的输入电压 U_1，原线圈中就会有交变的电流通过，铁芯中便产生交变的磁通量。磁通量在原副线圈中是相同的，当这个交变的磁通量穿过副线圈时，副线圈中便产生了感应电动势。此时把用电器接在副线圈两端，电路中就会有电流通过。加在用电器上的电压也就是副线圈两端的电压 U_2，即变压器的输出电压。实验表明，变压器原、副线圈两端的电压之比跟它们的匝数成正比，即

$$\frac{U_1}{U_2} = \frac{n_1}{n_2} \tag{8-7}$$

对式（8-7）作如下讨论：

如果 $n_2 > n_1$，则 $U_2 > U_1$，这种变压器叫做升压变压器；

如果 $n_2 < n_1$，则 $U_2 < U_1$，这种变压器叫做降压变压器；

如果 $n_2 = n_1$，则 $U_2 = U_1$，这种变压器叫做隔离变压器。

总之，高压线圈的圈数大于低压线圈的圈数。另外，当两边圈数相等时，既不升压也不降压，为隔离变压器。隔离变压器虽然不变压，但也有着非常重要的特殊用途。

实际的变压器是很复杂的，而且不可避免地存在铜损（线圈电阻发热）、铁损（铁芯发热）和漏磁（经空气闭合的磁感应线）等。为了研究问题的方便，我们只考虑理想变压器。所谓的理想变压器就是不考虑能量损失，认为变压器副线圈的输出功率等于原线圈的输入功率，即

$$P_1 = P_2 \quad \text{或} \quad I_1 U_1 = I_2 U_2 \tag{8-8}$$

又由式（8-7），可得

$$\frac{I_1}{I_2} = \frac{n_2}{n_1} \tag{8-9}$$

由此可见，变压器原、副线圈中的电压跟原、副线圈的匝数成正比，原、副线圈中的电流和原、副线圈的匝数成反比。

8.2.4.2 感应圈

感应圈是工业生产和实验室中用低压直流电获得交变高压电的一种装置，它的主要部分是两个绕在铁芯上的绝缘导线线圈。其中初级线圈直接绕在铁芯上，是比较少的几匝粗导线线圈，次级线圈则由多匝细导线绕制而成。感应线圈的初级线圈中有节奏地通过断续的直流电。因此，各种电流断续器是感应圈的重要部件。

如图 8-19 所示的感应圈中，电流断续器为其重要组成部分。断续器就是一个钢制的弹簧片，弹簧片上装有一小块软铁，称为小锤。小锤后面装有一个螺钉。

当电路中没有电流时，弹簧片与螺丝钉接触。当闭合开关 S、接通低压直流电源时，电流通过初级线圈，再经小锤与螺丝钉，然后回到电池组的另一极，构成闭合回路。这时，线圈中的铁芯被磁化，吸

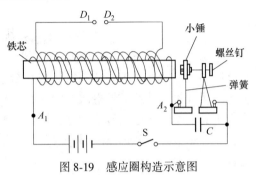

图 8-19 感应圈构造示意图

引断续器弹簧片，使初级线圈所在的回路断开，由于瞬时无电流通过，铁芯失去磁性，弹簧片将小锤拉回原来位置，使初级线圈所在的回路又接通。如此反复，小锤使得初级线圈中的电流在 1s 内断续多次。电流每次断开时，次级线圈中出现某个方向的电动势；而在电路接通时，次级线圈中出现的是相反方向的感应电动势。

在以上小锤式断续器中，电路断开瞬间，小锤与螺丝钉之间出现火花，会烧坏触头并使电流持续一段时间。因此，为了减小火花并缩短开断时间，在线路中增加了一个电容器 C。将电容器的一极与小锤连接，另一极接到螺丝钉支柱上，这样电路在开断瞬间产生的感应电流就会集中到电容器中。电容器两端带电，减小了裂口处的火花，缩短了电路开断的时间。当感应圈初级线圈中断续地通过直流电时，由于电磁感应，次级线圈中就能感应出几千伏甚至是上万伏的交变高压。这样高的电压，足以使得 D_1、D_2 间产生火花放电现象。比如汽油发动机的点火器，足以把混合气体点燃，其实就是一个感应圈[3]。

值得注意的是，感应圈副线圈两端的电压虽然很高，但是它的功率很小，因此副线圈中的电流很小，它不能作为大功率高压电使用。

互感现象有着广泛的应用，许多电感变换器和传感器都是根据互感原理制成的。此外，在收音机、电视机等许多电子线路中，还可以利用互感来进行信号的接收和耦合。当然，在某些情况下，互感也会给我们带来不利影响。比如输电线路和通电线路间的互感，会引起交流电干扰；有线电话，因为互感会引起串音等，这时我们就要想方设法减少互感的影响了。

思考与讨论

对于自感现象，为了防止断电时出现电弧，通常采用如图 8-20 所示的灭弧电路[3]。试问切断电源时，可否直接将开关 S_1 断开？应该是一个什么样的操作流程？中间的电阻 R 起什么作用？

分析：直接断开自感很大的电路时，由于电流迅速减小，回路中会产生很大的自感电

动势，使开关断开处产生强烈的电弧而烧坏开关，甚至是破坏
设备的绝缘而损坏设备。因此，断电时不能直接将 S₁ 断开，而
是应该先合上 S₂，然后再断开 S₁。在这个过程中，由于电阻 R
与负载构成了闭合回路，自感电动势将使电流通过 R 并持续一
段时间，使原储存在自感线圈中的磁场能通过电阻最终以焦耳
热的形式消耗掉，故 R 称为**灭磁电阻**。

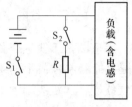

图 8-20　灭弧电路

8.3　电磁振荡　电磁波

　　电场和磁场之间有着密切联系，麦克斯韦在系统研究电磁现象的基础上，建立了麦克
斯韦电磁场理论，并预言了电磁波的存在。该理论指出：变化的电场和磁场会相互激发，
形成变化的电磁波在空间传播。什么是电磁波？它是怎样产生的？利用电磁波我们又能做
些什么呢？本节我们就重点来讨论这些问题。研究电磁波是如何产生的，首先必须研究电
磁振荡。

8.3.1　电磁振荡

　　考虑一个由自感线圈 L 和电容器 C 组成的回路，若回路中电阻 R = 0，则这个回路称
为 **LC 回路**。如图 8-21 所示，当我们把开关 K 拨到电池组的一侧，电容器充电。然后再
把开关 K 拨到左侧线圈一侧，电容器将通过线圈放电。

　　在这个过程中，我们将看到检流计的指针左右摆动，而且幅
值做有规律变化，这就表明电路中产生了大小和方向都做周期性
变化的电流，叫做**振荡电流**。能够产生振荡电流的这种电路称为
振荡电路。LC 回路就是一种简单的振荡电路。

　　实验证明，LC 回路产生的振荡电流是按正弦规律变化的，跟
正弦交变电流相似，属于交变电流，但频率比照明用的交变电流
的频率要高得多。那么，这个振荡电流又是如何产生的呢？下面
我们就对 LC 振荡电路的振荡过程进行分析。

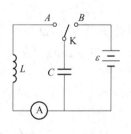

图 8-21　LC 回路

　　（1）电容器刚要放电瞬间。当开关 K 拨到线圈一侧的瞬间，如图 8-22a 所示，这时
已经完成充电的电容器刚要通过线圈放电，在这个瞬间回路里是没有电流的，所以两极板
上的电荷最多。从场的观点来看，电容器里电场最强，电路里的能量全部以电场能的形式
储存在电容器中。在此之后，电容器开始放电。

　　（2）电容器的放电过程。这个过程中，由于线圈的自感作用，回路中的放电电流不
能立刻达到最大值，而是由零逐渐增大的。与此同时，电容器上的电荷量逐渐减少，直到
放电完毕，这一瞬间电容器极板上电荷量为零，而回路中的放电电流达到最大值，如图
8-22b 所示。从场和能量的观点来看，在这个过程中，电容器里电场逐渐减弱，线圈的磁
场能逐渐增强，电场能逐渐转化为磁场能。到放电完成的这一瞬间，电场能全部转化为磁
场能。此时，同样由于线圈的自感作用，回路电流不会立即减小为零，而是会保持原来的
方向继续流动，并逐渐减小，电容器开始反方向充电。

　　（3）电容器的反向充电过程。反向充电过程中，回路电流逐渐减小，电容器极板上

带了相反的电荷，极板电荷量逐渐增大。这个过程一直持续到电流减小为零，反向充电过程结束，此时电容器极板上的电荷量达到了最大，如图 8-22c 所示。从能量和场的观点来看，这个过程中线圈磁场能逐渐减弱，电容器里电场能逐渐增强，磁场能逐渐转化为电场能。到反方向充电结束瞬间，磁场能全部转化为电场能，电场能达到最大。此后，电容器又开始反向放电。

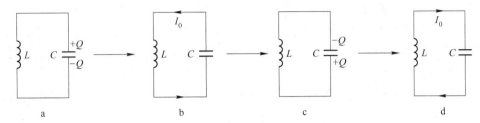

图 8-22 LC 回路中的振荡电流

a—$t = 0$；b—$t = T/4$；c—$t = T/2$；d—$t = 3T/4$

（4）电容器的反向放电过程。如图 8-22d 所示，电容器放电过程同过程（1），只不过电流方向是相反的。放电完成后，电容器再正向充电，然后正向放电，电路中就出现了振荡电流。整个过程中，电容器极板上的电荷、回路中的电流、电容器里电场的场强以及线圈中磁场的磁感应强度，包括电场能和磁场能都会发生周期性的变化，我们把这种迅速的周期性变化称为**电磁振荡**。电磁振荡完成一次周期性变化所需要的时间叫做电磁振荡的周期，1s 内完成的周期性变化的次数叫做电磁振荡的频率。

振荡电路中如果没有能量损失，也不受外界影响，这时电磁振荡的周期和频率也叫做振荡电路的**固有周期**和**固有频率**，简称振荡电路的周期和频率。

实验证明，振荡电路的周期和频率与振荡电路中的电容和自感系数有关，它们之间的关系表示为

$$T = \frac{2\pi}{\omega} = 2\pi \sqrt{LC} \tag{8-10}$$

$$\nu = \frac{1}{T} = \frac{1}{2\pi \sqrt{LC}} \tag{8-11}$$

式中，T、L、C、ν 的单位分别为秒（s）、亨利（H）、法拉（F）和赫兹（Hz）。

根据上述公式可知，在需要改变振荡电路的周期和频率的时候，我们可以通过改变振荡电路中的电容或者线圈的自感，最终使电路符合要求。

电磁振荡中，如果没有能量损失，振荡将永远进行下去，且振幅保持不变，这种振荡叫做无阻尼振荡。但是，实际上，任何电路都有电阻，电路中的能量都有焦耳热的损失；而且还有一部分能量会以电磁波的形式辐射到空气中，导致振荡电流的幅值会越来越小，直至最后停止振荡，这也就是阻尼振荡。对于阻尼振荡，如果能够适时补充能量到振荡电路中，也可以得到振幅不变的等幅振荡。比如用振荡器来产生的等幅振荡，就是将电源能量不断补充给振荡电路，使之产生持久的等幅振荡。

8.3.2 电磁场与电磁波

1865 年，英国物理学家麦克斯韦（1831~1879），在系统研究电磁现象的基础上，建

立了完整的电磁场理论，预言了电磁波的存在，并推导出了电磁波
和光具有相同的传播速度。

变化的电场会产生磁场，变化的磁场也会产生电场，这是麦克
斯韦理论的两大理论支柱。按照这个理论，变化的电场和变化的磁
场相互联系，构成了一个不可分割的统一场，这就是**电磁场**。电场
和磁场只是电磁场的两种不同的具体表现。

根据麦克斯韦的电磁理论，若在空间某个区域存在交变的电　　图 8-23　麦克斯韦
场，则在它邻近的区域就会产生交变的磁场；交变的磁场又会在较远的区域产生新的交变
电场。如此继续，其结果就是变化的磁场和磁场并不局限于空间的某个区域，而是交替产
生，并且由近及远地在空间中传播出去，如图 8-24 所示，这也就形成了**电磁波**，电磁波
也常称为电波。

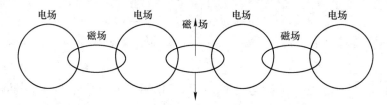

图 8-24　电磁波的传播

所以电磁波是电磁场的一种运动形态，是变化的电磁场在空间中以一定速度传播的过
程。这个过程中电流、电压、电场强度或磁场强度都会发生周期性的变化，所以电磁振荡
可以产生电磁波。但是因为涉及能量损失，电路中必须有不断的能量补给，振荡电路的频
率还要足够高，电路必须开放，这样才能有效发射电磁波[19]。

麦克斯韦的电磁场理论既新颖又深刻，但他提出的"场"的观点遭到了当时很多人
的质疑，麦克斯韦理论迫切需要实验的检验。1886 年，赫兹经过反复实验，发明了一种
电环波，用这种电环波进行了一系列实验，终于在 1888 年发现了人们怀疑和期待已久的
电磁波。赫兹还在实验中测定了电磁波的波长和频率，得到了电磁波的传播速度，并且证
实电磁波和所有的波一样，具有反射、折射、衍射和干涉等特征现象。赫兹的实验充分证
实了麦克斯韦的电磁场理论，也为在此之后迅猛发展的无线电技术应用奠定了实验基础。
由法拉第开创、麦克斯韦总结的电磁场理论，至此终于取得了决定性的胜利，但遗憾的是
天才的物理学家麦克斯韦已于 9 年前离开了人世。

8.3.3　电磁波谱

赫兹之后，1898 年马可尼又进行了许多实验，不仅证明了光是一种电磁波，还发现
了更多形式的电磁波，证明它们的本质完全相同，只是存在波长和频率的差别。为了全面
了解电磁波，我们按照波长或频率顺序将这些电磁波排列起来，这就是**电磁波谱**。

习惯上常用真空中的波长作为电磁波谱的标度，因为任何频率的电磁波在真空中都是
以光速 $c = 3 \times 10^8 \text{m/s}$ 传播的，所以真空中电磁波的波长和频率成反比，即

$$\lambda = \frac{c}{\nu} \qquad\qquad (8\text{-}12)$$

由这个公式可知，电磁波的频率越高，相应的波长就越短；频率越低，波长就越长；并且应用这个公式就可以在电磁波的波长和频率之间进行换算。图 8-25 是按照波长和频率两种标度绘制的电磁波谱。

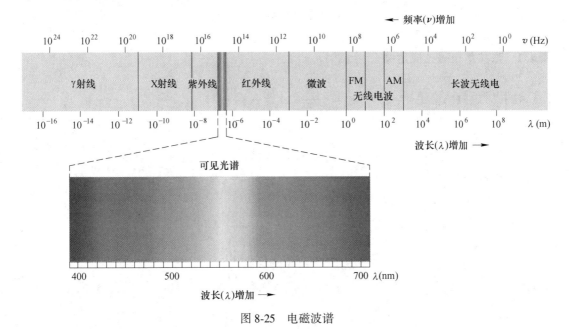

图 8-25 电磁波谱

在电磁波谱中，可以看出，波长最长、频率最低的是无线电波。一般的无线电波是由电磁振荡通过天线发射的，波长从几千米到几毫米不等，其间又分为了长波（3000m 以上）、中波（3000~200m）、中短波（200~50m）、短波（50~10m）、超短波（10~1m）以及微波（1~0.001m）几个波段。其中长波的主要用途是远洋长距离通信和导航；中波多用于航海和航空定向，一般的无线电广播也在这个波段；短波多用于无线电广播、电报通迅等；超短波和微波多用于电视、雷达、无线电导航以及其他专门用途等。

红外线、可见光和紫外线的波长比无线电波短得多，其中可见光是能引起视觉的电磁波，是大部分生物用来观察事物的基础，其波长在 0.76~0.40μm 之间。红外线的波长在 600~0.76μm 之间，紫外线波长在 0.40~0.005μm 之间，红外线和紫外线都不能引起视觉。其中红外线的波长比红光要长，它最显著的效应就是热作用，所以在生产生活中常用来烘烤物体和食品等。国防上，可以利用红外线通过特制的透镜或棱镜成像或色散，使特制的底片产生感光等特性，制造夜视器材和进行红外照相，进行夜间侦察。此外，定向发射的红外线还可以用于红外雷达、红外通信等，在军事上有着重要用途。相比之下，紫外线的波长比紫光更短，有明显的生理作用，可以用来杀菌消毒、诱杀昆虫以及验证假钞、测量距离、工程探伤等。

X 射线又叫伦琴射线，波长从 5nm 到 0.04nm，具有很强的穿透能力，可以广泛用于人体透视和晶体结构分析。

比 X 射线波长更短的是 γ 射线。γ 射线的波长在 0.04nm 以下，具有更强的穿透能力，广泛用于金属探伤和原子核结构的研究。

电磁波的波长（或频率）范围不同，特性也有着很大的差别，从而导致了具有不同的特殊功能。电磁波已广泛应用于通讯、遥感、空间探测、军事、科学研究等众多领域[13]。

8.4　本章重点总结

8.4.1　法拉第电磁感应定律

法拉第电磁感应定律：
$$\varepsilon_i = -\frac{d\Phi}{dt}, \quad \varepsilon_i = -N\frac{d\Phi}{dt}$$

感应电流：
$$I_i = -\frac{N}{R} \cdot \frac{d\Phi}{dt}$$

8.4.2　自感和互感

自感电动势：
$$\varepsilon_i = -L\frac{dI}{dt}$$

互感电动势：
$$\varepsilon_{21} = -\frac{d\Phi_{21}}{dt} = -M\frac{dI_1}{dt}$$

$$\varepsilon_{12} = -\frac{d\Phi_{12}}{dt} = -M\frac{dI_2}{dt}$$

8.4.3　电磁振荡　电磁波

（1）电磁场：麦克斯韦的电磁场理论表明，变化的磁场产生电场，变化的电场产生磁场。按照这个理论，变化的电场和磁场总是相互联系的，形成一个不可分离的统一的场，也就是电磁场。

（2）电磁波：变化的电磁场在空间以一定的速度传播的过程就是电磁波。

（3）电磁振荡：

周期：
$$T = \frac{2\pi}{\omega} = 2\pi\sqrt{LC}$$

频率：
$$f = \frac{1}{T} = \frac{1}{2\pi\sqrt{LC}}$$

 习题

在线答题

8-1 发现电磁感应现象的科学家是（　　）。

　　A. 安培　　　　　　　B. 库仑　　　　　　　C. 法拉第　　　　　　　D. 奥斯特

8-2 下列现象中，属于电磁感应现象的是（　　）。

　　A. 磁场对载流直导线产生力的作用

　　B. 变化的磁场使闭合导体回路中产生了电流

   C. 闭合回路中的开关闭合时，电路中产生了电流

   D. 载流直导线在其周围产生了磁场

8-3 根据楞次定律，感应电流的磁场一定是（　　）。

   A. 与引起感应电流的磁场反向

   B. 阻止引起感应电流的磁通量变化

   C. 阻碍引起感应电流的磁通量变化

   D. 使电路磁通量为零

8-4 如图 8-26 所示，一根细杆放在支点 O 上，细杆两端有两个很轻的铝环 A 和 B，铝环 A 是闭合的，铝环 B 是断开的。现在将磁铁的任意一极插入 A 环，会产生什么现象？将磁铁从 A 环中拔出，会产生什么现象？如果将磁铁的任意一极插入或拔出 B 环，又会产生什么现象呢？

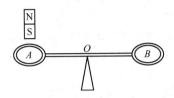

图 8-26　题 8-4 图

8-5 关于感应电流，下列说法中正确的是（　　）。

   A. 只要穿过线圈的磁通量发生变化，线圈中就一定有感应电流

   B. 只要闭合导线做切割磁感线运动，导体中就一定有感应电流

   C. 若闭合回路的一部分导体不做切割磁感线运动，闭合电路中一定没有感应电流

   D. 当穿过闭合回路的磁通量发生变化时，闭合电路中一定有感应电流

8-6 磁场竖直方向，小线圈平面垂直于磁场。下列哪种情况下线圈中会产生感应电流（　　）。

   A. 小线圈在匀强磁场中上下平移时　　　　　B. 小线圈在匀强磁场中左右平移时

   C. 小线圈从匀强磁场中移出时　　　　　　　D. 小线圈不动时

8-7 尺寸相同的铁环和铜环所包围的面积中有相同变化率的磁通量，则两环中感应电动势和感应电流 I 的关系是（　　）。

   A. $\varepsilon_{铁} \neq \varepsilon_{铜}$，$I_{铁} \neq I_{铜}$　　　B. $\varepsilon_{铁} = \varepsilon_{铜}$，$I_{铁} = I_{铜}$

   C. $\varepsilon_{铁} \neq \varepsilon_{铜}$，$I_{铁} = I_{铜}$　　　D. $\varepsilon_{铁} = \varepsilon_{铜}$，$I_{铁} \neq I_{铜}$

8-8（多选题）在图 8-27 所示的几种情况下，闭合矩形线圈中能产生感应电流的是（　　）。

   A. 矩形线圈在方向向上的匀强磁场中绕轴旋转

   B. 矩形线圈在方向向右的匀强磁场中向上平移

   C. 矩形线圈在条形磁铁产生的磁场中向下平动

   D. 矩形线圈在方向向里的匀强磁场中绕轴转动

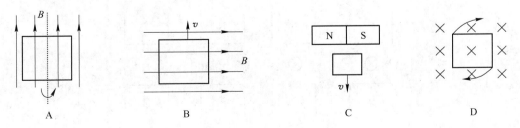

图 8-27　题 8-8 图

8-9 如图 8-28 所示，矩形线框与磁场垂直，且一半在匀强磁场内，一半在匀强磁场外，下述过程中线圈能够产生感应电流的是（　　　）。

　　A. 以 bc 为轴转动 45° 　　　　　　　B. 以 ad 为轴转动 45°

　　C. 将线圈向下平移 　　　　　　　　D. 将线圈向上平移

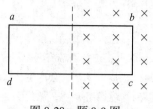

图 8-28　题 8-9 图

8-10（多选题）在一长直导线中通以如图 8-29 所示的恒定电流，套在长直导线上的闭合线环（环面与导线垂直，长直导线通过环的中心），当发生以下变化时，肯定能产生感应电流的是（　　　）。

　　A. 保持电流不变，使导线环上下移动

　　B. 保持导线环不变，使长直导线中的电流增大或者减小

　　C. 保持电流不变，使导线在竖直平面内顺时针（或逆时针）转动

　　D. 保持电流不变，导线环在与导线垂直的水平面内左右水平移动

图 8-29　题 8-10 图

8-11 如图 8-30 所示，在开关 S 闭合的瞬间，试判断线圈 D 中的感应电流方向。

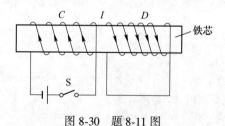

图 8-30　题 8-11 图

8-12 试用右手定则确定导线怎样运动时，才能产生如图 8-31 所示的感应电流。

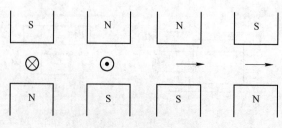

图 8-31　题 8-12 图

8-13 如图 8-32 所示，一个有限范围的匀强磁场，宽为 d，一个边长为 l 的正方形导线框以速度 v 匀速通过该磁场区域。若 $d>l$，则在线框中不产生感应电流的时间等于（　　）。

 A. $\dfrac{d}{v}$ B. $\dfrac{l}{v}$ C. $\dfrac{d-l}{v}$ D. $\dfrac{d-2l}{v}$

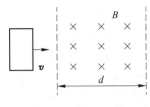

图 8-32   题 8-13 图

8-14 如图 8-33 所示，将一条形磁铁 N 极向下插入一个闭合螺线管的过程中，螺线管中产生感应电流，则下列说法正确的是（　　）。

 A. 螺线管的下端是 N 极   B. 螺线管的上端是 N 极

 C. 流过电流表的电流是由上向下   D. 流过电流表的电流是由下向上

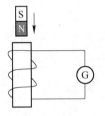

图 8-33   题 8-14 图

8-15 如图 8-34 所示，将一个条形磁铁插入一个闭合螺线管中，螺线管固定在停在光滑水平面的车中，在插入过程中，下列说法正确的是（　　）。

 A. 车将向右运动

 B. 条形磁铁会受到向右的力

 C. 由于没有标明条形磁铁的极性，因此无法判断受力情况

 D. 车会受到向左的力

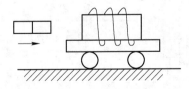

图 8-34   题 8-15 图

8-16 法拉第电磁感应定律可以这样表述：闭合电路中感应电动势的大小（　　）。

 A. 跟穿过这一闭合电路的磁通量成正比

 B. 跟穿过这一闭合电路的磁感应强度成正比

 C. 跟穿过这一闭合电路的磁通量的变化率成正比

 D. 跟穿过这一闭合回路的磁通量的变化量成正比

8-17 如图 8-35 所示，一定长度的导线围成闭合的正方形线圈，使线圈平面垂直于磁场放置，若因磁场

的变化而导致线框突然变成圆形，则（　　　）。

A. 因 B 增强而产生逆时针的电流　　　B. 因 B 减弱而产生逆时针的电流

C. 因 B 减弱而产生顺时针的电流　　　D. 以上选项均不正确

图 8-35　题 8-17 图

8-18（多选题）在水平面上固定一个 U 形金属框架，框架上放置一个金属杆 ab，如图 8-36 所示，杆 ab 在光滑的金属框架上可以自由滑动。在垂直纸面方向有一匀强磁场，下列判断中正确的是（　　　）。

A. 若磁场方向垂直纸面向外并增大时，杆 ab 将向右移动

B. 若磁场方向垂直纸面向外并减小时，杆 ab 将向右移动

C. 若磁场方向垂直纸面向里并增大时，杆 ab 将向右移动

D. 若磁场方向垂直纸面向里并减小时，杆 ab 将向右移动

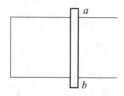

图 8-36　题 8-18 图

8-19　先将置于磁场中的弹簧线圈撑大，再放手使线圈收缩，如图 8-37 所示。试分析在此过程中线圈中有无感应电流产生？若有，请判断其方向。

8-20　一架飞机两翼总长度为 40m，水平飞行的速度为 300m/s。求它在地磁场垂直分量为 3×10^{-5}T 的地区飞行时，两翼间产生的感应电动势的大小。如果是在北半球飞行，是左翼电势高还是右翼电势高？

8-21　如图 8-38 所示的电路中，A、B 是两个相同的灯泡，L 是一个自感系数很大的线圈，其电阻在数值上与电阻 R 相同。由于存在自感现象，试推想开关 K 接通和断开时灯泡 A、B 先后亮、暗的顺序如何？

图 8-37　题 8-19 图

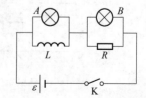

图 8-38　题 8-21 图

8-22　在磁感应强度 B = 0.5T 的匀强磁场中，一个面积 S = 0.2m²、匝数 N = 100 的线圈，从线圈平面与磁感线平行的位置匀速转动到与磁感线垂直的位置，所需时间 Δt = 0.5s，求线圈中平均感应电动势的大小。

8-23　在磁感应强度大小 B = 0.80T 的匀强磁场中，长 L = 0.10m 的直导线以 v = 3.0m/s 的速率垂直切割磁

感线，且运动方向与导线方向垂直，求导线中感应电动势的大小以及方向。

8-24 如图 8-39 所示，为钳形电流表的外形、结构及工作方式示意图。钳形电流表把两块铁芯固定在一
把钳子上，利用它可以在不切断导线的情况下，测量导线中的交变电流。你能简单说明该仪器的工
作原理吗？

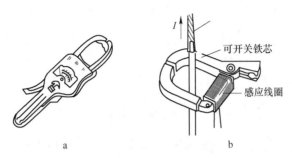

图 8-39　钳形电流表
a—外形；b—结构和测量方式

8-25 一般机床照明用的是电压为 36V 的安全电压，这个电压是把 220V 的电压降压后得到的。如果变压
器的原线圈的匝数是 1100 匝，问副线圈是多少匝？

8-26 一个自感线圈中的电流在 0.001s 内变化了 0.02A，产生了 50V 的自感电动势，问线圈的自感系数
是多少？

8-27 如图 8-40 所示，L 为一电阻可忽略的线圈，D 为一个灯泡，C 为电容器，开关 K 闭合，灯泡 D 正常
发光。现突然断开 K，并开始计时，图 8-41 中能正确反映电容器 a 极板上带电量 q 随时间变化的图
像是（　　　　）（规定图中 q 为正值时表示 a 极板带正电）。

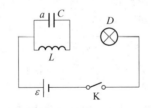

图 8-40　题 8-27 图

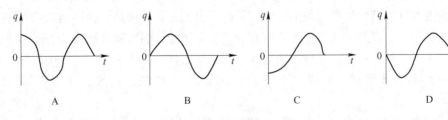

图 8-41　题 8-27 图

8-28 LC 回路产生振荡电流的过程：电容器（正向）放电过程中，振荡电流_____，电场能向
_____转化；当电容器放电完毕的瞬间，振荡电流_____，电容器的带电量、极板间场强和电
场能_____，线圈周围的磁场_____，磁场能_____；电容器（反向）充电过程中，振荡
电流_____，振荡电流的方向_____，磁场能向_____转化；电容器充电完毕的瞬间，振荡

电流_____，线圈周围的磁场能_____，电容器的带电量、极板间场强和电场能_____。

8-29 多项选择题：在电磁波谱中，红外线、可见光和伦琴射线三个波段的波长大小关系是（　　　）。

 A. 红外线的波长大于可见光的波长　　　　B. 伦琴射线的波长大于可见光的波长

 C. 红外线的波长小于可见光的波长　　　　D. 伦琴射线的波长小于红外线的波长

8-30 LC 振荡电路电容器的电容为 $1.2×10^4 pF$，在 $0.6s$ 的时间里线圈中的电流改变量为 $1A$，产生的感应电动势为 $0.2mA$，它与开放电路耦合后，发射出去的电磁波的波长是多少？

 内容选读

麦克斯韦介绍

 詹姆斯·克拉克·麦克斯韦（James Clerk Maxwell，1831~1879），出生于苏格兰爱丁堡，英国物理学家、数学家，经典电动力学的创始人，统计物理学的奠基人之一。1831年6月13日生于苏格兰爱丁堡，同年法拉第提出电磁感应定律，1879年11月5日卒于剑桥。

 麦克斯韦主要从事的是电磁理论、分子物理学、统计物理学、光学、力学等方面的研究，尤其是他建立的电磁场理论，是19世纪物理学发展的最光辉成果，是科学史上最伟大的综合理论之一。科学史上，称牛顿把天上和地上的运动规律统一起来，是实现第一次大综合；而麦克斯韦将电学、磁学、光学统一起来，是实现第二次大综合，因此麦克斯韦应与牛顿齐名。1931年，爱因斯坦在麦克斯韦百年诞辰的纪念会上，评价其建树"是牛顿以来，物理学最深刻和最富有成果的工作"。

 麦克斯韦成名主要是因为他在电磁学方面做出的巨大贡献，为物理学竖起了一座丰碑。麦克斯韦在前人成就的基础上，对整个电磁现象作了系统、全面的研究，凭借他高深的数学造诣和丰富的想象力接连发表了电磁场的三篇论文：1855年12月~1856年2月《论法拉第的力线》；1861~1862年《论物理的力线》；1864年12月8日《电磁场的动力学理论》。对前人和他自己的工作进行了综合概括，将电磁场理论用简洁、对称、完美的数学形式表示出来，经后人整理和改写，成为经典电动力学主要基础的麦克斯韦方程组。据此，1865年他预言了电磁波的存在，造福于人类的无线电技术，就在电磁场理论的基础上开始蓬勃发展起来。1888年德国物理学家赫兹用实验验证了电磁波的存在。

 麦克斯韦对许多其他学科也做出了重要贡献，比如天文学和热力学。他的特殊兴趣之一是气体运动学，麦克斯韦认识到并非所有的气体分子都按同一速度运动。有些分子运动慢，有些分子运动快，有些以极高速度运动。麦克斯韦推导出了求已知气体中的分子按某一速度运动的百分比公式，也即"麦克斯韦分布式"，在许多物理分支中发挥着重要作用。

 麦克斯韦在力学方面的贡献主要有：1853年推广用偏振光测量应力的方法；1864年提出结构力学中桁架内力的图解法，指出桁架形状和内力图是一对互易图，并提出求解静不定桁架位移的单位载荷法。1868年对黏弹性材料提出一种模型（后称麦克斯韦模型），并引进松弛时间的概念；同年在《论调节器》中分析了蒸汽机自动调速器和钟表机构的运动稳定性问题。1870年将 G. R. 艾里提出的弹性力学中的应力函数由二维推广到三维，并指出它应满足双调和方程。1873年给出荷电系统中引力和斥力引起的应力场。

麦克斯韦的另一项重要工作是筹建了剑桥大学的第一个物理实验室——著名的卡文迪许实验室。该实验室对整个实验物理学的发展产生了极其重要的影响，众多著名科学家都曾在该实验室工作过，卡文迪许实验室甚至被誉为"诺贝尔物理学奖获得者的摇篮"。作为该实验室的第一任主任，麦克斯韦在 1871 年的就职演说中对实验室未来的教学方针和研究精神作了精彩的论述，是科学史上一个具有重要意义的演说。麦克斯韦的本行是理论物理学，但他清楚地知道实验称雄的时代还没有过去。他批评当时英国传统的"粉笔"物理学，呼吁加强实验物理学的研究及其在大学教育中的作用，为后世确立了实验科学精神。

在天体物理学方面，麦克斯韦进行了土星光环的理论分析，指出当时的固体环理论假说是不成立的。早在 1787 年，拉普拉斯推测，土星光环是一个质量分布不规则的固体环，并进行过把土星光环作为固体研究的计算。麦克斯韦首先着手拉普拉斯留下的固体环理论，通过数学计算，证明了除非有一种奇妙的特殊情形，几乎每个可以想象的环都是不稳定的。但是这种特殊情况的固体环在不均匀的引力下会瓦解掉，所以固体环的理论假说是不成立的。

在光学方面，麦克斯韦早在 1849 年在爱丁堡的福布斯实验室就开始了色混合实验。在那个时候，爱丁堡有许多研究颜色的学者，除了福布斯、威尔逊和布儒斯特外，还有一些对眼睛感兴趣的医生和科学家。实验主要就是观察一个快速旋转圆盘上的几个着色扇形所生成的颜色，麦克斯韦和福布斯首先做出的一个实验是使红色、黄色、蓝色组合产生灰色。他们的实验失败了，其中的主要原因是：蓝色与黄色混合并不像常规那样生成绿色，而是当两者都不占优势时产生一种淡红色，这种组合加上红色不可能产生任何灰色。

由于麦克斯韦对物理学的卓越贡献，他被普遍认为是最有影响力的物理学家之一。普朗克曾这样赞誉麦克斯韦："论出生地，他属于爱丁堡；论个性，他属于剑桥大学；论贡献，他属于全世界！"

9　机械振动　机械波

古诗《枫桥夜泊》有云："姑苏城外寒山寺，夜半钟声到客船"，虽然寒山寺敲钟的动作早已停止，但当钟声传到客船时，仍能感觉"余音未绝"，这其中蕴含的奥妙在于机械波（敲钟产生的声波）的振动。物体在一定位置附近所做的来回往复运动称为机械振动，这种振动现象在自然界是广泛存在的。例如，钟摆的运动、一切发声体的运动、机器开动时各部分的微小颤动等都是机械振动。振动是声学、力学等必需的基础知识，也是光学、电学、电工学、无线电技术、飞行控制技术等不可缺少的基础。这是因为除机械振动外，自然界还存在很多类似的机械振动现象。广义地说，任何一个物理量（如物体的位置矢量、电流、电场强度或磁场强度等）在某个定值附近反复变化，都可以称为振动。在不同的振动现象中，最基本、最简单的振动是简谐振动。一切复杂的振动都可以分解为若干个简谐振动，也就是说，可以把复杂的振动看作若干个简谐振动的合成。

9.1　简谐振动及其表示

物体在运动时，如果离开平衡位置的位移按余弦函数（或正弦函数）的规律随时间变化，这种运动称为简谐振动，简称谐振动[20]。

在忽略阻力的情况下，弹簧振子的小幅度振动以及单摆的小角度振动都是简谐振动。简谐振动是最简单、最基本的振动，一切复杂的振动都可以看作是由若干个简谐振动合成的结果。下面主要以弹簧振子为例讨论简谐振动的特征及其运动规律。

9.1.1　弹簧振子

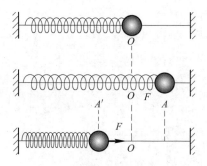

图 9-1　弹簧振子的振动

如图 9-1 所示，把一个有孔的小球安在弹簧的一端，弹簧的另一端固定，小球穿在光滑的水平杆上，可以在杆上滑动，小球和水平杆之间的摩擦忽略不计，弹簧的质量比小球的质量小得多，也可忽略不计。这样的系统称为**弹簧振子**，其中的小球常称为振子。

振子在振动过程中，所受的重力和支持力平衡，对振子的运动没有影响，使振子发生振动的只有弹簧的弹力，这个力的方向跟振子偏离平衡位置的位移方向相反，总是指向平衡位置，它的作用是使振子能返回平衡位置，所以叫做**回复力**。

根据**胡克定律**，在弹簧发生弹性形变时，弹簧振子的回复力 F 跟振子偏离平衡位置的位移 x 成正比，而方向相反，即

$$F = -kx \tag{9-1}$$

式中的 k 是比例常数，也就是弹簧的劲度系数。

9.1.2　简谐振动的运动方程

物体在跟偏离平衡位置的位移大小成正比，并且总是指向平衡位置的回复力的作用下的振动叫做简谐运动，表达式为 $F = -kx$。

简谐运动是最简单、最基本的机械振动，图 9-2 表示了简谐运动的两个实例。

设在任意时刻，振动物体相对平衡位置的位移为 x。由胡克定律可知，在弹性限度内，物体此时受到的弹性力的大小与其位移 x 成正比，弹性力的方向与位移的方向相反，始终指向平衡位置，故此力又称为弹性回复力。胡克定律表示为

$$F = -kx$$

式中，k 为弹簧的**劲度系数**，由弹簧的固有性质决定，负号表示弹性力 F 的方向与位移 x 的方向相反。

图 9-2　简谐振动实例

根据牛顿第二定律，物体的加速度为

$$a = \frac{F}{m} = -\frac{k}{m}x$$

对于一个给定的弹簧振子，k 与 m 都是正值常量，其比值可以用另一个常数 ω 的平方来表示，即

$$\omega^2 = \frac{k}{m}$$

因此，上式可变为

$$a = -\omega^2 x \tag{9-2}$$

式 (9-2) 说明：做简谐振动的物体的加速度与位移的大小成正比，方向与位移方向相反，这是机械振动的运动学特征。

由于加速度是位移对时间的二阶导数，即 $a = \dfrac{\mathrm{d}^2 x}{\mathrm{d}t^2}$，因此式 (9-2) 可写成

$$\frac{\mathrm{d}^2 x}{\mathrm{d}t^2} + \omega^2 x = 0 \tag{9-3}$$

式 (9-3) 是简谐振动的微分方程。由于式 (9-3) 是一个二阶线性常系数齐次微分方程，其通解为

$$x = A\cos(\omega t + \phi) \tag{9-4}$$

式 (9-4) 是简谐振动的表达式，称为简谐振动的运动方程，即做简谐振动的物体离开平衡位置的位移是时间的余弦函数。

将式 (9-4) 分别对时间求一阶导数、二阶导数，就可以得到做简谐振动的物体的速度和加速度，分别为

$$v = \frac{\mathrm{d}x}{\mathrm{d}t} = -\omega A\sin(\omega t + \phi) \tag{9-5}$$

$$a = \frac{\mathrm{d}^2 x}{\mathrm{d} t^2} = -\omega^2 A\cos(\omega t + \phi) \tag{9-6}$$

由式（9-5）可得，速度的最大值为 $v_{\max} = A\omega$。

由式（9-6）可得，加速度的最大值为 $a_{\max} = A\omega^2$。

由式（9-4）~式（9-6）可作出 x-t 图、v-t 图、a-t 图，分别表示位移、速度、加速度随时间的变化情况，如图 9-3 所示。

由图 9-3 可以看出，物体做简谐振动时，它的位移、速度、加速度都是周期性变化的。

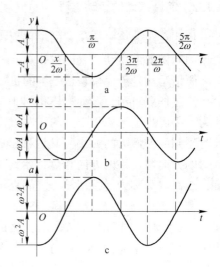

图 9-3　简谐振动曲线（$\phi=0$）
a—x-t 图；b—v-t 图；c—a-t 图

9.1.3　描述简谐振动的物理量

9.1.3.1　振幅

在简谐振动表达式 $x = A\cos(\omega t + \phi)$ 中，因余弦（或正弦）函数的绝对值不能大于 1，物体的振动范围在 $+A$ 和 $-A$ 之间，所以把做简谐振动的物体离开平衡位置的最大位移的绝对值 A 叫做振幅。

9.1.3.2　周期与频率

振动的特征之一是运动具有周期性，所以把完成一次完整振动所经历的时间称为周期，用 T 表示，单位为秒，用 s 表示。因此，每隔一个周期，振动状态就完全重复一次，即

$$x = A\cos[\omega(t + T) + \phi_0] = A\cos(\omega t + \phi_0)$$

满足上述方程中 T 的最小值应为 $\omega T = 2\pi$，所以

$$T = \frac{2\pi}{\omega}$$

单位时间内物体所做的完全振动的次数称为振动频率，用 v 或 f 表示，单位为赫兹（Hz）。

很显然，频率与周期之间存在以下关系：

$$v = \frac{1}{T} = \frac{\omega}{2\pi} \quad \text{或} \quad \omega = 2\pi v$$

所以，ω 表示物体在 $2\pi s$ 时间内所做的完全振动次数，称为振动的角频率，也称为圆频率，单位为 rad/s。

对弹簧振子，$\omega = \sqrt{\dfrac{k}{m}}$，所以弹簧振子的周期为

$$T = 2\pi\sqrt{\frac{m}{k}}$$

弹簧振子的频率为

$$\nu = \frac{1}{2\pi}\sqrt{\frac{k}{m}}$$

由于弹簧振子的质量 m 和劲度系数 k 是其本身固有的性质，周期和频率完全取决于振动系统本身的性质，因此常称为**固有周期**和**固有频率**。

利用 T 和 ν，简谐振动的表达式可以改写为

$$x = A\cos\left(\frac{2\pi}{T}t + \phi_0\right)$$

$$x = A\cos(2\pi\nu t + \phi_0)$$

【例题 9-1】

一个做简谐振动的质点，它的振幅是 4cm、频率是 2.5Hz，该质点从平衡位置开始经过 0.5s 后，位移的大小和所通过的路程分别是多大？

解：频率 $f = 2.5\text{Hz}$，表示 1s 内振动 2.5 次，则 0.5s 内振动 1.25 次，所以位移大小为 4cm，路程为 20cm。

9.1.4 单摆的简谐振动

如图 9-4 所示，一根不会伸缩的细线，上端固定（或一根刚性轻杆，上端与无摩擦的铰链相连），下端悬挂一个很小的重物，把重物略加移动后就可以在竖直平面内来回摆动，这种装置称为**单摆**。单摆的摆角一般不大于 5°，此时可以看作简谐振动[20]。

与弹簧振子不同，弹簧振子的回复力是弹簧的弹力，而单摆的回复力是重力的切向分力 $F = mg\sin\theta$。

当摆线竖直时，重物在平衡位置 O 处，当摆线与竖直方向成 θ 角时，重物受到重力 mg 和线的拉力 F'，两者不共线。假如忽略摩擦力，重力在摆动切向的分量为 $mg\sin\theta$，它决定了重物要沿着切向运动。

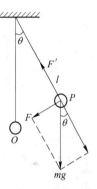

图 9-4　单摆

当摆线长度为 l 时，切向的加速度为

$$a = l\frac{\mathrm{d}^2\theta}{\mathrm{d}t^2}$$

角位移 θ 是从竖直方向算起，若规定逆时针方向为正，则重力沿切向的分量 $mg\sin\theta$ 与 θ 是反向的，根据牛顿运动定律得

$$-mg\sin\theta = ml\frac{\mathrm{d}^2\theta}{\mathrm{d}t^2}$$

当摆角 θ 较小时，$\sin\theta \approx \theta$，所以

$$\frac{\mathrm{d}^2\theta}{\mathrm{d}t^2} = -\frac{g}{l}\theta = -\omega^2\theta,\ \text{其中}\ \omega^2 = \frac{g}{l}$$

单摆在摆角很小时，将在平衡位置附近做角谐振动，振动周期为

$$T = \frac{2\pi}{\omega} = 2\pi\sqrt{\frac{l}{g}}$$

其振动表达式为

$$\theta = \theta_{\mathrm{m}}\cos(\omega t + \phi_0) \tag{9-7}$$

单摆的振动周期完全决定于振动系统本身的性质，即决定于重力加速度 g 和摆长 l，而与摆球的质量无关。在小摆角的情况下，单摆的周期又与振幅无关，所以单摆可用作计时。

单摆为测量重力加速度 g 提供了一种简便方法。

9.1.5　简谐振动的能量

做简谐振动的系统的能量包括动能和势能两部分，总能量是守恒的。

现在仍以弹簧振子为例来讨论简谐振动的系统能量。

振动物体的动能为

$$E_{\mathrm{k}} = \frac{1}{2}mv^2$$

根据简谐振动物体的速度是位移对时间的一阶导数，即

$$v = \frac{\mathrm{d}x}{\mathrm{d}t} = -\omega A\sin(\omega t + \phi)$$

因此，简谐振动的系统的动能为

$$E_{\mathrm{k}} = \frac{1}{2}mv^2 = \frac{1}{2}m\left[-\omega A\sin(\omega t + \phi)\right]^2$$

$$E_{\mathrm{k}} = \frac{1}{2}m\omega^2 A^2\sin^2(\omega t + \phi)$$

由上式中可以看出，动能是时间的函数。对弹簧振子而言，$\omega = \sqrt{\dfrac{k}{m}}$，上式可变化为

$$E_{\mathrm{k}} = \frac{1}{2}kA^2\sin^2(\omega t + \phi) \tag{9-8}$$

由式（9-8）可知，动能的变化幅度为 $\dfrac{1}{2}kA^2$。

由于动能总是为正值，那么只要振动系统物体的速度达到最大值，无论 v 是正还是负，其动能就可以达到最大值，而与速度的方向无关。另外，在位移或者速度的一个振动周期内，动能会有两次达到最大值。

简谐振动的系统的能量还包括势能。仍以弹簧振子为例，弹簧振子的弹性势能等于外力克服弹性回复力所做的功（设振子在平衡位置的势能为零），那么弹性势能为

$$E_{\mathrm{p}} = \int_0^x kx\mathrm{d}x = \frac{1}{2}kx^2$$

根据简谐振动的运动方程，即

$$x = -A\cos(\omega t + \phi)$$

$$E_{\mathrm{p}} = \frac{1}{2}kA^2\cos^2(\omega t + \phi) \tag{9-9}$$

对比式（9-8）和式（9-9）可以看出，势能的变化幅度、变化周期均与动能相同；但存在不同步的情况，即动能最大时势能最小，动能最小时势能最大，如图 9-5 所示。

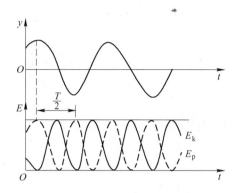

图 9-5 弹簧振子的动能、势能与时间的关系曲线

简谐振动的总能量为

$$E = E_k + E_p = \frac{1}{2}kA^2\sin^2(\omega t + \phi) + \frac{1}{2}kA^2\cos^2(\omega t + \phi)$$

$$E = \frac{1}{2}kA^2 \tag{9-10}$$

由式（9-10）可知，在简谐振动过程中，动能和势能是不断相互转化的，它们的总和保持不变，即总能量守恒。**简谐振动系统的总能量的大小与振幅 A 的平方成正比**，这一结论对任意谐振系统都是正确的。

9.2 振动的合成 共振

在实际处理问题过程中，经常会遇到同一个质点同时参与几个振动的情况。例如，当两个声波同时传到某一点时，该点处的空气质点会同时参与两个振动。根据运动叠加原理，此质点所做的运动实际上就成了两个振动的合成。一般情况下，振动合成问题比较复杂，下面重点讨论两种典型的简谐振动的合成和共振情况。

9.2.1 同方向的两个简谐振动的合成

9.2.1.1 同方向、同频率的两个简谐振动的合成

设一个质点在一条直线上同时进行两个独立的同频率（角频率 ω 相同）的简谐振动。假设该直线为 x 轴，质点的平衡位置为原点，在某一时刻 t，这两个振动的位移分别为

$$x_1 = A_1\cos(\omega t + \phi_{10})$$
$$x_2 = A_2\cos(\omega t + \phi_{20})$$

式中，A_1、A_2 表示两个振动的振幅；ϕ_{10}、ϕ_{20} 表示两个振动的初始相位。

由于 x_1、x_2 表示在同一直线方向上、相对于平衡位置的位移，根据矢量合成方向的判定规则，合位移仍在同一直线方向上，且为两者的代数之和，即

$$x = x_1 + x_2 = A_1\cos(\omega t + \phi_{10}) + A_2\cos(\omega t + \phi_{20})$$

应用三角函数知识，上式可变化为

$$\ddot{x} = A\cos(\omega t + \phi_{10})$$

式中

$$A = \sqrt{A_1^2 + A_2^2 + 2A_1A_2\cos(\phi_{20} - \phi_{10})}$$

$$\phi_0 = \arctan\frac{A_1\sin\phi_{10} + A_2\sin\phi_{20}}{A_1\cos\phi_{10} + A_2\cos\phi_{20}}$$

上述三式说明合振动仍为简谐振动，振动方向、频率与原来的两个振动的方向、频率相同。

可以应用旋转矢量法表示以上两个同方向、同频率的简谐振动的合成，如图 9-6 所示。

两个分振动相对应的旋转矢量分别为 A_1 和 A_2，t 时刻它们在 x 轴上的投影 x_1 和 x_2 分别代表两个振动的位移。根据矢量合成的平行四边形法则，可做出合矢量 $A = A_1 + A_2$，x 是合成矢量 A 在 x 轴上的投影。由于 A_1 和 A_2 以相同的角速度 ω 逆时针匀速转动，它们的夹角为：$\Delta\phi = (\omega t + \phi_2) - (\omega t + \phi_1) = \phi_2 - \phi_1$。

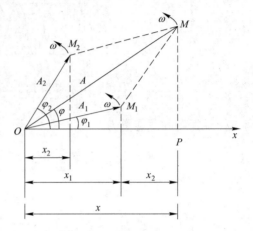

图 9-6　旋转矢量法表示同方向、同频率的两个简谐振动的合成

与时间无关，在旋转过程中保持不变，因此平行四边形 OM_1MM_2 的形状不因转动而改变。同时，矢量 A 的长度保持不变，以同一角速度 ω 和 A_1 和 A_2 一起转动。从图 9-6 可以看出，在任意时刻 t，合矢量在 x 轴上的投影 $x = x_1 + x_2$。这说明合矢量 A 代表的合振动仍是简谐运动，其方向和频率都与原来的两个分振动相同，所以合振动的运动方程为

$$x = A\cos(\omega t + \phi_0)$$

在图 9-6 中，三角形 OM_1M 中，利用余弦定理，合振幅为

$$A = \sqrt{A_1^2 + A_2^2 + 2A_1A_2\cos(\phi_{20} - \phi_{10})}$$

$$\phi_0 = \arctan\frac{A_1\sin\phi_{10} + A_2\sin\phi_{20}}{A_1\cos\phi_{10} + A_2\cos\phi_{20}}$$

总之，同方向、同频率的两个简谐振动的合振动仍是一个简谐振动。合振动的频率等于分振动的频率，合振动的振幅与原来的两个分振动的相位差 $(\phi_{20} - \phi_{10})$ 有关，这一结论在研究声波、光波等波动过程的干涉、衍射现象时会用到。

【例题 9-2】

N 个同方向、同频率的简谐振动，它们的振幅相等，初相分别为 0，α，2α，$\cdots$，$N\alpha$，依次差一个衡量 α，振动表达式为

$$x_1 = a\cos\omega t$$

$$x_2 = a\cos(\omega t + \alpha)$$

$$x_3 = a\cos(\omega t + 2\alpha)$$

$$\vdots$$

$$x_N = a\cos[\omega t + (N-1)\alpha]$$

求它们的合振动的振幅和初相。

解：采用旋转矢量法。

按矢量合成法则，将每一个简谐振动在 $t=0$ 时刻的振幅矢量 a_1，a_2，a_3，…，a_N 首尾相连，相邻矢量夹角为 α，则合振动的振幅矢量 A 等于各分振动振幅矢量的矢量和。

下面用几何方法求出合振动振幅矢量的大小和方向。

在图 9-7 中做 a_1 和 a_2 的垂直平分线，两者相交于 C 点，夹角为 α，以 a_1 或 a_2 为底边，以 C 为顶点的三角形的顶角也等于 α，所以 $\angle OCM = N\alpha$。由于 $OC = PC = QC$，设 $OC = R$，则 $OC = OM = R$。三角形 OCM 为等腰三角形，则可求得边长 OM，即合振幅矢量 A 的大小为

$$A = 2R\sin\frac{N\alpha}{2}$$

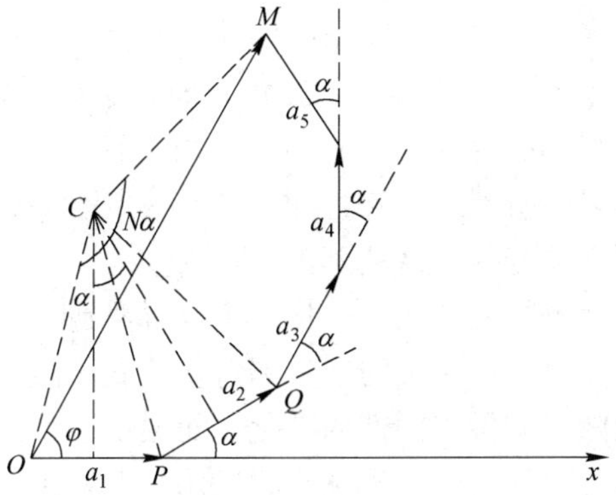

图 9-7　N 个同方向、同频率、等幅简谐振动的合成（图中取 $N=5$）

在 $\triangle OCP$ 中，$a = 2R\sin\frac{\alpha}{2}$，所以

$$A = a\frac{\sin\frac{N\alpha}{2}}{\sin\frac{\alpha}{2}}$$

因为 $\angle COM = \frac{1}{2}(\pi - N\alpha)$，$\angle COP = \frac{1}{2}(\pi - \alpha)$，所以

$$\phi = \angle COP - \angle COM = \frac{N-1}{2}\alpha$$

式中，ϕ 为 A 与 x 轴的夹角，就是合振动的初相。

最后求得合振动的表达式为

$$x = A\cos(\omega t + \phi_0) = a\frac{\sin\frac{N\alpha}{2}}{\sin\frac{\alpha}{2}}\cos\left(\omega t + \frac{N-1}{2}\alpha\right)$$

若各分振动的初相相同，即 $\alpha = 0$，因此

$$A = \lim a \, \frac{\sin \dfrac{N\alpha}{2}}{\sin \dfrac{\alpha}{2}} = N\alpha$$

$$\phi_0 = 0$$

9.2.1.2　同方向、不同频率的两个简谐振动的合成

下面讨论两个同方向、不同频率的简谐振动的合成。由于两个振动的频率不同，则在旋转矢量图中，A_1 和 A_2 的转动角速度就不同，这样 A_1 和 A_2 之间的相位差将随着时间而改变。此时，合矢量 A 代表的合振动虽然仍与原来振动的方向相同，但不再是简谐振动，而是比较复杂的周期运动。

研究频率不同、但相近的振动的合成情况，在实际应用中很重要。因为这时的合振动具有特殊的性质，即合振动的振幅随时间做周期性的变化，这种现象叫做拍。

我们可以用演示实验来证实这种现象：取两个频率相同的音叉，在一个音叉上套上一个小铁环，使它的频率有很小的变化。先分别敲击两个音叉，听到的声音强度是均匀的；再同时敲击两个音叉，结果会听到一阵阵"嗡""嗡""嗡"……的声音，这表明合振动的振幅存在时强时弱的周期性变化，这就是拍的现象。

拍的现象在声振动、电磁振荡和无线电技术中经常遇到，可以利用拍的规律来校正乐器、测量超声波的频率；还可以利用拍的现象制造差拍振荡器，以产生极低频率的电磁振荡。拍现象的特点是振幅随时间做周期性的变化，而振幅的改变带来强度的改变。在无线电技术中，为了达到传播信号的目的，调制高频振荡的振幅使它按照信号频率而变化，这个过程叫做**调幅**。不仅振幅可以调制，而且高频振荡的频率也可以调制到使它发生有规律的变化，从而提高传输信号的性能，这个过程叫做**调频**。不论调幅还是调频，都不再是简谐振动，而是复杂的周期运动。

我们把这两个简谐振动（设它们的角频率很接近，分别为 ω_1 和 ω_2，且 $\omega_2 > \omega_1$，而初相相同）的振动方程写为

$$x_1 = A_1 \cos(\omega_1 t + \phi_0)$$
$$x_2 = A_2 \cos(\omega_2 t + \phi_0)$$

根据运动叠加原理，两者的合振动为

$$x = x_1 + x_2 = A_1 \cos(\omega_1 t + \phi_0) + A_2 \cos(\omega_2 t + \phi_0)$$

为了方便，设两个简谐振动的振幅相等，即令 $A_1 = A_2 = A$，则上式可写成

$$x = 2A\cos\left(\frac{\omega_2 - \omega_1}{2}t\right)\cos\left(\frac{\omega_2 + \omega_1}{2}t + \phi_0\right)$$

若 $\omega_2 - \omega_1$ 远小于 ω_1 或 ω_2，上式中的第一项因子随时间而缓慢地变化，第二项因子是角频率近于 ω_1 或 ω_2 的简谐函数，因此合成后的简谐振动可近似看成是角频率为 $\dfrac{\omega_1 + \omega_2}{2} \approx \omega_1 \approx \omega_2$、振幅为 $\left| 2A\cos\left(\dfrac{\omega_2 - \omega_1}{2}t\right) \right|$ 的简谐振动。由于振幅的缓慢变化是周期性的，所以合成后的简谐振动会出现时强时弱的拍现象。

图 9-8 画出了两个分振动及合振动的图形。

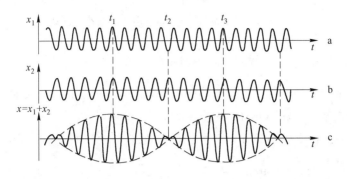

图 9-8　拍

从图 9-8 中可以看出，合振动的振幅作缓慢的变化。由于振幅总是正值，而余弦的数的绝对值以 π 为周期，因而振幅的变化周期 τ 可以由 $\left|\dfrac{\omega_2 - \omega_1}{2\pi}\right|\tau = \pi$ 来决定，故振幅变化的频率即**拍频**。拍频的数值等于两个分振动的频率之差。

拍的现象可以从简谐振动的旋转矢量合成图示法得到说明。

设 A_2 比 A_1 转得快，单位时间内 A_2 比 A_1 多转 $\nu_2 - \nu_1$ 圈，即在单位时间内，两个矢量恰好"相重"（在相同方向）和"相背"（在相反方向）的次数都是 $\nu_2 - \nu_1$ 次，也就是合振动将加强或减弱 $\nu_2 - \nu_1$ 次，这样形成了合振幅时而加强时而减弱的拍现象，拍频等于 $\nu_2 - \nu_1$。

拍现象在技术上有重要应用。例如，管乐器中的双簧管就是利用两个簧片振动频率的微小差别产生颤动的拍音，在调整乐器音准时，使它和标准音叉出现的拍音消失来校准乐器。拍还可以用来测量频率，如果已知一个高频振动频率，使它和另一频率相近但未知的振动叠加，测量合成振动的拍频，就可以求出未知的频率。拍现象常用于汽车速度监视器、地球卫星跟踪等。此外，在各种电子学测量仪器中，也常常用到拍现象。

9.2.2　相互垂直的两个简谐振动的合成

当一个质点同时参与两个不同方向的振动时，质点的位移是这两个振动的位移的矢量之和。一般情况下，质点将在平面上做曲线运动，质点的轨迹可以有各种形状，其形状由两个振动的周期、振幅、相位差来决定。

一般来说，相互垂直的两个简谐振动的合成是比较复杂的。

设一个质点同时参与两个相互垂直的简谐振动，一个振动沿 x 轴进行，另一个沿 y 轴进行。振动表达式分别为

$$x = A_1\cos(\omega t + \phi_{10})$$
$$y = A_2\cos(\omega t + \phi_{20})$$

式中，ω 为两个振动的角频率；A_1、A_2 和 ϕ_{10}、ϕ_{20} 分别为两个振动的振幅和初始相位。在任一时刻 t，质点的位置是 (x, y)。t 改变时，(x, y) 也改变。所以上述两个方程就是用参量 t 来表示质点运动轨迹的参量方程。如果把参量 t 消去，就得到轨迹的直角坐标

方程

$$\frac{x^2}{A_1^2} + \frac{y^2}{A_2^2} - 2\frac{xy}{A_1 A_2}\cos(\phi_{20} - \phi_{10}) = \sin^2(\phi_{20} - \phi_{10})$$

9.2.2.1　相互垂直、相同频率的两个简谐振动的合成

当两个相互垂直的简谐振动的频率相同，即 $\omega_1 = \omega_2 = \omega$ 时，合振动的轨迹形状取决于两个分振动的振幅 A_1、A_2 和相位差 $\Delta\phi = (\phi_{20} - \phi_{10})$ 的值。

如图 9-9 所示，当 $\Delta\phi = 0$ 或 π 时，合振动的轨迹为一条直线，振动方向与 x 轴的夹角分别为 $\theta = \arctan\left(\dfrac{A_2}{A_1}\right)$ 或 $\theta = \arctan\left(-\dfrac{A_2}{A_1}\right)$。

当 $\Delta\phi = \dfrac{\pi}{4}$ 和 $\dfrac{3\pi}{4}$ 时，合振动的运动轨迹为斜椭圆，质点分别在两个斜椭圆上沿顺时针方向运动。

当 $\Delta\phi = \dfrac{\pi}{2}$ 时，合振动的运动轨迹为正椭圆。假如 $A_1 = A_2$，合振动的运动轨迹为圆。

当 $\Delta\phi = \dfrac{5\pi}{4}$ 和 $\dfrac{7\pi}{4}$ 时，合振动的运动轨迹为斜椭圆，质点分别在两个斜椭圆上沿顺时针方向运动。

图 9-9a 为 $A_1 = A_2$ 时的情况，图 9-9b 为 $A_1 \neq A_2$ 时的情况。

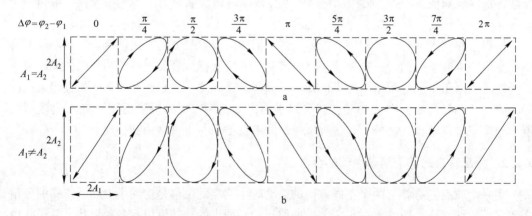

图 9-9　相互垂直的同频率、不同相位差的两个简谐振动的合成

a—$A_1 = A_2$；b—$A_1 \neq A_2$

9.2.2.2　相互垂直、不同频率的两个简谐振动的合成

当两个相互垂直的简谐振动的频率不同，即 $\omega_1 \neq \omega_2$ 时，合振动比较复杂，运动轨迹一般是不稳定的。只有当两个分振动的频率的比值为有理数时，合振动的轨迹才是稳定的周期运动。

图 9-10 中画出了两个分振动的频率比不同（$\phi_1 = 0$，$\phi_2 = 0$、$\dfrac{\pi}{8}$、$\dfrac{\pi}{4}$、$\dfrac{3\pi}{8}$、$\dfrac{\pi}{2}$）时的

合振动运动轨迹图形，这些图形统称为**李萨如图形**，常用来测量振动频率或相位。

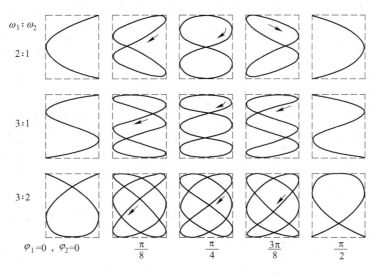

图 9-10 相互垂直的同频率、不同相位差的两个简谐振动的合成

9.2.3 阻尼振动

上面讨论的简谐振动，都是振动系统在没有阻力作用下振动的，振幅是不随时间而变化的。也就是说，这种振动一旦发生，就能够永不停止地以不变的振幅振动下去，一个振动物体不受任何阻力的影响，只在回复力的作用下所做的振动，称为**无阻尼自由振动**，这是一种理想的情况。

实际上，振动物体总是要受到阻力的作用。以弹簧振子为例，由于受到空气阻力等作用，它围绕平衡位置振动的振幅将逐渐减小，最后会停止下来。如果把弹簧振子浸入液体里，振动时所受阻力更大，振幅将急剧减小，甚至振动几次以后，就很快停下来。当阻力足够大时，振动物体甚至来不及完成一次振动，就停止在平衡位置上了。在回复力和阻力的共同作用下的振动称为**阻尼振动**。图 9-11 描述了阻尼振动的位移–时间曲线。

由图 9-11 中可以看出，在一个位移最大值后，每隔一段接近固定的时间就出现下一个较小的位移最大值，这一段时间称为阻尼振动的周期。严格地说，阻尼振动已不是周期运动，因为在经过一个周期后振动物体并不会回到原来状态。

阻尼的作用不仅使振动的机械能逐渐减少，而且使振动的周期比无阻尼时增加。阻尼越小，每个周期内损失的能量就越少，振幅的衰减也越慢，振动周期就越接近于无阻

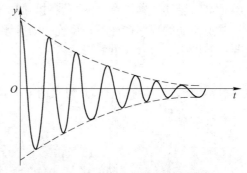

图 9-11 阻尼振动的位移-时间曲线

尼时的自由振动周期，整个振动也就越接近简谐振动；阻尼越大，振幅衰减越快，周期延长也越多。如果阻尼过大，甚至在未完成一次振动之前，能量就已全部耗尽，这时振动

系统将通过非周期运动的方式回到平衡位置。

在阻尼振动情况下，机械能的损耗一般通过以下两种形式：一种是由于摩擦阻力的作用，使振动的机械能转化为热能，称为**摩擦阻尼**；另一种是由于振动系统所引起的邻近介质中各点的振动，使机械能以波动形式向四周辐射出去，称为**辐射阻尼**。例如：音叉的振动，不仅会因为与空气的摩擦而消耗能量，同时还会因向空气中辐射声波而损失能量。

在振动的研究中，常把辐射阻尼当作是某种等效的摩擦阻尼来处理。

如果仅考虑摩擦阻尼这一种简单情况，在力学中，流体对运动物体的阻力与物体的运动速度有关。在物体速度不太大时，阻力与速度大小成正比，方向总是和速度的方向相反，即

$$F_f = -\gamma \nu = -\gamma \frac{\mathrm{d}x}{\mathrm{d}t} \tag{9-11}$$

式中的 γ 称为阻力系数，它的大小由物体的形状、大小和介质的性质来决定。

如果振动物体的质量为 m，在弹性力或准弹性力和阻力作用下运动，那么物体的运动方程为

$$m \frac{\mathrm{d}^2 x}{\mathrm{d}t^2} = -kx = -\gamma \frac{\mathrm{d}x}{\mathrm{d}t} \tag{9-12}$$

在生产技术上，可根据不同的要求，用不同的方法来控制阻尼的大小。如汽缸中活塞的振动、钟摆的振动等，加用润滑剂是为了减小它的摩擦阻尼；各种声源、乐器上的空气箱是为了加大它的辐射阻尼，可使它辐射足够强的声波。有时还需要利用临界阻尼，在灵敏电流计等精密仪表中，为使人们能较快地和较准确地进行读数测量，常使电流计的偏转系统处在临界阻尼状态下工作。

9.2.4　受迫振动

由于摩擦阻尼总是存在的，只能减小而不能完全消除，所以实际的振动物体，如果没有能量的不断补充，振动最后总是要停止下来。因此，为了维持持续的振动，需要采取补充能量的措施，即施加一个**周期性的外力作用**，这个外力叫做**驱动力**。系统在周期性驱动力的持续作用下所发生的振动称为**受迫振动**。许多实际的振动都属于受迫振动。例如，扬声器纸盒的振动、爆炸产生的声波对耳膜的振动、马达转动导致基座的振动等。

受迫振动的频率往往不是系统的固有频率，而是由外加驱动力的频率决定的。为简单起见，假设驱动力有如下的形式

$$F = F_0 \cos\omega t$$

式中，F_0 为驱动力的幅值，ω 为驱动力的角频率。物体在弹性力、阻力和驱动力的作用下，其运动方程为

$$m \frac{\mathrm{d}^2 x}{\mathrm{d}t^2} = -kx - \gamma \frac{\mathrm{d}x}{\mathrm{d}t} + F_0 \cos\omega t$$

设 $\dfrac{k}{m} = \omega_0^2$，$\dfrac{r}{m} = 2\beta$，则上式可写成

$$\frac{\mathrm{d}^2 x}{\mathrm{d}t^2} + 2\beta \frac{\mathrm{d}x}{\mathrm{d}t} + \omega_0^2 x = \frac{F_0}{m}\cos\omega t$$

若阻尼较小，上述方程的解为

$$x = A_0 e^{-\beta t} \cos(\sqrt{\omega_0^2 - \beta^2} t + \phi_0) + A\cos(\omega t + \phi_0) \tag{9-13}$$

受迫振动达到稳定状态时成为等幅振动，其振动表达式为

$$x = A\cos(\omega t + \phi_0)$$

在受迫振动时，系统因外力做功而获得能量，同时又因阻尼而导致机械能的损耗。受迫振动开始时，速度不是很大，受到的阻力也较小，振动系统由驱动力做功而获得的能量大于它抵抗阻力做功消耗的能量，于是振动能量逐渐增大。由于阻力一般随速度的增大而增加，振动速度增加时，因阻力而消耗的能量也要增加。当抵抗阻力做功损耗的能量恰好等于外力做功而补充给系统的能量时，受迫振动的能量将稳定于某一定值而不再增减，相应振动的振幅也稳定在某一数值而不再变化，就形成等幅振动。

根据理论计算可得

$$A = \frac{F_0}{m\sqrt{(\omega_0^2 - \omega^2)^2 + 4\beta^2\omega^2}} \tag{9-14a}$$

$$\tan\phi_0 = -\frac{2\beta\omega}{\omega_0^2 - \omega^2} \tag{9-14b}$$

图 9-12 为受迫振动的位移 - 时间关系曲线。

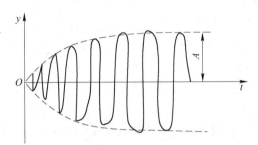

图 9-12 受迫振动的位移-时间曲线

9.2.5 共振

对于一定的振动系统，在受迫振动中，其频率由驱动力决定。如果驱动力的幅值一定，则受迫振动稳定时，位移振幅随驱动力的频率而改变。按照式（9-14a）可以画出不同阻尼时位移振幅和外力频率之间的关系曲线，如图 9-13 所示。

由图 9-13 中可以看出，当驱动力的角频率 ω 与系统的固有角频率的相差较大时，振幅 A 较小。当驱动力的角频率 ω 接近系统固有角频率时，振幅 A 逐渐增大。在 ω 为某一定值时，振幅 A 达到最大值。我们把驱动力的角频率为一定值时，受迫振动的振幅达到极大的现象称为**共振**。共振时的角频率称为**共振角频率**。

共振现象在声、光、无线电、原子物理、核物理等科学研究领域和工程技术领域都有广泛的应用。例如：可用来测定某些振动系统的固有频率；一些乐器利用共振来提高音响效果；

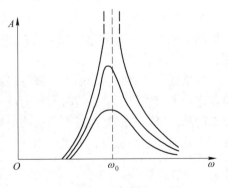

图 9-13 共振

超声波发生器是利用共振现象，使振动系统能够从能源中取得更多的能量，来激发强烈的振动；使用收音机听广播时，所谓调台，就是调节旋钮使接收电路的固有频率与无线电台发射的电磁波频率相同，以便能较多地接收该电台发射的电磁波能量，使我们听到该电台的广播。

共振也会引起损害，例如：机床或重要仪器的工作台，为了避免外来的机械干扰引起的振动，通常筑有较大的混凝土基础，从而降低固有频率，使其远小于外来干扰力的频率，有效地避免共振的发生。当由于共振使系统的振动振幅变得很大而超出系统的弹性限度时，这样的系统常常会遭到破坏。1904 年，俄国的一队骑兵以整齐的步伐通过彼得堡的某座桥梁时，因马蹄对桥板的敲击引起桥身发生共振而坍塌，从此以后，规定列队过桥必须散步走。

避免共振的主要办法是使驱动力的频率与系统的固有频率的差别加大，或增大阻尼。例如：机器设备的转动部分都不可能造得完全平衡，机器工作时要产生与转动同频率的周期性力，如果力的频率接近于机器某部分的固有频率，将引起机器部件共振，影响加工精度，甚至可能发生损坏事故。因此，各种机器设备的转动部件都必须做动平衡试验进行调整。

我国古代很早就对共振有认识，如在公元 5 世纪成书的《天中记》中记载：中朝时，蜀人有畜铜澡盘，晨夕恒鸣如人扣。以白张华，华曰："此盘与洛钟宫商相谐，宫中朝暮撞钟，故声相应。可鑢（音"虑"）令轻，则韵乖，鸣自止也。"依其言，则不复鸣。张华指出产生共振的条件是"宫商相谐"，即周期性外力频率与物体的固有频率相接近。防止的方法是改变物体的大小和厚薄，实际上是改变物体的固有频率。在北宋，沈括还设计了一个利用纸人跳动的共振实验。在西方，15 世纪达·芬奇（L. da Vinci）开始做共振实验。直到 17 世纪，才出现和沈括相似的纸游码实验。

9.3　平面简谐波

波动是一种常见的物质运动形式。广义地说，任何振动在空间或介质中的传播都可称为波动。而机械振动在弹性介质中的传播称为机械波。在日常生活中最常见的机械波有水面波、声波和地震波等。波的传播是物理量振动的传播，物理量的振动需要载体，这个载体就是波传播的介质。波在传播过程中，介质并不一起传播出去。水面波表现为水面的上下振动，例如"一石激起千层浪"。在水面波向外传播出去的过程中，并没有水向外流出去。

介质最先发生振动的地方叫**波源**。当波源按余弦规律振动时，其周围介质中各质点也将随之按余弦规律振动，这时形成的波叫做**简谐波**，这是一种最简单、最基本的波。任何复杂的波都可以看成是由若干简谐波叠加而成的。本节重点讨论简谐波的概念和规律，并介绍声波的基本知识及其技术应用。

9.3.1　机械波

机械振动在弹性介质（固体、液体和气体）中传播，形成机械波，这是因为弹性介质内各质点之间有弹性力相互作用。当介质中某一质点离开平衡位置时，就发生了形变，一方面邻近质点将对它施加弹性回复力，使它回到平衡位置，并在平衡位置附近振动；另一方面根据牛顿第三定律，这个质点也将对邻近质点施加弹性力，迫使邻近质点也在自己的平衡位置附近振动。这样，当弹性介质中的一部分发生振动时，由于各部分之间的弹性力的相互作用，振动就由近及远地传播开去，形成了波动。

　　按照质点的振动方向与振动的传播方向的关系，机械波可分为**横波**与**纵波**，这是波动的两种最基本的形式[4]。

　　如图 9-14a 所示，用于握住一根绷紧的长绳，当手上下抖动时，绳子上各部分质点就依次沿竖直方向上下振动起来，并且振动状态顺着绳子沿水平方向传播出去，这种振动方向与振动的传播方向相互垂直的波，称为**横波**。当手上下抖动时，可以看到在绳子上交替出现凸起的波峰和凹下的波谷，并且它们以一定的速度沿绳传播，这就是横波的外形特征。常见的水面波、电磁波也是横波。

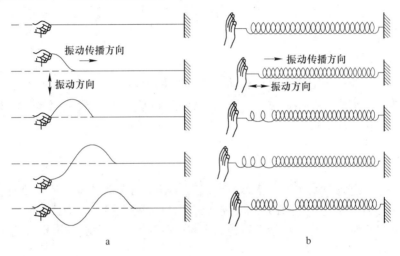

图 9-14　横波与纵波
a—横波；b—纵波

　　如图 9-14b 所示，将一根水平放置的长弹簧的一端固定起来，用手去拍打另一端，各部分弹簧就依次沿水平方向左右振动起来，而且振动状态也顺着弹簧沿水平方向传播出去，这种振动方向与波的传播方向相互平行的波，称为**纵波**。声波就是一种纵波。纵波的外形特征可以从图 9-14b 中看出，弹簧上出现交替的"稀疏"和"稠密"区域（疏部和密部），它们的疏密状态以一定的速度传播出去。发生地震时，从地震源传出的地震波，既有横波也有纵波。

　　从图 9-14 还可以看出，无论是横波还是纵波，它们都只是振动状态（即振动相位）的传播，弹性介质中各质点仅在它们各自的平衡位置附近振动，并没有随着振动的传播移走。

9.3.2　波的描述

　　波源在弹性介质中振动时，振动将向各个方向传播，形成波动。为了便于直观地讨论波动情况，可以引入波线、波面和波前等概念来描述波动问题（见图 9-15），引入波长、频率（或周期）和波速等物理量来描述波动的特征。

9.3.2.1　波线

　　沿波的传播方向画一些带有箭头的线，叫做**波线**。

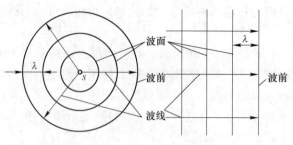

图 9-15   波线、波面和波前

9.3.2.2   波面

介质中各质点都在平衡位置附近振动，我们把不同波线上相位相同的各点所连成的曲面，叫做**波面**或同相面。在任一时刻，波面可以有任意多个，一般是相邻两个波面之间的距离等于一个波长。

9.3.2.3   波前

在某一时刻，由波源最初振动状态传播到的各点所连成的曲面，叫做**波前**或**波阵面**。波前是波面的特例，是传到最前面的那个波面，所以一列波只有一个波前。波前形状是球面的波，叫做球面波；波前形状是平面的波，叫做平面波。在各向同性的介质中，波线与波面垂直。

9.3.2.4   波长

简谐波动传播时，在同一波线上，两个相邻的、振动的相位差为 2π 的质点，振动的步调恰好是一致的，故把它们之间的距离叫做波长，用 λ 表示。

对于横波来说，相邻两个波峰之间或相邻两个波谷之间的距离，都是一个波长（见图 9-16）。

对于纵波来说，相邻两个密部或相邻两个疏部的中心点之间的距离，也是一个波长。

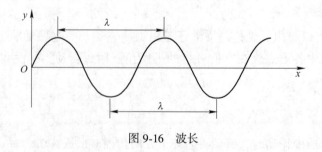

图 9-16   波长

9.3.2.5   波速

在波动过程中，某一振动状态（即振动相位）在单位时间内传播的距离称为波速（相速），用 u 表示。

机械波在介质中的传播速度由介质本身的性质决定，在不同的介质中，波速不同。

对弹性波而言，其传播速度由介质的惯性和弹性决定，即波速决定于介质的密度和弹性模量。

在不同的介质中，波的传播速度是不同的。

就液体和气体而言，只有体变弹性，在液体和气体的内部就只能传播与体变有关的弹性纵波。理论证明，在液体和气体中纵波的传播速度为

$$u = \sqrt{\frac{B}{\rho}} \qquad (9\text{-}15)$$

式中，B 为介质的体变弹性模量；ρ 为介质的密度。

对理想气体而言，依据分子动理论和热力学知识，可以推导出气体的声速公式为

$$u = \sqrt{\frac{\gamma p}{\rho}} = \sqrt{\frac{\gamma RT}{M}} \qquad (9\text{-}16)$$

式中，M 为气体的摩尔质量；γ 为气体的比热容；p 为气体的压强；T 为热力学温度；R 为摩尔气体常数。例如，空气的比热容 $\gamma = 1.40$，在标准状态下，声速为

$$u = \sqrt{\frac{1.40 \times 1.013 \times 10^5 \text{Pa}}{1.293 \text{kg/m}^3}} \approx 331 \text{m/s}$$

液体的表面是由重力和表面张力引起的表面波，是由纵波和横波叠加的波，传播速度由重力加速度和表面张力系数决定。

液体表面波波速的普遍计算公式为

$$u = \sqrt{\left(\frac{g\lambda}{2\pi} + \frac{2\pi T}{\rho\lambda}\right) \text{th} \frac{2\pi h}{\lambda}} \qquad (9\text{-}17)$$

式中，h 为液体的深度；λ 为波长；T 为表面张力系数；ρ 为液体的密度；g 为重力加速度；th 为双曲正切函数。如果不考虑表面张力，对于 $h \ll \lambda$ 的浅水波

$$u_{浅水} = \sqrt{gh}$$

对于深水波有

$$u_{深水} = \sqrt{\frac{gh}{2\pi}}$$

柔软绳索和弦线中横波的传播速度为

$$u = \sqrt{\frac{F}{\mu}}$$

式中，F 为绳索或弦线中的张力；μ 为绳索或弦线单位长度的质量。

表 9-1 列出了 0℃时声波在几种介质中的传播速度。另外，声速还与温度有关，温度越高，声音的传播速度越大，如 20℃时在空气中的声速为 344m/s，比 0℃时大一些。

表 9-1 声波在不同介质中的传播速度 （m/s）

介 质	声速（0℃）	介 质	声速（0℃）
空气	332	玻璃	5000~6000
水	1450	松木	3320
铜	3800	软木	430~530
铁	4900	橡胶	30~50

9.3.2.6　频率、周期、角频率

单位时间内通过波线上某点的完整波形的数目称为波的频率，用 ν 表示。

频率的倒数叫做波的周期，用 T 表示，即 $T = \dfrac{1}{\nu}$，代表波传播一个波长的距离所需要的时间。

角频率（圆频率）为频率的 2π 倍，即在 $2\pi\text{s}$ 时间内传播过的波数，用 ω 表示。

角频率、周期、频率三者之间的关系为

$$\omega = \frac{2\pi}{T} = 2\pi\nu \tag{9-18}$$

由波动的形成过程可知，波的频率和周期在量值上等于波源振动的频率和周期，与介质无关，即振动在介质中传播时其频率和周期不变。

波速、波长、周期三者之间的关系为

$$u = \frac{\lambda}{T} \tag{9-19}$$

式（9-19）具有普遍意义，对各类波动都适用。但要注意，波在介质中的传播速度与介质中各质点在各自平衡位置附近的振动速度是两个完全不同的概念。

9.3.3　波动方程

下面主要讨论在均匀介质中，沿 Ox 轴正方向以速度 u 传播的平面简谐波，如图 9-17 所示。

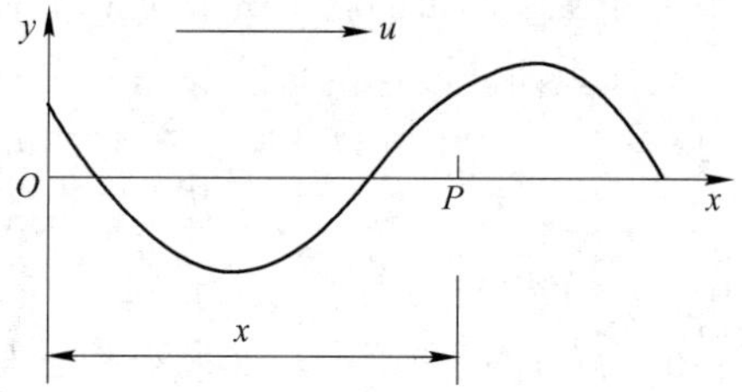

设在原点 O 处的质点的振动方程为 $y = A\cos(\omega t + \phi)$，假设介质为均匀的、无吸收的，那么波传播到介质各质点的振幅将保持不变。

在 Ox 轴上任取一点 P，它距点 O 的距离为

图 9-17　平面简谐波的传播

x，当振动传到点 P 时，该处的质点将以相同的振幅和频率重复点 O 的振动。振动从原点 O 传到点 P 所需的时间是 $t_0 = \dfrac{x}{u}$，也即点 P 的振动比点 O 要滞后一段时间 $\dfrac{x}{u}$。也就是说，点 P 在 t 时刻的相位和点 O 在 $(t - t_0)$ 时刻的相位相同。

由上面所设的 O 点的振动方程，可得到点 P 在时刻 t 的位移为

$$y = A\cos\left[\omega\left(t - \frac{x}{u}\right) + \phi\right] \tag{9-20}$$

式（9-20）就是沿 x 轴正方向传播的平面简谐波的表达式，称为平面简谐波的波动方程。

它含有时间 t 和沿 x 轴的位置坐标 x 两个自变量，给出了波动过程中任意时刻波线上任意一点离开其平衡位置的位移。为简单起见，可设 $\phi = 0$。

由于 $\omega = \dfrac{2\pi}{T} = 2\pi\nu$，$u = \lambda\nu = \dfrac{\lambda}{T}$，波动方程还可写为以下两种形式：

$$y = A\cos 2\pi\left(\frac{t}{T} - \frac{x}{\lambda}\right)$$

$$y = A\cos 2\pi\left(\nu t - \frac{x}{\lambda}\right)$$

为了进一步理解波动方程的物理意义，分以下几种情况讨论：

（1）当 x 一定时，位移 y 仅是 t 的函数，波动方程表示距原点 O 为 x 处的质点在不同时刻的位移，即变成该质点的振动方程了。

例如：在 $x = 0$ 处，质点的振动方程为

$$y = A\cos 2\pi\left(\frac{t}{T} - 0\right)$$

在 $x = \dfrac{\lambda}{2}$ 处，质点的振动方程为

$$y = A\cos 2\pi\left(\frac{t}{T} - \frac{1}{2}\right)$$

（2）当 t 一定时，y 只是 x 的函数，波动方程表示给定时刻在振动传播方向上各质点的位移 y 的分布情况。若以 y 为纵坐标，x 为横坐标，可得出给定时刻的各质点的位移分布曲线，也称**波形图**，即相当于在该给定时刻拍摄的波的照片。

例如，当 $t = 0$ 时，波动方程为

$$y = A\cos 2\pi\left(0 - \frac{x}{\lambda}\right)$$

当 $t = \dfrac{T}{2}$ 时，波动方程为

$$y = A\cos 2\pi\left(\frac{1}{2} - \frac{x}{\lambda}\right)$$

如果波沿 Ox 轴的负方向传播，则点 P 的振动比点 O 早开始一段时间 $\dfrac{x}{u}$。也就是说，点 P 在 t 时刻的相位和点 O 在 $\left(t + \dfrac{x}{u}\right)$ 时刻的相位相同，则波动方程为

$$y = A\cos 2\pi\left(t + \frac{x}{u}\right) = A\cos 2\pi\left(\frac{t}{T} + \frac{x}{\lambda}\right) = A\cos 2\pi\left(\nu t + \frac{x}{\lambda}\right)$$

由波动方程可以看出，在同一时刻，距离原点 O 分别为 x_1 和 x_2 两个质点的相位是不同的，分别为

$$\phi_1 = \omega\left(t - \frac{x_1}{u}\right) = 2\pi\left(\frac{t}{T} - \frac{x_1}{\lambda}\right)$$

$$\phi_2 = \omega\left(t - \frac{x_2}{u}\right) = 2\pi\left(\frac{t}{T} - \frac{x_2}{\lambda}\right)$$

两点的相位差为

$$\Delta\phi = \phi_1 - \phi_2 = 2\pi\left(\frac{t}{T} - \frac{x_1}{\lambda}\right) - 2\pi\left(\frac{t}{T} - \frac{x_2}{\lambda}\right) = 2\pi\frac{x_2 - x_1}{\lambda}$$

式中，$x_2 - x_1 = \Delta x$，称为波程差，那么上式可以写成

$$\Delta\phi = \frac{2\pi}{\lambda}\Delta x$$

上式即为同一时刻波线上两点的相位差 $\Delta\phi$ 与波程差 Δx 之间的关系式。

9.3.4　波的能量与强度

在波动过程中，波源的振动通过弹性介质由近及远地传播出去。当弹性波传播到介质中的某处时，该处原来不动的质点开始振动，便具有了动能，同时该处的介质也会发生形变，便具有了势能，所以波动过程也是能量传播的过程。传播过程中，介质由近及远地振动，所以能量的传播是向外的，这是波动的重要特征。

本节仅以平面余弦纵波在棒中传播的特殊情况为例，对能量的传播作简单说明。

9.3.4.1　波的能量和能量密度

如图 9-18 所示，有一质量密度为 ρ 的细长棒，截面积为 Δs，在棒上距原点 O 为 x 处取一小体积元，其体积 $\Delta V = \Delta s\Delta x$，其质量 $\Delta m = \rho\Delta V$。当波传播到该小体积元时，其振动动能为 $E_k = \frac{1}{2}\Delta mv^2$，其中 $v = \dfrac{\partial y}{\partial t} = -A\omega\sin\omega\left(t - \dfrac{x}{u}\right)$，故

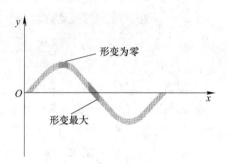

图 9-18　波的能量

$$E_k = \frac{1}{2}\rho\Delta VA^2\omega^2\sin^2\omega\left(t - \frac{x}{u}\right).$$

利用杨氏模量的定义和胡克定律，可以证明小体积元因发生形变而具有的弹性势能与动能完全相同，即

$$E_p = \frac{1}{2}\rho\Delta VA^2\omega^2\sin^2\omega\left(t - \frac{x}{u}\right)$$

由于形变量是 y 对 x 的导数 $\partial y/\partial x$，由图 9-18 可以看出，在最大位移处，形变为零，则弹性势能为零，而此处小体积元的振动速度为零，故动能也为零；在平衡位置处，形变最大，弹性势能最大，而此处小体积元的振动速度最大，故动能也最大。这种情况与简谐振动的能量情况完全不同。

小体积元的总能量为其动能和势能之和，即

$$E = \rho\Delta VA^2\omega^2\sin^2\omega\left(t - \frac{x}{u}\right)$$

由上述分析可以得出，在波动过程中，任一体积元的动能和势能的变化是同相的，它们同时达到最大值，又同时达到最小值；其动能和势能总是相等的，因此总能量等于动能（或势能）的 2 倍。对于任一体积元来说，不同时刻具有的能量不同，因此它的机械能是不守恒的。在波动过程中，沿着波的方向，小体积元不断地从上一个（离波源较近的）邻近体积元处接受能量，同时又向下一个（离波源较远的）邻近体积元处传递能量，所有体积元都周期性地不断重复这个过程，能量随着波的行进由波源向远处传播开去。

单位体积中波动的能量，称为波的**能量密度**，用 w 表示，即

$$w = \frac{E}{\Delta V} = \rho A^2\omega^2\sin^2\omega\left(t - \frac{x}{u}\right) \tag{9-21}$$

能量密度在一个周期内的平均值，称为平均能量密度，用 $\overline{w}$ 表示，即

$$\overline{w} = \frac{1}{T}\int_0^T w\mathrm{d}t = \frac{1}{2}\rho A^2\omega^2 \tag{9-22}$$

因此，波的能量密度与振幅的平方、频率的平方和介质的密度均成正比。

9.3.4.2 波的强度

根据以上的讨论，能量是随着波动的进行在介质中传播的，因此需要引入能流的概念。

单位时间内通过介质中某一面积的能量，称为**能流**。

在介质内取垂直于波速 u 的面积 S，则在单位时间内通过 S 面的能量就等于体积 uS 中的能量（见图 9-19），这个能量是周期性变化的，通常取其中一个周期的时间平均值，即平均能流为

$$\overline{P} = uS\overline{w} = \frac{1}{2}uS\rho A^2\omega^2 \tag{9-23}$$

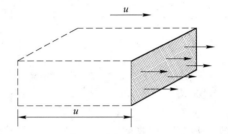

图 9-19 体积 uS 内的能量在单位时间内通过 S 面

因此，单位时间内的瞬时能流为

$$P = uSw = uS\rho A^2\omega^2\sin^2\omega\left(t - \frac{x}{u}\right) \tag{9-24}$$

通过与波动传播方向垂直的单位面积的平均能流，称为平均能流密度，也叫波的强度，用 I 表示，单位为 $\mathrm{W/m^2}$，即

$$I = u\overline{w} = \frac{1}{2}u\rho A^2\omega^2 = \frac{1}{2}zA^2\omega^2 \tag{9-25}$$

式中，$z = u\rho$，z 是表征介质特性的常量，称为介质的特性阻抗。式（9-25）表明，弹性介质中简谐波的强度正比于振幅的二次方，正比于角频率（或频率）的二次方，正比于介质的特性阻抗。

因此，能流密度越大，表示波动在单位时间内通过单位截面积的能量越多。

9.3.5 惠更斯原理

波动的起源是波源的振动，波的传播是由于介质中质点之间的相互作用。波源的振动通过介质中的质点依次传播出去的，因此每个质点都可看做是新的波源。

以一列水波为例，如图 9-20 所示，水面波传播时，遇到一障碍物 AB，AB 上开有一个小孔，孔径为 a，且比波长 λ 小。我们就可以看到穿过小孔的波是圆形的，与原来波的形状无关，这说明小孔可以看做是新的波源。

荷兰物理学家惠更斯（C. Hygens）总结了这方面的现象，于 1690 年提出了关于波的传播规律：在波的传播过程中，在介质中波所到达的波阵面（波前）上的每一点都可以看做是发射子波的波源，在其后的任意时刻，这些子波的包迹就成为新的波阵面，这就是**惠更斯原理**。

惠更斯原理对任何波动过程都是适用的，不论是机械波还是电磁波，只要知道某一时刻的波阵面，就可以根据这一原理，用几何作图的方法，确定出下一时刻的波阵面，从而确定波的方向，在很广泛的范围内解决了波的传播问题。如图 9-21 所示，设 S_1 为某一时刻 t 的波阵面，根据惠更斯原理，S_1 上的每一点发出的球面子波，经过 Δt 时间后，形成半径为 $u\Delta t$ 的球面，在波的前进方向上，这些子波的包迹 S_2 就成为 $t + \Delta t$ 时刻的新波阵面。

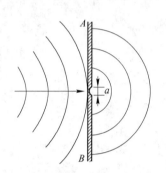

图 9-20 障碍物上的小孔成为新的波源

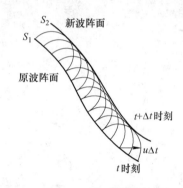

图 9-21 惠更斯原理

在本节内容中，并没有对惠更斯原理在光波、电磁波等方面的应用进行详细说明，有关内容将在光学和电磁学部分的内容中详细展开讨论。特别应该指出，惠更斯原理没有说明各个子波在传播中对某一点的振动究竟有多少贡献，这部分内容也将在波动光学部分加以补充介绍。

图 9-22 是利用惠更斯原理描绘出的球面波和平面波的传播情况。可以根据惠更斯原理，用作图的方法说明波在传播中发生的衍射、散射、反射和折射等现象。

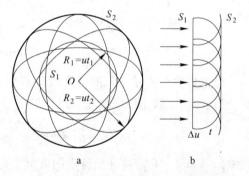

图 9-22 惠更斯原理在球面波和平面波的应用

a—球面波；b—平面波

在图 9-22a 中，以 O 为中心的球面波以波速 u 在介质中传播，在时刻 t_1 的波前是半径为 R_1 的球面 S_1。根据惠更斯原理，S_1 上的各点都可以看成是发射子波的新波源，那么包络面 S_2 即为 $t_2 = t_1 + \Delta t$ 时刻的新的波前。那么，S_2 是以 O 为中心，以 $R_2 = R_1 + u\Delta t$ 为半径的球面。图 9-22b 是从平面波的波阵面 S_1 出发，根据惠更斯原理，确定新的波阵面 S_2 的情况。

所以，图 9-22 中的两图可以说明，当波在均匀的各向同性的介质中传播时，用惠更斯原理得出波前的几何形状总是保持不变的。

9.3.6 波的衍射

波在传播过程中遇到障碍物时，能够绕过障碍物的边缘前进，这种现象称为波的**衍射**。

用惠更斯原理能定性地说明波的衍射现象。当平面波到达一个宽度与波长接近的缝时，缝处的各点都可以看做是发射子波的波源，发射子波的包迹在边缘处不再是平面，从而使传播的方向偏离原来的方向而向外延展，进入缝两侧的阴影区域，出现新的波阵面。

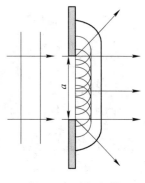

图 9-23 波的衍射

由图 9-23 可以看出，此时的波阵面与原来的平面略有不同，在靠近边缘处，波阵面弯曲，振动的传播方向也发生了改变，振动绕过了障碍物而继续传播。随着缝（或孔、遮板）宽度 a 的减小，衍射现象会越明显。不论是机械波还是电磁波都会产生衍射现象，衍射现象是波动的重要的特征之一。

9.4 波的干涉 驻波

本节我们来讨论机械波的一类常见而重要的问题，即几个波源产生的波，同时在一种介质中传播并且相遇时，介质中质点的运动情况及振动的传播规律。

9.4.1 波的叠加

实验证明：在同一种介质中，几列波同时传播并在某点处相遇时，每列波仍然保持各自原有的特性（频率、波长、振幅、振动方向等）传播不变，并按照自己原来的方向继续前进，如同没有遇到其他波一样，这种现象称为**波的独立性**。在波的相遇的区域内，任一点的质点的振动为各列波单独在该点引起的振动的合振动，即在任一时刻，该点处质点的振动位移等于各列波单独存在时在该点引起的位移的矢量和，这一规律称为**波的叠加原理**（只是在波的振幅或波的强度较小的情况下，波的叠加原理才成立）。波的叠加原理可以从许多现象中观察到，例如，我们能同时听见几个人讲话，欣赏音乐时能辨别出不同乐器的发声，空间能同时容纳若干个电台发射的电磁波而各不受影响等。

叠加原理在物理学的重要性还在于可将一列复杂的波分解为简谐波的组合。事实上，正如傅里叶所说的那样：任何一个质点的周期运动，都可以用简谐振动的合成来表示。

9.4.2 波的干涉

一般来讲，振幅、频率、相位等都不相同的几列波在某一点叠加时，情形是很复杂的。

下面只讨论一种最简单而又最重要的情形，即两列频率相同、振动方向相同、相位相同或相位差恒定的简谐波的叠加。满足这些条件的两列波在空间任何一点相遇时，该点的两个分振动也有恒定相位差。但是对于空间里不同的点，有着不同的恒定相位差。因而，在空间某些点处振动始终加强，而在另一点处振动始终减弱或完全抵消，这种现象称为**波的干涉现象**。能产生干涉现象的波称为**相干波**，相应的波源称为**相干波源**。干涉是一切波动过程所特有的性质。

设有两个相干波源 S_1 和 S_2，它们都以角频率 ω 做振动，振动方程分别为

$$y_1 = A_1\cos(\omega t + \phi_1)$$
$$y_2 = A_2\cos(\omega t + \phi_2)$$

式中，A_1、A_2 和 ϕ_1、ϕ_2 分别为两波源的振幅和初相。若从 S_1 和 S_2 发出的波在同一种介质中存在，波长均为 λ，不考虑介质对波能量的吸收，则两列波的振幅与其波源的振幅相同，分别为 A_1、A_2。

设两相干波在空间的某点 P 相遇，点 P 与 S_1 和 S_2 的距离分别为 r_1 和 r_2，由于两列波传播到点 P 的相位分别比波源处落后 $2\pi\dfrac{r_1}{\lambda}$ 和 $2\pi\dfrac{r_2}{\lambda}$，因此在点 P 引起的两个分振动为

$$y_1 = A_1\cos\left(\omega t + \phi_1 - 2\pi\frac{r_1}{\lambda}\right)$$
$$y_2 = A_2\cos\left(\omega t + \phi_2 - 2\pi\frac{r_2}{\lambda}\right)$$

式中，$\left(\phi_1 - 2\pi\dfrac{r_1}{\lambda}\right)$ 和 $\left(\phi_2 - 2\pi\dfrac{r_2}{\lambda}\right)$ 为点 P 处两个分振动的初相。

点 P 处的合振动就是这两个同方向、同频率振动的合成，即点 P 处合振动的振动方程为

$$y = y_1 + y_2 = A\cos(\omega t + \phi) \tag{9-26}$$

式中，

$$A = \sqrt{A_1 + A_2 + 2A_1A_2\cos\left(\phi_2 - \phi_1 - 2\pi\frac{r_2 - r_1}{\lambda}\right)}$$

$$\phi = \arctan\frac{A_1\sin\left(\phi_1 - 2\pi\dfrac{r_1}{\lambda}\right) + A_2\sin\left(\phi_2 - 2\pi\dfrac{r_2}{\lambda}\right)}{A_1\cos\left(\phi_1 - 2\pi\dfrac{r_1}{\lambda}\right) + A_2\cos\left(\phi_2 - 2\pi\dfrac{r_2}{\lambda}\right)}$$

故点 P 处两个分振动的相位差为

$$\Delta\phi = \phi_2 - \phi_1 - 2\pi\frac{r_2 - r_1}{\lambda}$$

式中，$\phi_2 - \phi_1$ 为两个波源的初相差，是恒量；$r_2 - r_1$ 为两个波源到点 P 的路程差，称为波程差。对于固定点 P 来说，$r_2 - r_1$ 也是恒定的，而 $2\pi\dfrac{r_2 - r_1}{\lambda}$ 是因传播而引起的相位差。

因为 $\Delta\phi$ 是恒量，所以合振动的振幅也是恒量。这样，干涉的结果使空间各点的合振幅各自保持不变，在空间某些点处振动始终加强，在某些点处振动始终减弱。

因此，凡满足：

$$\Delta\phi = \phi_2 - \phi_1 - 2\pi\frac{r_2 - r_1}{\lambda} = \pm 2k\pi \quad (k = 0,\ 1,\ 2,\ \cdots) \tag{9-27}$$

的空间各点合振幅最大，为 $A = A_1 + A_2$，这些点的振动始终最强。

凡满足：

$$\Delta\phi = \phi_2 - \phi_1 - 2\pi\frac{r_2 - r_1}{\lambda} = \pm(2k + 1)\pi \quad (k = 0, 1, 2, \cdots) \qquad (9\text{-}28)$$

的空间各点合振幅最小，为 $A = |A_1 - A_2|$，这些点的振动始终最弱。

若 $A_1 = A_2$，则 $A = 0$，振动消失。

当 $\Delta\phi$ 不满足上述两种情况时，这些点处的相位差 $\Delta\phi$ 就介于式（9-27）和式（9-28）两式之间，合振幅也在 $A_1 + A_2$ 和 $|A_1 - A_2|$ 之间。

若两列相干波源的初相位相同（$\phi_1 = \phi_2$），则上述两式可简化为

$$\Delta\phi = 2\pi\frac{r_1 - r_2}{\lambda} = \pm2k\pi \quad (k = 0, 1, 2, \cdots)$$

$$\Delta\phi = 2\pi\frac{r_1 - r_2}{\lambda} = \pm(2k + 1)\pi \quad (k = 0, 1, 2, \cdots)$$

设 $r_1 - r_2 = \delta$，则当 $\delta = r_1 - r_2 = \pm k\lambda (k = 0, 1, 2, \cdots)$ 时，波程差 δ 等于零或波长整数倍的各点，合振动的振幅最大；当 $\delta = r_1 - r_2 = \pm(2k + 1)\dfrac{\lambda}{2}(k = 0, 1, 2, \cdots)$ 时，波程差等于半波长的奇数倍的各点，合振动的振幅最小。

当波程差 δ 既不是波长的整数倍，又不是半波长的奇数倍时，合振幅的数值在最大值 $A_1 + A_2$ 和最小值 $|A_1 - A_2|$ 之间。

根据以上讨论可以得出，两列相干波在空间任意一点相遇时，干涉波的加强和减弱的条件，除了两个波源的初相差之外，只取决于该点至两相干波源的波程差。

干涉现象是波动特有的现象，对于光学、声学和许多工程学科都非常重要，并且有着广泛的应用。例如，大礼堂、影剧院的设计必须考虑到声波干涉，以避免局部区域声音过强或局部区域声音过弱，在噪声太强的地方还可以利用干涉原理达到消声的目的。

9.4.3 驻波

驻波是干涉的特例。驻波是振幅、频率和传播速度都相同的两列相干波，在同一直线上相向传播时叠加而成的一种特殊的干涉现象，又叫做分段振动现象。

设有振幅相同、频率相同的两列简谐波分别沿 x 轴正、负方向传播，波动方程分别为

$y_1 = A\cos2\pi\left(\nu t - \dfrac{x}{\lambda}\right)$ 和 $y_2 = A\cos2\pi\left(\nu t + \dfrac{x}{\lambda}\right)$，两列波叠加后的合位移为

$$y = y_1 + y_2 = A\cos2\pi\left(\nu t - \frac{x}{\lambda}\right) + A\cos2\pi\left(\nu t + \frac{x}{\lambda}\right)$$

$$y = 2A\cos2\pi\frac{x}{\lambda}\cos2\pi\nu t \qquad (9\text{-}29)$$

式（9-29）称为驻波方程。

与简谐振动方程 $y = A\cos2\pi\nu t$ 比较可知，$2A\cos2\pi\dfrac{x}{\lambda}$ 为各点的振幅，它只与 x 有关。

驻波方程式（9-29）表明，形成驻波时，波线上各点做振幅为 $2A\cos2\pi\dfrac{x}{\lambda}$、频率为 ν

的振动。

由 $2A\cos2\pi\dfrac{x}{\lambda}$ 可知，当 $\left|\cos2\pi\dfrac{x}{\lambda}\right|=1$ 时，这些点的振幅最大，等于 $2A$，这些振幅最大的点称为**波腹**。

因为 $\left|\cos2\pi\dfrac{x}{\lambda}\right|=1$ 时，$2\pi\dfrac{x}{\lambda}=\pm k\pi$，所以波腹的位置为

$$x=\pm k\frac{\lambda}{2}\quad(k=0,1,2,\cdots)$$

当 $\left|\cos2\pi\dfrac{x}{\lambda}\right|=0$ 时，这些点的振幅最小，等于 0，这些点始终不动，把这些振幅为零的点称为波节。

因为 $\left|\cos2\pi\dfrac{x}{\lambda}\right|=0$ 时，$2\pi\dfrac{x}{\lambda}=\pm(2k+1)\dfrac{\pi}{2}$，所以波节的位置为

$$x=\pm(2k+1)\frac{\lambda}{4}\quad(k=0,1,2,\cdots)$$

从波腹和波节的位置公式可以看出，两个相邻波节之间或两个相邻波腹之间的距离均为半个波长，即 $\dfrac{\lambda}{2}$。

驻波可用实验来演示，如图 9-24 所示。

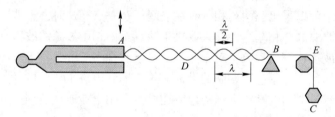

图 9-24　驻波实验

A 为电动音叉，B 为一劈尖（固定端），C 为砝码，D 为弦线，E 为滑轮，移动劈尖的位置可以调节弦长。当音叉振动时，带动弦线上的各点振动，形成入射波，在 B 处反射时形成反射波。反射波和入射波相干涉形成驻波。

驻波在振动学、声学、电磁波和光学等理论和实验研究中都占有很重要的地位，可以利用驻波原理来测量波长和确定振动系统的频率。

从图 9-24 弦线上的驻波可见，波在固定端反射形成驻波时，固定端出现波节。如果波在自由端反射，在反射面上出现波腹。

关于驻波的能量。当介质中各质点的位移达到最大值时，其速度为零，即动能为零。除波节外，所有质点都离开平衡位置，而引起介质的最大的弹性形变，所以此时驻波上的质点的全部能量都是势能。由于在波节附近的相对形变最大，所以势能最大；而在波腹附近的相对形变为零，即势能为零，因此驻波的势能集中在波节附近。

当驻波上所有质点同时到达平衡位置时，介质的形变为零，所以势能为零，驻波的全部能量都是动能。此时在波腹处的质点的速度最大，动能最大；而在波节处的质点的速度

为零，动能为零。因此，驻波的动能集中在波腹附近。

由此可见，介质在振动过程中，驻波的动能和势能是不断相互转化的。在转化过程中，能量不断由波腹附近转移到波节附近，再由波节附近转移到波腹附近。也就是说，在驻波行进过程中没有能量的定向传播。

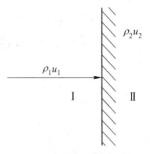

图 9-25 波垂直入射介质界面

一般来说，波在两种介质的分界面上反射时，反射面处是波节还是波腹，与波的种类、两种介质的性质以及入射角的大小等因素有关。如果波线垂直于两种介质的分界面（见图 9-25），当 $\rho_1 u_1 < \rho_2 u_2$ 时，在界面处出现波节；当 $\rho_1 u_1 > \rho_2 u_2$ 时，在界面处出现波腹，其中 ρ 为介质的密度，u 为波在介质中的波速。把 ρu 值大的介质称为**波密介质**，ρu 值小的介质称为**波疏介质**。

因此，当波的反射是从波密介质返回波疏介质时，将在分界处形成波节，反之则形成波腹。

在分界面上形成波节，说明入射波和反射波在此处的相位相反（相位差为 π），即反射波在分界处的相位跃变了 π。因为在波线上相距半个波长的两点间的相位差是 π，所以当波的反射是从波密介质返回波疏介质时，反射波相当于附加（或损失）了半个波长，通常把这种现象叫做**半波损失**。

9.4.4 多普勒效应

前面我们讨论的都是波源，相对于介质是静止的。所以，观察者接收到的频率与波源发出的频率是相同的。但是，在日常生活和科学观测中，经常会遇到波源或观察者或两者都相对于介质运动的情况，那么观察者接收到的频率与波源发出的频率就不相同了，这种现象是由多普勒（J. C. Doppler）在 1842 年首先发现的，故称为**多普勒效应**[21]。

例如，在日常生活中会遇到这样的情况：当高速行驶的火车鸣笛而来时，人们听到的汽笛音调变高，即频率变大；当火车鸣笛离去时，人们听到的音调变低，即频率变小。下面我们就来分析讨论这一现象。

首先要把波源的频率、观察者接收到的频率和波的频率分清楚。

设波源相对于介质的运动速度为 v_S，观察者相对于介质的运动速度为 v_R，波在介质中传播的速度为 u，波长为 λ。波源的频率 ν_S，是波源在单位时间内振动的次数，或在单位时间内发出的完整波的数目；观察者接收到的频率 ν_R，是观察者在单位时间内接收到的振动次数（或完整波的数目）；波的频率 ν_W，是指单位时间内通过介质中某点的振动的次数（或完整波的数目）。它们之间满足 $\nu_W = \dfrac{u}{\lambda}$ 的关系。ν_S、ν_R、ν_W 这三个频率可能互不相同，只有当波源和观察者相对介质是静止的时候，三者才相等。

下面分三种情况进行讨论。为简单起见，只讨论波源和观察者沿着它们的连线方向相对于介质运动的情形。

9.4.4.1 波源不动，观察者以速度 v_R 相对于介质运动

假定观察者向波源运动。在这种情况下，观察者在单位时间内接收到的完整波的数目

比他静止时要多。这是因为，在单位时间内原来位于观察者处的波阵面向右传播了 u 的距离，同时观察者自己向左运动了 v_R 的距离，相当于波通过观察者的总距离为 $u + v_R$（见图 9-26），此时在单位时间内观察者接收的完整波的数目为

$$\nu_R = \frac{u + v_R}{\lambda} = \frac{u + v_R}{u/\nu_W} = \frac{u + v_R}{u}\nu_W$$

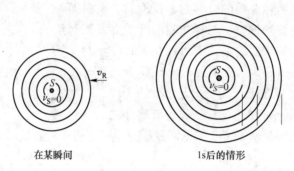

<table>
<tr><td>在某瞬间</td><td>1s后的情形</td></tr>
</table>

图 9-26　波源不动，观察者运动的多普勒效应

由于波源在介质中是静止的，波的频率等于波源的频率，$\nu_W = \nu_S$，因此有

$$\nu_R = \frac{u + v_R}{u}\nu_S = \left(1 + \frac{v_R}{u}\right)\nu_S$$

即观察者向波源运动时接收到的频率为波源频率的 $\left(1 + \dfrac{v_R}{u}\right)$ 倍。

再假定观察者远离波源运动。按照上述分析方法，可得观察者接收到的频率为

$$\nu_R = \frac{u - v_R}{u}\nu_S = \left(1 - \frac{v_R}{u}\right)v_S$$

即观察者远离波源运动时接收到的频率为波源频率的 $\left(1 - \dfrac{v_R}{u}\right)$ 倍，是低于波源的频率的。

将 ν_R 看做代数值，规定观察者接近波源时为正，远离波源时为负，那么当波源不动、观察者以速度 v_R 相对于介质运动时接收到的频率可以表示为

$$v_R = \frac{u \pm v_R}{u}v_S = \left(1 \pm \frac{v_R}{u}\right)v_S \tag{9-30}$$

9.4.4.2　观察者不动，波源以速度 v_S 相对于介质运动

波源在运动中按照自己的频率发射波，在一个周期 T_S，波在介质中传播了距离 uT_S，完成了一个完整的波形，如图 9-27a 所示。

设波源向着观察者运动，在时间 T_S 内，波源的位置由 S_1 移动到 S_2，移动的距离为 $u_S T_S$。由于波源的运动，介质中的波长变小，实际波长变为

$$\lambda' = uT_S - v_S T_S = \frac{u - v_S}{\nu_S} = \frac{u}{\nu_R}$$

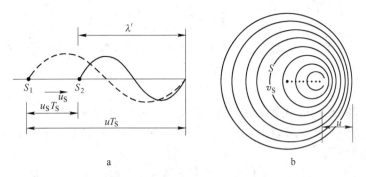

图 9-27 波源运动，观察者不动的多普勒效应

a—波在介质中传播；b—波源在移动时每个波动造成的波阵面

波的频率为
$$\nu_W = \frac{u}{\lambda'} = \frac{u}{u - v_S}\nu_S$$

由于观察者为静止，所以他接收到的频率就是波的频率，即
$$\nu_R = \nu_W = \frac{u}{u - v_S}\nu_S$$

当波源远离观察者运动时，介质中的实际波长变为
$$\lambda' = uT_S + v_S T_S = \frac{u + v_S}{\nu_S}$$

按照上述分析方法，可得出观察者接收到的频率为
$$\nu_R = \frac{u}{u + v_S}\nu_S \tag{9-31}$$

此时，观察者接收到的频率低于波源的频率。

同样，如果将 v_S 理解为代数值，规定波源接近接收器时为正值，远离接收器时为负值，则式（9-30）与式（9-31）可统一表示为
$$\nu_R = \frac{u}{u \pm v_S}\nu_S \tag{9-32}$$

图 9-27b 表示波源在移动时每个波动造成的波阵面，其球面不同心。从该图中可以看出，在波源运动的前方，波长变短，后方波长变长。

9.4.4.3 观察者与波源同时相对于介质运动

根据上面的讨论，由于波源的运动，介质中波的频率为
$$\nu_W = \frac{u}{u - v_S}\nu_S$$

由于观察者也在运动，所以观察者接收到的频率与波的频率之间的关系为
$$\nu_R = \frac{u + v_R}{u}\nu_W$$

则观察者接收到的频率为

$$\nu_R = \frac{u + v_R}{u - v_S} \nu_S \tag{9-33}$$

当波源与观察者相向运动时，v_S 和 v_R 均取正值；当波源与观察者背向运动时，v_S 和 v_R 均取负值。

若波源与观察者是沿着他们的垂直方向运动，则 $v_S = v_R$，没有多普勒效应发生。

若波源与观察者的运动是任意方向的，那么只要将速度在连线上的分量代入上述公式即可。但是，随着两者的运动，在不同时刻，v_S 和 v_R 的分量也不同，接收到的频率也将随着时间变化而变化。

综上所述，不论是波源运动还是观察者运动，或者是两者同时运动，定性地说，只要两者互相接近，接收到的频率就高于原来波源的频率；两者互相远离，接收到的频率就低于原来波源的频率。

最后需要指出的是，即使波源与观察者并非沿着他们的连线运动，以上所得的式 (9-30)～式（9-33）仍可适用。只是其中 v_S 和 v_R 应该取运动速度沿连线方向的分量，而垂直于连线方向的分量是不产生多普勒效应的。

不仅机械波有多普勒效应，电磁波也有多普勒效应。由于电磁波传播的速度为光速，所以要运用相对论来处理这个问题，且观察者接收频率的公式将与式(9-32) 和式（9-33）有所不同。然而，波源与观察者互相接近时频率变大、互相远离时频率变小的结论，仍然是相同的。

9.5　声　波

声音是日常生活中最常见的、最简单的现象，声学是物理学中最古老的学科之一。人们从古代就开始对声学的本质有了基本正确的认识，早在 19 世纪中叶就已经达到相当完善的地步。20 世纪初，声学的外延开始发展，逐渐与其他学科结合，形成了分支学科，如建筑声学、大气声学、电声学、语言声学、心理声学、水声学、超声学、生物声学、噪声学、地声学、物理声学等。目前，它的分支已经超过 20 个，并且还不断有新的分支诞生，所以声学又叫做"古老而又年轻的学科"。

9.5.1　声波

在弹性介质中传播的机械波一般统称为**声波**。声波是一种**机械波**，比如敲锣打鼓时，锣鼓表面附近的空气发生压缩、舒张的振动，这种振动通过空气传到我们耳中，我们就听到了锣鼓的声音。因为声波在空气中传播时压缩、舒张的振动方向是与波的传播方向一致的，所以通过空气传播的声波是纵波。

在温度为 0℃ 的空气中，声波的速度为 331m/s，大体上是每 3s 传播 1km。声波在液体或固体中的传播速度要比在空气中的传播速度快，在 20℃ 的水中，声波的速度为 1.48km/s，在钢铁中声波的传播速度为 5.05km/s。因此，远方的爆破声音总是先从地下传过来。通过气体和液体传播的声波是纵波，但通过固体传播的声波还有横波。固体介质中横波的传播速度为纵波传播速度的 50%～60%，因此远方的爆破信号从地下传过来时被接收到两次，第一次是纵波信号，第二次是横波信号，最后再接收到一次从空气中传过来的纵波信号。

在真空中，声波不能传播，所以我们听不到地球以外的声音。声波是沿直线传播的，当遇到障碍物时，会发生以下情况：一部分声波被障碍物表面吸收；一部分声波透入障碍物，以障碍物为介质继续传播；一部分声波从障碍物表面反射，改变方向继续传播；从障碍物边缘传播过去的声波有一部分会绕过障碍物，在障碍物背后继续传播，这种现象叫做**声波的衍射**。

为了能使声波传得更远，可以采取很多措施，例如定向扬声器、高音喇叭等。由于声波是纵波，沿振动方向上传播较强，定向扬声器利用合适的反射结构，使人或物体发出的声音主要沿着振动方向传播。还有空气管传声器，如医生用的听诊器、飞机上的耳机等，都是利用管子中的空气作为介质，使声音沿着管子定向传播，这样声波衰减得很慢。另外，由于声音在铁轨中传播不仅速度比在空气中快得多，而且铁轨本身就是很好的定向介质，声音沿铁轨定向传播时减弱很小，所以人们在铁轨附近旁听，可以很清楚地感觉到有火车从远方驶来。

研究声波的理论在物理学中很早得到发展，声学的发展初期是为听觉服务的。

理论上，声学研究声的产生、传播和接收。应用上，声学研究如何获得悦耳的音响效果，如何避免妨碍健康和影响工作效率的噪声，如何提高乐器和电声仪器的音质等。

随着科学技术的发展，人们发现了声波的很多特性和作用，有的对听觉有影响，有的对听觉并无影响，但对科学研究和生产技术都很重要。

声波按频率不同可分为次声波、声波、超声波。最早被人们认识的，是人耳能听到的"可闻声"，即频率在 20~20000Hz 的声波。频率超过 20000Hz 的叫做**超声波**，频率低于 20Hz 的叫做**次声波**。

9.5.2 超声波

超声波一般是由具有磁致伸缩或压电效应的晶体的振动产生的。与可闻声波相比，它具有如下特点：

（1）方向性好。由于超声波频率高、波长短、衍射现象不显著，因而具有良好的定向传播特性，可应用于定向发射以寻求目标；同时，由于容易聚焦，可得到定向而集中的超声波束，从而获得较大的声强。现在采用聚焦的方法，可以获得声强高达 210 分贝（dB）的超声波。

（2）功率大。超声波的声强与频率的平方成正比，频率越高，功率越大。因此，超声波的功率可以比一般声波的功率大得多，近代超声波技术已能产生几百到几千瓦的功率。

（3）穿透力强。超声波在气体中衰减很强，而在液体和固体中衰减很弱，所以有较强的穿透本领。在不透明的固体中，超声波能穿透几十米的厚度。超声波的这些特性，在医学等技术上得到广泛的应用。

（4）引起空化作用。超声波在液体中传播时，引起液体疏密的变化，使液体时而受拉、时而受压。液体能耐压，而承受拉力的能力很差。当超声波强度足够大时，液体因承受不住拉力而发生断裂（特别是在含有杂质和气泡的地方），从而产生近于真空或含少量气体的空穴。在声波压缩阶段，空穴被压缩直至崩溃。在崩溃过程中，空穴内部可达几千摄氏度的高温和几千个标准大气压的高压。此外，在小空穴形成的过程中，由于摩擦而产生正、负电荷，在空穴崩溃时产生放电、发光现象，超声波的这种现象称为**空化作用**。

利用超声波传播的方向性好、功率大、穿透力强等特性，可以制成超声波探伤仪，探测金属零件内部的缺陷（如气泡、裂缝、砂眼等）。在海洋中，可利用超声波技术探测潜艇位置、海底暗礁、鱼群，测定海深并绘制海底地形图等。在医学上超声波也被用来测定人体内的病变，比如医院常用的诊断仪器"B 超机"等。随着激光全息技术的发展，声全息技术也日益发展起来。把声全息记录的信号再用光显示出来，就可直接看到被测物体的图像，声全息在地质、医学等领域有着重要的用途。

由于超声波的能量大而集中，加上能引起液体的空化现象，超声波还可用于进行切削、焊接、钻孔、清洗、粉碎、乳化等加工，还可用于处理种子和促进化学反应等。

利用超声波在介质中传播的声学量（声速、衰减、吸收等）与介质的各种非声学物理量（密度、温度、弹性模量、黏度等）之间的关系，可以通过测量声学量来间接地测量其他物理量，这种方法称为非声量的声测法。非声量的声测法具有测量精度高、测量速度快等优点，广泛应用于石油、化工等行业。

9.5.3　次声波

次声波又称为亚声波，是频率低于可闻声频率范围的声波。由于次声波频率很低，所以与声波相比，大气对次声波的吸收很小。例如，次声波在大气中传播几千米，其吸收还不到万分之几分贝。早在 19 世纪，人们就记录到自然界中一些偶发事件所发生的次声波。其中，最著名的是 1883 年 8 月 27 日印度尼西亚的喀拉喀托火山突然大爆发，它产生的次声波被传播了十几万千米，当时曾用简单的微气压计记录到这一事实。现在已知的次声源有火山爆发、坠入大气的流星、极光、电离层扰动、地震、海啸、台风、龙卷风、雷电等。

早在第二次世界大战前，人们就已经应用次声波探测火炮的位置。但是直到 20 世纪 50 年代，次声波在其他方面的应用才开始被人们注意。研究表明，次声波的应用前景十分广阔。

由于许多灾害性现象，如火山爆发、龙卷风和雷暴等，在发生前可能会辐射次声波，因此有可能利用次声波作为前兆，预报灾害事件。

人们通过研究自然现象产生次声波的特性和产生机制，可以更深入地认识这些现象和规律。例如，通过测定极光产生的次声波的特性，可以研究极光发生的规律。还可以利用接收到的被测声源辐射出的次声波，探测声源的位置、大小和其他特性。例如，通过接收核爆炸、火箭发射、火炮或台风产生的次声波去探测这些声源的有关参数。

人和其他生物不仅能对次声波产生某种反应，而且他（它）们的某些器官也会发出微弱的次声波。因此，可以通过测定这些次声波的特性了解人体或其他生物相应器官的活动情况。

9.5.4　噪声

9.5.4.1　噪声的危害

一般来说，声强（声波的平均能流密度，即单位时间内通过垂直于声波传播方向的单位面积的声波能量）在 50 分贝（dB）以下的环境让人感到舒适，超过 60dB 就使人感到喧闹。如果长时间处于 80~90dB 的环境中，人就会变得焦躁不安。当声音超过 120dB 时，即使在短时间内，人的耳朵也会感到疼痛而无法忍受，甚至会造成听力损伤。由于工厂生产、建筑工地施工、汽车使用量增加等原因，城市环境中平时处于 60~80dB 的机会较多，这种使人不愉快并损害人们健康的声音就叫做**噪声**。

噪声现在已经成为世界的几大公害之一。

噪声对人产生危害的影响因素主要取决于噪声的强度大小、频率高低和接触时间长短，一般认为强度越大、频率越高、接触时间越长，造成的危害越大。通过人和动物实验，医学专家证明，噪声会加速心脏衰老，增加心肌梗塞的发病率。长期处于平均 70dB 噪声的环境，使心肌梗塞的发病率增加 30% 左右。通过对生活在高速公路旁的居民和纺织厂职工的调查发现，情况确实如此。噪声还会引起神经功能紊乱、内分泌失调、失眠多梦、记忆减退、情绪暴躁等一系列不良反应。随着家用电器的普及，现代家庭内的噪声也不容忽视，洗衣机为 70dB，电视机、收录机的噪声高达 80dB，高功率音响设备为 90dB，舞厅的迪斯科音乐为 100dB，炮声为 110dB，摇滚乐为 120dB，喷气式飞机起飞的声音为 150dB。

9.5.4.2 噪声的允许标准

确定噪声的允许标准，应根据不同场合的使用要求与经济、技术上的可能性，全面、综合地考虑。目前，我国已经制定出《国产机动车辆允许噪声标准》《工业企业噪声卫生标准》《城市环境噪声标准》和《居住建筑隔声标准》等（见表 9-2），并正在制定其他标准。在国外，大多数国家采用国际标准组织（ISO）的建议与标准。例如，为了保护听力，每天工作 8 小时，连续噪声强级或等效连续声强级不得超过 90dB；若工作时间减少一半，允许提高 3dB，但在任何情况下，最高不得超过 150dB。

表 9-2　中国城市区域环境噪声标准　　　　　　　　　　（dB）

适用区域	白天	夜间	适用区域	白天	夜间
特殊住宅区	45	35	商业中心	60	50
居民、文教区	50	40	工业集中区	65	55
一类混合区	55	45	交通干线	70	55

9.5.4.3 噪声的控制

噪声污染是一种物理污染，其特点是局部性和短暂性。噪声在环境中只是造成空气物理性质的暂时变化。当噪声源输出停止后，污染立即消失，不留下残余物质。为了治理噪声污染，人们采取了很多措施，主要是从控制声源的输出、在声的传播途径中控制、对接收者进行保护等方面入手。

（1）控制声源的输出。在声源处降低噪声是最根本的措施，对于工厂运转的机器设备和交通工具，可以通过工艺改造来降低噪声，例如，改变结构、提高加工精度和装配质量、合理操作，以焊代销、以液压代替锻造，加强机器维修、减少摩擦与碰撞等。

（2）控制传播途径。利用声音在遇到障碍物时会被吸收、反射、折射和衍射的性质，采用隔声、吸声、消声、减振技术，防止噪声向外界传播。隔声就是在噪声的传播途径上，利用隔声技术对噪声予以隔离，最常用的措施是采用足够大尺寸的隔墙或封闭的隔声间。吸声是应用吸声材料和吸声结构，将入射到其表面的声能转变成热能，以达到减噪的目的。常用的吸声材料有多孔吸声材料，如玻璃棉、矿棉等。声波进入多孔材料后，微孔内空气的黏滞性和热传导使其能量逐渐消耗，形成有效的吸收作用。消声是在传播噪声的狭窄空间或管道上安装消声器，以消除噪声。

（3）在噪声接收点，为了防止噪声对人的危害，可采用个人防护措施，如使用耳塞、防声棉、佩戴耳罩、头盔等。此外，规定操作人员在噪声环境中工作的限制时间，以保证工作人员的健康。还可以因地制宜种植花草树木，形成致密的绿色屏障，既美化环境又削弱了噪声。

（4）噪声的应用。虽然噪声有一定危害，但也可以用它来造福人类。现举例如下：

1）噪声除草科学研究表明，不同的植物对不同的噪声敏感程度不同。根据这一原理，制造出噪声除草器，它发出的噪声可以促使杂草的种子提前发芽，这样就可以在作物出土之前先把杂草除掉，以保证作物正常生长。

2）噪声诊病。美妙的音乐能治疗疾病，而讨厌的噪声能诊断病情。科学家研制出一种激光听力诊断装置，它由光源、微型噪声发生器和计算机测试器三部分组成。噪声发生器产生微弱短促的噪声振动耳膜，计算机测试器根据回声把耳膜功能记录并显示出来，供医生参考。还有一种噪声测温仪，利用局部温度变化探测人体病灶。

3）噪声增产。噪声对有些农作物的增产有利，人们曾做过实验，在试验田里对一株西红柿施肥和喷洒农药时，用 100dB 的汽笛声熏陶 30 多次，在收获时发现，这株西红柿一共结出 200 多个果子，不仅数量远远超出一般情况，而且每个西红柿都比其他的大了 1/3 。

4）噪声干燥。利用噪声干燥技术，吸水能力是一般技术的 4~10 倍，成本低、效率高，而且卫生方便，能很好地保持食物的质量和养分。

9.6　本章重点总结

本章从讨论简谐振动的基本规律入手，讨论了振动的合成、共振问题，进而讨论了波的干涉等问题。在讨论简谐波的概念和规律的基础上，介绍了声波的基本知识和超声波、次声波及噪声的技术应用。

（1）胡克定律，简谐振动的运动方程。

（2）描述简谐振动的物理量。

（3）振动的合成及共振、阻尼振动、受迫振动。

（4）机械波及其描述、波动方程。

（5）惠更斯原理。

（6）波的衍射、干涉、多普勒效应。

（7）声波、超声波、次声波、噪声。

习题

在线答题

9-1 什么是简谐振动？举出几个简谐振动的例子。

9-2 写出简谐振动的运动方程，并说明式中各物理量的意义。

9-3 什么是旋转矢量法？说明旋转矢量与简谐振动的对应关系。

9-4 同方向、同频率的两个简谐振动合成后是什么振动？写出合振动的振幅和初相表达式。

9-5 机械波产生的条件是什么？

9-6 什么是波线、波面、波前？

9-7 什么是波长、波速？写出波速与波长、频率与周期之间的关系式。

9-8 写出波动方程的基本形式，并分析其物理意义。

9-9 什么是波的干涉？

9-10 驻波是怎么形成的？有什么特点？

9-11 一物体做简谐振动，振动方程为 $y = A\cos\left(\omega t + \dfrac{\pi}{4}\right)$，在 $t = \dfrac{T}{4}$（T 为周期）时刻，物体的加速度为（　　）。

　　A. $-\dfrac{1}{2}\sqrt{2}A\omega^2$　　B. $\dfrac{1}{2}\sqrt{2}A\omega^2$　　C. $-\dfrac{1}{2}\sqrt{3}A\omega^2$　　D. $\dfrac{1}{2}\sqrt{3}A\omega^2$

9-12 一列平面简谐波在弹性介质中传播，某一瞬间介质中的某质元正处于平衡位置，此时它的能量是（　　）。

　　A. 动能为零，势能最大　　　　　　B. 动能为零，势能为零

　　C. 动能最大，势能最大　　　　　　D. 动能最大，势能为零

9-13 一列平面简谐波沿 x 轴正方向传播，波速 $u = 100\text{m/s}$，$t = 0$ 时刻的波形曲线如图 9-28 所示，则波长 $\lambda = $ _____，振幅 $A = $ _____，频率 $\nu = $ _____。

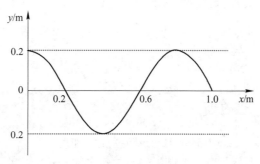

图 9-28　题 9-13 图

9-14 一质点做简谐振动，其运动方程为 $y = 0.1\cos\left(10\pi t + \dfrac{\pi}{4}\right)$（式中各量为国际单位制，$y$ 的单位为 m），则振幅为 _____，频率为 _____，角频率为 _____，周期为 _____，初相为 _____。

9-15 在同一种介质中，两列频率相同的平面简谐波的强度之比为 $\dfrac{I_1}{I_2} = 16$，则这两列波的振幅之比是

$$\frac{A_1}{A_2} = \underline{\qquad}。$$

9-16　一个质点同时参与两个同方向、同频率的简谐振动，它们的振动方程分别为：$y_1 = 6\cos\left(2t + \frac{\pi}{6}\right)$（cm）和 $y_2 = 8\cos\left(2t - \frac{\pi}{3}\right)$（cm），试用旋转矢量法求出合振动的方程。

9-17　一个物体同时参与同一直线上的两个简谐运动：$y_1 = 0.05\cos\left(4\pi t + \frac{\pi}{3}\right)$（m）和 $y_2 = 0.03\cos\left(4\pi t - \frac{2\pi}{3}\right)$（m），求合振动的振幅。

9-18　已知波源的周期 $T = 2.5 \times 10^{-2}$ s，振幅 $A = 1.0 \times 10^{-2}$ m，波长 $\lambda = 1.0$ m，沿 x 轴正方向传播，试写出波动方程。

9-19　波源振动方程 $y = 4 \times 10^{-3}\cos 240\pi t$（m），它所形成的波以 30m/s 的速度沿一直线传播，求：
　　(1)　波的周期和波长；
　　(2)　写出波动方程。

9-20　一列平面简谐波的波动方程为 $y = 8\cos 2\pi\left(t - \frac{x}{100}\right)$（cm），求：
　　(1)　$t = 2.1$s 时波源处的相位；
　　(2)　离波源 0.80m 和 0.30m 两点之间的相位差。

9-21　一弦上驻波的表达式为 $y = 0.02\cos 5\pi x \cos 100\pi t$（m），求：
　　(1)　组成此驻波的两列波的振幅和波速为多少？
　　(2)　节点间的距离为多少？

9-22　一平面简谐波沿 x 轴正方向传播，波动方程为 $y = 0.2\cos\left(\pi t - \frac{\pi}{2}x\right)$（m），介质中的某点位于 $x = -3$m 处，求：
　　(1)　该点的振动方程；
　　(2)　该点的振动速度及振动加速度表达式。

9-23　一弦上的驻波，表达式为 $y = 0.02\cos 5\pi x \cos 100\pi t$（m），求：
　　(1)　组成此驻波的两列波的振幅和波速分别是多少？
　　(2)　节点间的距离为多大？

 内容选读

惠更斯

　　克里斯蒂安·惠更斯（Christiaan Huyghens）荷兰物理学家、天文学家、数学家，是介于伽利略与牛顿之间一位重要的物理学先驱，是历史上最著名的物理学家之一，对力学的发展和光学的研究都有杰出的贡献；在数学和天文学方面也有卓越的成就，是近代自然科学的一位重要开拓者。他建立向心力定律，提出动量守恒原理，并改进了计时器。

　　惠更斯于 1629 年 4 月 14 日出生于海牙，父亲是大臣和诗人，与笛卡儿等学界名流交往甚密。惠更斯自幼聪

Christiaan Huyghens
（1629~1695）

慧，13 岁时曾自制一台车床，表现出很强的动手能力。1645～1647 年在莱顿大学学习法律与数学，1647～1649 年转入布雷达学院深造。

在阿基米德等人著作及笛卡儿等人直接影响下，致力于力学、光学、天文学及数学的研究。他善于把科学实践和理论研究结合起来，透彻地解决问题，因此在摆钟的发明、天文仪器的设计、弹性体碰撞和光的波动理论等方面都有突出成就。1663 年他被聘为英国皇家学会第一个外国会员，1666 年刚成立的法国皇家科学院选他为院士，他曾指导过莱布尼茨学习数学。惠更斯体弱多病，一心致力于科学事业，终生未婚，1695 年 7 月 8 日在海牙逝世。

惠更斯处于富裕宽松的家庭和社会条件中，没受过宗教迫害的干扰，能比较自由地发挥自己的才能。他善于把科学实践与理论研究结合起来，透彻地解决某些重要问题，形成了理论与实验结合的工作方法与明确的物理思想，他留给人们的科学论文与著作有 68 种，《全集》有 22 卷，在碰撞、钟摆、离心力和光的波动说、光学仪器等多方面做出了贡献。

惠更斯曾首先集中精力研究数学问题，在数学上有出众的天才，早在 22 岁时就发表过关于计算圆周长、椭圆弧及双曲线的著作。他对各种平面曲线，如悬链线（他发现悬链线，即摆线与抛物线的区别）、曳物线、对数螺线等都进行过研究，还在概率论和微积分方面有所成就。1657 年发表的《论赌博中的计算》，就是一篇关于概率论的科学论文（他是概率论的创始人），显示了他在数学上的造诣。从 1651 年起，他对于圆、二次曲线、复杂曲线、悬链线、概率问题等发表了一些论著，还研究了浮体和求各种形状物体的重心等问题。

惠更斯原理是近代光学的一个重要基本理论。但它虽然可以预料光的衍射现象的存在，却不能对这些现象做出解释，也就是它可以确定光波的传播方向，而不能确定沿不同方向传播的振动的振幅。因此，惠更斯原理是人类对光学现象的一个近似的认识。直到后来，菲涅耳对惠更斯的光学理论作了发展和补充，创立了"惠更斯–菲涅耳原理"，才较好地解释了衍射现象，完成了光的波动说的全部理论。

惠更斯在 1678 年给巴黎科学院的信和 1690 年出版的《光论》一书中都阐述了他的光波动原理，即惠更斯原理。他认为每个发光体的微粒把脉冲传给邻近一种弥漫媒质（"以太"）微粒，每个受激微粒都变成一个球形子波的中心。他从弹性碰撞理论出发，认为这样一群微粒虽然本身并不前进，但能同时传播向四面八方行进的脉冲，因而光束彼此交叉而不相互影响，并在此基础上用作图法解释了光的反射、折射等现象。《光论》中最精彩部分是对双折射提出的模型，用球和椭球方式传播来解释寻常光和非寻常光所产生的奇异现象，书中有几十幅复杂的几何图，足以看出他的数学功底。

另外，惠更斯在巴黎工作期间曾致力于光学的研究。1678 年，他在法国科学院的一次演讲中公开反对了牛顿的光的微粒说。他说，如果光是微粒性的，那么光在交叉时就会因发生碰撞而改变方向。可当时人们并没有发现这种现象，而且利用微粒说解释折射现象，将得到与实际相矛盾的结果。因此，惠更斯在 1690 年出版的《光论》一书中正式提出了光的波动说，建立了著名的惠更斯原理。在此原理基础上，他推导出了光的反射和折射定律，圆满地解释了光速在光密介质中减小的原因，同时还解释了光进入冰洲石产生的双折射现象，认为这是由于冰洲石分子微粒为椭圆形所致。

在 1668～1669 年，英国皇家学会碰撞问题征文悬赏中，他是得奖者之一。他详尽地研究了完全弹性碰撞问题（当时叫做"对心碰撞"），在去世后综合发表于《论物体的碰撞运动》（1703）中，包括5个假设和13个命题，纠正了笛卡儿不考虑动量方向性的错误，并首次提出完全弹性碰撞前后的守恒。他还研究了岸上与船上两个人手中小球的碰撞情况，并把相对性原理应用于碰撞现象的研究。

惠更斯从实践和理论上研究了钟摆及其理论。1656年他首先将摆引入时钟成为摆钟以取代过去的重力齿轮式钟。在《摆钟》（1658）及《摆式时钟或用于时钟上的摆的运动几何证明》（1673）中提出著名的单摆周期公式，研究了复摆及其振动中心的求法。他通过对渐伸线、渐屈线的研究找到等时线、摆线，研究了三线摆、锥线摆、可倒摆及摆线状夹片等，惠更斯的船用钟内部结构中有摆锤、摆线状夹板、每隔半秒由驱动锤解锁的棘爪等。在研究摆的重心升降问题时，惠更斯发现了物体系的重心与后来欧勒称为转动惯量的量，还引入了反馈装置，"反馈"这一物理思想今天更显得意义重大。他设计了船用钟和手表平衡发条，大大缩小了钟表的尺寸。

用摆求出重力加速度的准确值，并建议用秒摆的长度作为自然长度标准。

惠更斯还提出了他的离心力定理，还研究了圆周运动、摆、物体系转动时的离心力以及泥球和地球转动时变扁的问题等。这些研究对于后来万有引力定律的建立起了促进作用，他提出过许多既有趣又有启发性的离心力问题。

多少世纪以来，时间测量始终是摆在人类面前的一个难题。当时的计时装置诸如日晷、沙漏等均不能在原理上保持精确。直到伽利略发现了摆的等时性，惠更斯将摆运用于计时器，人类才进入一个新的计时时代。

当时，惠更斯的兴趣集中在对天体的观察上，在实验中，他深刻体会到了精确计时的重要性，因而便致力于精确计时器的研究。当年伽利略曾经证明了单摆运动与物体在光滑斜面上的下滑运动相似，运动的状态与位置有关。惠更斯进一步确证了单摆振动的等时性并把它用于计时器上，制成了世界上第一架计时摆钟。这架摆钟由大小、形状不同的一些齿轮组成，利用重锤作单摆的摆锤，由于摆锤可以调节，计时就比较准确。在他随后出版的《摆钟论》一书中，惠更斯详细地介绍了制作有摆自鸣钟的工艺，还分析了钟摆的摆动过程及特性，首次引进了"摆动中心"的概念。他指出，任一形状的物体在重力作用下绕一水平轴摆动时，可以将它的质量看成集中在悬挂点到重心的连线上的某一点，以将复杂形体的摆动简化为较简单的单摆运动来研究。

10　光　学　基　础

　　光是人类生活不可缺少的要素，也是最早引起人们注意的自然现象之一。早在我国古代战国时期的《墨经》中，就对"影的形成""小孔成像""物像关系"等做了描述，说明了光具有沿直线传播的特性[22]。经过漫长的发展历程，到了 19 世纪，光的波动理论逐步形成，圆满解释了光的干涉、衍射和偏振等现象。20 世纪初，爱因斯坦运用光量子假说阐明了光电效应实验规律，并提出光的波粒二象性，使人类对光的本性的认识上升到更高的层次。伴随着人类对光的现象和性质的认识，透镜、棱镜、望远镜、显微镜、干涉仪、激光器、光纤等光学器件和光学仪器相继问世，古老而又充满活力的光学在工程技术中得到了广泛应用。

10.1　光的反射和折射

　　本身不发光的物体能够被看到，镜子能够照出人来，弯曲的光纤能够把光传到远方，这些现象都是由于光的反射造成的。筷子在水中好像弯折了，灌满清水的游泳池看上去变浅了，海市蜃楼现象等，这些都是光的折射使人产生的错觉。

10.1.1　光的反射

　　自然界中能够发光的物体称为**光源**，例如太阳、电灯、蜡烛、激光器等。光在均匀介质中沿直线传播，可用一条带箭头的直线表示光的传播路径和方向，称为**光线**。光源发出的光射入人的眼睛，使人感受到发光物体的存在，那么，人们为什么能够看到本身不发光的物体呢？原因很简单，因为光源发出的光射到物体表面时发生了反射，最终使光线进入了人的眼睛。

10.1.1.1　光的反射定律

　　当光射到两种不同介质的分界面上时，部分光从界面射回原来介质中的现象，叫做**光的反射**。

　　如图 10-1 所示，ON 为介质 1 与介质 2 的交界面的法线，入射光线 AO 与法线 ON 所在的平面称为**入射面**。入射光线 AO 与法线的夹角 i 叫做**入射角**，反射光线 OB 与法线的夹角 i' 叫做**反射角**。

　　理论和实验证明，光在两种介质分界面反射时遵循以下三条**反射定律**：

　　（1）反射光线总是位于入射面内，即入射光线、法线和反射光线三者在同一平面内。

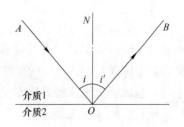

图 10-1　光的反射定律

（2）反射光线与入射光线分别居于法线两侧。

（3）反射角等于入射角，即

$$i' = i \tag{10-1}$$

不难看出，如果光线逆着原反射光自 B 向 O 射到分界面，根据反射定律，其反射光必然沿着原入射光的逆方向自 O 向 A 传播，这种光逆着原光线传播时路径不变的规律称为**光路的可逆性原理**。比如，当你从镜子里看到别人的眼睛时，他们也可以从镜子里看到你的眼睛。

【例题 10-1】

欲使反射光线与入射光线相互垂直，入射角应为多少？

解：参考图 10-1，反射光线与入射光线相互垂直，有

$$i + i' = 90° \tag{1}$$

根据光的反射定律有

$$i' = i \tag{2}$$

两式联立解得

$$i = 45°$$

这道例题启示我们，通过调节入射角，可以控制反射光线的方向。

10.1.1.2　镜面反射与漫反射

一束光由相互关联的一组光线组成，可称为**光束**。当光束遇到两种介质的分界面时，每条光线均遵循反射定律。如果分界面是光滑的平面，则平行光束中的各条光线经界面反射后，所有反射光线仍然相互平行，即反射光束仍然是平行光束，这种反射称为**镜面反射**，如图 10-2a 所示。如果分界面是粗糙平面或曲面，则平行光束经界面反射后，各条反射光线的方向就不相同了，这种反射称为**漫反射**，如图 10-2b 所示。

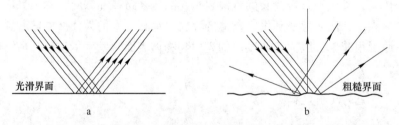

图 10-2　镜面反射与漫反射

a—镜面反射；b—漫反射

抛光的玻璃、晶体、金属以及平静的水面都可以发生镜面反射。例如，白天高楼大厦的玻璃幕墙将太阳光集中反射到人眼中，产生强烈的眩光；夜晚士兵行军时，月光经过水面后发生镜面反射进入人的眼睛，根据亮光可以判断出水的位置。

毛玻璃、人眼能看到的不发光物体以及波动的水面发生的都是漫反射。例如，教室里的黑板和投影幕布都做成粗糙的，漫反射使各个位置的学生都能看见板书和课件；光学实验室里的像屏也是粗糙的，便于从不同角度进行观察。漫反射使光线分散到不同方向，光的强度比镜面反射大大减弱。需要注意的是，虽然镜面反射和漫反射具有不同的特性，但

是都遵循光的反射定律。

【例题 10-2】

两个相互垂直的平面反射镜放在一起，一束光以入射角 α 入射到镜 1，问从镜 2 反射出来的光线是什么方向？

解：根据光的反射定律，利用几何作图法可依次画出两个平面反射镜的反射光线。设第二个反射镜的入射角为 β，容易证明 $\alpha + \beta = 90°$。进而可得，最终的反射光线与水平方向的夹角也是 α，与入射光线平行反向（见图 10-3）。

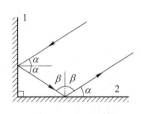

图 10-3　例题 10-2 图

此例说明，相互垂直的两个平面反射镜可以将同平面内的入射光线沿原方向返回。自行车尾灯就是由许多小塑料直角构成的，夜间行车时，能把来自后方车辆的光线原方向返回，使后方驾驶员能看到前面的自行车，避免发生撞车事故。

如果将三个平面反射镜两两正交放置在一起，就能够将来自任何方向的光原方向返回，如图 10-4 所示。据此特性制成的光学器件叫做角反射器，在工程上有很大用途。例如，将晶体角反射器置于月球表面，从地球向月球上角反射器所在的区域发射激光，光束能从月球返回原处，可用来精密测定月地距离。军事上，用金属板材制成的角反射器可使雷达波按原方向返回，导致敌方雷达接收屏幕上出现强烈光斑，起到对真实目标的隐蔽作用。

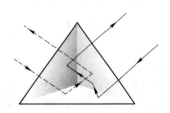

图 10-4　角反射器

10.1.1.3　平面镜成像

文献记载，我国商代就能够将青铜打磨光滑制成镜子了，称为"鉴"。清朝初年，玻璃镜子价格低廉，清晰度高，逐渐取代铜镜得到普遍使用[22]。

普通玻璃反射率较低，反射回来的光只占入射光的很少部分。在平板玻璃后面镀上一层金属膜（铝或银），就制成了我们常用的平面镜，能够将 90% 左右的光反射回来，形成清晰的镜像。

根据光的反射定律，我们可以利用几何作图法画出平面镜的成像过程。如图 10-5 所示，从蜡烛上 S 点发出的多条光线经平面镜反射后传到观察者的眼睛，这些反射光线的反向延长线会聚于平面镜后方的 S' 点，S' 点就是 S 点关于平面镜所成的**像点**。以此类推，可以得到蜡烛上每个点关于平面镜的像点，进而得到整个蜡烛关于平面镜所成的像。眼睛接收到从平面镜反射来的光线，使观察者感觉光线好像是从镜子里面发出来的，实际上，光线并不是真正从镜子里发出来的，所以这种像叫**做虚像**。

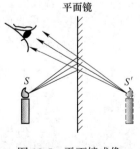

图 10-5　平面镜成像

可以证明，平面镜成像具有以下规律：

（1）物体与像分居平面镜两侧，且到平面镜的距离相等。

（2）物体与像大小相等，关于平面镜对称。

【例题 10-3】

检查视力时，由于房间小，在墙上挂了一面镜子，视力表置于人的后上方，人通过前方的镜子可以看见视力表在镜子中的像。已知人到镜子的距离为 2.4m，视力表到镜子的距离为 2.6m，那么人到视力表在镜子中的像的距离是多少？

解： 根据平面镜成像规律，视力表在镜子中的像到镜子的距离与视力表到镜子的距离相等，即为 2.6m，则人到视力表在镜子中的像的距离等于人到镜子的距离与像到镜子的距离之和，即 5.0m。

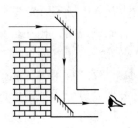

潜望镜是在潜水艇或低洼坑道里观察水面或地面情况的装置，其设计思想就利用了平面镜反射成像的原理。如图 10-6 所示，将两个平面反射镜平行置于 Z 字形镜筒中，光线从上方进入镜筒，被两个平面镜先后反射后由镜筒下方射出来，这样就不必露出水面或地面就能进行观察了。请思考，为了保证潜望镜的观察效果，两个平面镜的倾角应为多少度？从潜望镜看到的像是正的还是倒的？

图 10-6　潜望镜光路图

10. 1. 2　光的折射

我们都有这样的经验，把筷子插入盛满清水的碗里时，看见水里的筷子向上弯折，而把筷子从水中抽出一看，它仍然是直的。造成这一奇妙现象的原因是，光在穿过不同介质界面时传播方向发生了改变，即产生了折射。

10. 1. 2. 1　光的折射定律

光射到两种不同介质的分界面上时，除了部分光反射回原来介质外，还有一部分光进入另一种介质中，而且传播方向发生了改变，这种现象叫做**光的折射**。

如图 10-7 所示，介质 1 中，光线自 A 向 O 入射至界面，入射角为 i。进入介质 2 后光线偏离原来的方向，折向 C 传播，折射光线 OC 与法线的夹角 γ 叫做**折射角**。

理论和实验证明，光在两种介质分界面折射时遵循以下三条**折射定律**：

（1）折射光线总是位于入射面内，即入射光线、法线和折射光线三者共面。

（2）折射光线与入射光线分别居于法线两侧。

（3）折射角和入射角满足以下关系：

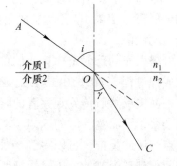

$$\frac{\sin i}{\sin \gamma} = \frac{n_2}{n_1} \tag{10-2a}$$

或写成

图 10-7　光的折射定律

$$n_1 \sin i = n_2 \sin \gamma \tag{10-2b}$$

式中，n_1 和 n_2 分别为介质 1 和介质 2 的折射率。

对光的折射现象的最早记录要追溯到古希腊哲学家亚里士多德的著作，而揭示光的折射的定量规律的是荷兰数学家斯涅尔，因此光的折射定律又叫做**斯涅尔定律**。

从式（10-2a）可以看出，当光线以入射角 γ 从介质 2 射入介质 1 时，折射角一定等于 i，说明光的折射也遵循光路的可逆性原理。

【例题 10-4】

上下表面相互平行的玻璃叫做平板玻璃，证明光通过平板玻璃后传播方向不变。

证明： 设平板玻璃的折射率为 n_2，置于折射率为 n_1 的介质中间，光线从上表面射入玻璃，经过两次折射后从玻璃下表面射出。假设光在两个界面的入射角和折射角分别为 i_1、γ_1 和 i_2、γ_2，如图 10-8 所示。

分别对上下两个界面应用光的折射定律，有

$$\frac{\sin i_1}{\sin \gamma_1} = \frac{n_2}{n_1} \tag{1}$$

$$\frac{\sin i_2}{\sin \gamma_2} = \frac{n_1}{n_2} \tag{2}$$

玻璃上下表面平行，根据几何关系易知

$$i_2 = \gamma_1 \tag{3}$$

将上述三式联立可得

$$\gamma_2 = i_1$$

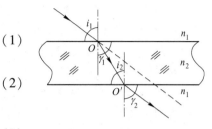

图 10-8 例题 10-4 图

由此可见，光通过平板玻璃后，射出的光线与入射光线平行，传播方向不变，只是偏移了一小段距离。显然，平板玻璃越厚或入射角越大，偏移量就越大。

10.1.2.2 折射率

由于自然界中物质的结构、密度存在差异，因此光在不同介质中的传播速率是不同的。光在真空中的传播速率是最大的，约等于 $3 \times 10^8 \mathrm{m/s}$，光在其他介质中的传播速率不会超过真空中的光速。我们把光在真空中的传播速率 c 与在某种均匀介质中的速率 v 的比值，称为这种介质的**折射率**，即

$$n = \frac{c}{v} \tag{10-3}$$

例如，光在水中的速率为 $2.25 \times 10^8 \mathrm{m/s}$，在金刚石中的速率为 $1.24 \times 10^8 \mathrm{m/s}$，代入上式计算可得水的折射率约为 1.333，金刚石的折射率约为 2.417。

可见，光在某种介质中的传播速率越大，这种介质的折射率就越小。由于 $v \leqslant c$，所以折射率 n 一定是大于或等于 1 的数值。真空的折射率等于 1，空气的折射率略大于 1（一般近似地取为 1）。表 10-1 列出了几种常见介质的折射率。

表 10-1 几种常见介质的折射率[5]

介　质	折射率	介　质	折射率
金刚石	2.417	水	1.333
红宝石	1.760	冰	1.309
玻璃	1.5 ~ 1.9	水蒸气	1.026
水晶	1.544	二氧化碳	1.000448
苯	1.501	氮气	1.000296
酒精	1.360	空气	1.000293
丙酮	1.359	氧气	1.000271
乙醚	1.350	氢气	1.000132

折射率是反映介质光学性质的重要参量，两种介质相比，折射率较大的叫做**光密介质**，折射率较小的叫做**光疏介质**。光在光密介质中传播速率小，在光疏介质中传播速率大。例如，水相对玻璃是光疏介质，相对空气是光密介质。

如果 $n_1 < n_2$ 且 $i > 0$，根据式（10-2a）可得 $\sin\gamma < \sin i$，即 $\gamma < i$，说明光从光疏介质倾斜射入光密介质时，折射角小于入射角，光线趋向法线偏折；反之，如果光从光密介质倾斜射入光疏介质时，则折射角大于入射角，光线背离法线偏折。显然，如果光垂直射入两种介质的交界面，则入射角和折射角都等于零，光的传播方向不改变；如果改变入射光线的方向，入射角越大，折射角也越大。

下面我们根据光的折射定律解释水中筷子"弯折"现象。如图10-9所示，从水面下筷子上某点发出的光线穿过水面进入空气，由于路径是从光密介质到光疏介质，所以折射角比入射角大，折射光线更倾斜。两条折射光线的反向延长线的交点就是像点，显然，像点相对实际点的位置要略高一些，因此使观察者感觉水下的筷子好像向上方"弯折"了。同样道理，也可

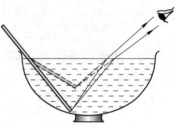

图10-9　筷子"弯折"原理

以解释"游泳池变浅""水中鱼变近"等现象，读者可画出光路图进行分析。请大家思考，潜水员从水下往上看时，感觉岸边的建筑物是"变高了"还是"变低了"呢？

《史记·天官书》写道，"海旁蜃气象楼台，广野气成宫阙然。"这是海市蜃楼一词的来源。海市蜃楼是一种光学现象，人们看到的神奇景观是来自地球上物体的光线经大气折射而成的虚像。由于海面上空气的密度随高度增加而减小，相当于折射率逐渐变小，导致折射角连续增大，光线向上弯曲，使远处高台上的观察者看到景象悬于空中。海市蜃楼现象一般发生在宽阔的海面、平静的湖面以及沙漠、雪原等地方。因为形成条件比较苛刻，所以海市蜃楼不常被看到；由于空气密度不稳定，因此蜃景持续的时间较短。

【例题 10-5】

已知玻璃的折射率是 1.62，水的折射率是 1.33，问：

（1）光在两种介质中的传播速率各是多大？

（2）光线以 45° 的入射角从玻璃射入水中时折射角有多大？

解：依题意，$n_1 = 1.62$，$n_2 = 1.33$，$i = 45°$。

（1）根据介质的折射率公式得

$$v_1 = \frac{c}{n_1} = \frac{3 \times 10^8}{1.62} \approx 1.85 \times 10^8 \, \text{m/s}$$

$$v_2 = \frac{c}{n_2} = \frac{3 \times 10^8}{1.33} \approx 2.26 \times 10^8 \, \text{m/s}$$

光在玻璃和水中的传播速率分别为 $1.85 \times 10^8 \, \text{m/s}$ 和 $2.26 \times 10^8 \, \text{m/s}$。

（2）根据光的折射定律得

$$\sin\gamma = \frac{n_1 \sin i}{n_2} = \frac{1.62 \times \sin 45°}{1.33} \approx 0.861$$

则折射角为

$$\gamma \approx 59.43°$$

可见，光从光密介质倾斜射入光疏介质时折射角大于入射角。

【例题 10-6】

光从空气射入玻璃中，入射角是 60°，折射角是 35°，问玻璃的折射率是多少?

解： 依题意，$n_1 = 1$，$i = 60°$，$\gamma = 35°$。根据光的折射定律得

$$n_2 = \frac{n_1 \sin i}{\sin \gamma} = \frac{1 \times \sin 60°}{\sin 35°} \approx 1.51$$

玻璃的折射率是 1.51。此题为我们提供了测量介质折射率的简易方法。

10.1.2.3　三棱镜

三棱镜是横截面为三角形的透明棱柱。常用的三棱镜用玻璃制成，三个侧面是经过抛光的光学平面，横截面一般为等边三角形，如图 10-10a 所示。

图 10-10b 是三棱镜的主截面，设顶角为 α。三棱镜置于空气中，入射光线从下方以入射角 i 射入三棱镜左侧面，经过两次折射后从右侧射出。由于透明介质的折射率大于空气折射率，因此两次折射均使光线向底部偏折，这样从三棱镜射出光线的方向与入射光线存在较大偏离，它们的夹角称为**偏向角**，用 δ 表示。

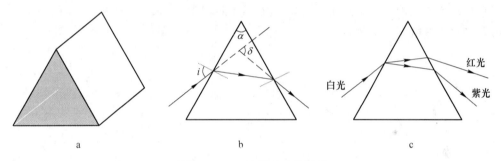

图 10-10　三棱镜对光的折射

a—三棱镜；b—三棱镜折射；c—光的色散

偏向角反映了光线通过三棱镜后的偏折程度，其量值与三棱镜的顶角 α、透明介质的折射率 n 和入射角 i 都有关系。在顶角 α 一定、入射角 i 相同的情况下，介质的折射率 n 越大，偏向角越大。在顶角 α 和介质折射率 n 一定的情况下，偏向角随入射角 i 的改变而变化，存在最小值。理论和实验证明，当射入三棱镜的光线与从三棱镜另一侧射出的光线关于三棱镜对称时，偏向角最小，称为**最小偏向角**，用 δ_{min} 表示。最小偏向角 δ_{min} 与介质的折射率 n 之间存在以下关系：

$$n = \frac{\sin \dfrac{\alpha + \delta_{min}}{2}}{\sin \dfrac{\alpha}{2}} \tag{10-4}$$

可见，当三棱镜顶角 α 确定时，只要测出光线通过三棱镜后的偏向角 δ_{min}，代入式（10-4）即可计算出透明介质的折射率 n[22]。

1666 年，英国物理学家牛顿用三棱镜将太阳光分解为红、橙、黄、绿、青、蓝、紫的彩色色带，证明白光是由不同颜色的光混合而成的。白光通过三棱镜后按颜色分散开来

的现象称为**色散**。造成色散的原因是不同颜色的光在同一介质中的传播速率不同，红光的传播速率较快，相当于介质对红光的折射率较小，因此红光通过三棱镜后折射程度较小；反之，紫光的传播速率较慢，则折射程度较大，如图 10-10c 所示。

10.1.3　全反射

清晨阳光明媚，植物上的露珠清晰明亮；海水冲击岸堤，激起的浪花呈现出亮白色；洁净的雪花晶莹透亮，美丽的钻石熠熠发光。这些司空见惯的日常现象里蕴含着相同的原理——全反射。

10.1.3.1　全反射

假设 $n_1 > n_2$，光从光密介质向光疏介质入射，如图 10-11 所示。光线垂直界面入射时，折射光线方向不变，此时反射光线较弱。当光线倾斜入射时，由于折射角大于入射角，因此随着入射角的增大，折射光线较快地偏离法线，同时折射光线逐渐减弱，反射光线逐渐增强。当入射角增大到某一角度 i_c 时，折射角 $\gamma = 90°$，理论上折射光线平行于界面，实际上光疏介质中不出现折射光线。如果继续增大入射角，折射光线彻底消失，光线被全部反射回光密介质。这种光线在界面上被全部反射的现象叫做**全反射**，折射角等于 90°时的入射角 i_c 称为**临界角**。

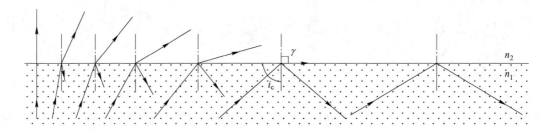

图 10-11　全反射的形成

理论和实验表明，发生全反射必须满足两个条件：（1）光从光密介质射向光疏介质；（2）入射角等于或大于临界角。

根据光的折射定律式（10-2b）可求出全反射的临界角 i_c。因为

$$n_1 \sin i_c = n_2 \sin\gamma = n_2 \sin 90°$$

所以

$$i_c = \sin^{-1}\frac{n_2}{n_1} \tag{10-5}$$

式（10-5）说明，临界角 i_c 的量值由两种介质折射率的比值决定。若 $n_2 = 1$，则得到光从折射率为 n 的介质射向真空（或空气）发生全反射的临界角为

$$i_c = \sin^{-1}\frac{1}{n} \tag{10-6}$$

显然，折射率越大的介质，相对于真空（或空气）的临界角越小，越容易发生全反射。例如，金刚石的折射率是 2.417，玻璃的折射率是 1.5 ~ 1.9，利用式（10-6）可计

算出金刚石对空气的临界角是 24.4°，玻璃对空气的临界角在 31°~42°之间。由于金刚石的临界角较小，很容易发生全反射，这就是钻石在阳光下熠熠发光的原因[23]。

【例题 10-7】

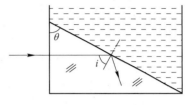

一长方体容器底部有一直角三角形玻璃棱柱，折射率为 1.55，$\theta = 60°$，容器内盛满水，图 10-12 为截面图。现有一条光线从左侧垂直射入玻璃中，问此光线在玻璃和水的交界面能否发生全反射？

解：根据式（10-5）可得玻璃对水的临界角为

图 10-12　例题 10-7 图

$$i_c = \sin^{-1} \frac{n_{水}}{n_{玻}} = \sin^{-1} \frac{1.33}{1.55} \approx 59°$$

根据几何关系易知，图 10-12 中光线在玻璃和水交界面的入射角 $i = \theta = 60°$。由于 $i > i_c$，所以此光线在玻璃和水的交界面能发生全反射。

利用全反射原理可以制成测量折射率的仪器，例如普耳弗尔折射率计，图 10-13 为其光路图[22]。设待测介质的折射率为 n，置于已知折射率为 n'（$n' > n$）的直角三棱镜上方，将扩散光束从待测介质右侧入射，经过棱镜两次折射后从左侧射出。在望远镜目镜中观察，视场是半明半暗的，明暗之间的分界线对应于光线 3。光线 3 的入射角等于 90°，根据光路的可逆性原理，其第一折射角恰好等于棱镜与待测介质的临界角 i_c。

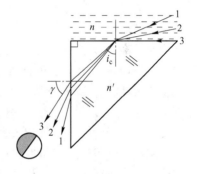

图 10-13　折射率计原理

利用全反射规律可以证明 $n = \sqrt{n'^2 - \sin^2 \gamma}$（证明过程略）。调节仪器使明暗交界线处于视场中央，可以读出光线 3 的第二折射角 γ 的角度值，将 n' 与 γ 的量值代入上式即可计算出待测介质的折射率。实际上，仪器调节好后，可通过刻度盘直接读出待测介质的折射率值。需要说明的是，能够被这种折射率计测量的介质，其折射率不能超过 n'。

10.1.3.2　全反射棱镜

横截面为等腰直角三角形的玻璃棱镜叫做**全反射棱镜**，它的发明者是意大利的光学工程师伊纳济欧·普罗，因此又称为**普罗棱镜**[24]。

我们知道，玻璃对空气的临界角在 31°~42°之间，当光线以 45°入射角从玻璃射向普罗棱镜的棱面时，一定发生全反射，如图 10-14a 所示。光线经过一次全反射，方向偏转 90°；经过两次全反射，方向偏转 180°。

发生全反射时光的反射率几乎达到 100%，比普通平面镜的反射率大很多，因此许多精密光学仪器常常用棱镜替代平面镜进行反射。例如，潜望镜中，把两个平面镜换成全反射棱镜，成像更清晰，如图 10-14b 所示；双筒望远镜中，把两个普罗棱镜组合使用，一方面将倒像转变为正像，另一方面大大缩短了镜筒的长度，如图 10-14c 所示。

10.1.3.3　光导纤维

全反射现象的一个非常重要的应用就是用光导纤维来传光、传像。为了说明光导纤维

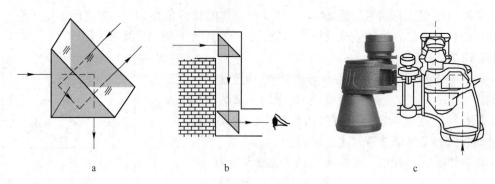

图 10-14　全反射棱镜及其应用

a—普罗棱镜；b—潜望镜；c—双筒望远镜

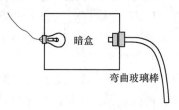

对光的传导作用，我们来做下面的实验。如图 10-15 所示，在不透光的暗盒里安装一个电灯泡作光源，把一根弯曲的细玻璃棒（或有机玻璃棒）插进盒子里，让棒的一端面向灯光，玻璃棒的下端就有明亮的光传出来。这是因为从玻璃棒的上端射进棒内的光线，在棒的内壁多次发生全反射，沿着锯齿形路线由棒的下端传了出来，玻璃棒就像一个能传光的管子一样[3]。

图 10-15　玻璃棒传光

　　实用的光导纤维是一种比头发丝还细的直径只有几微米到 $100\mu m$ 能导光的纤维。它由芯线和包层组成，芯线折射率比包层的折射率大得多。当光的入射角大于临界角时，光在芯线和包层界面上不断发生全反射，从一端传输到另一端，如图 10-16a 所示。光纤的主要参量是直径、损耗、色散等，材料可以是玻璃、石英、塑料、液芯等。光纤的传像功能是由数万根细光纤紧密排列在一起完成的，输入端的图像被分解成许多像元，经光纤传输后在输出端再集成形成传输的图像。在医学上利用光纤制成各种内窥镜。如图 10-16b 所示，把探头送到人的食管、胃或十二指肠中，通过传输光束来照明器官内壁，检查人体内部的疾病；利用石英光纤传送激光束，产生高温可为消化道止血；在心脏外科中光纤导管插入动脉，用激光对血管阻塞物加热使其汽化，治疗冠状动脉疾病等[3]。

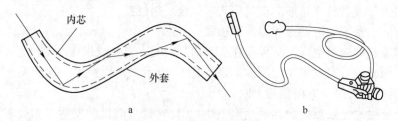

图 10-16　光纤及其应用

a—光纤传光；b—内窥镜

　　工业上的光纤内窥镜可用来观察机器内部，特别是在各种高温高压、易燃易爆、强辐射环境下获得各种信息；利用光纤对光的强度、相位、偏振等的敏感性制成各种光纤传感器来检测电压、电流、温度、流量、压力、浓度、黏度等物理量。

　　现在光纤的主要应用还在通信领域，目前已能在一根光纤上传送几万路电话或几十路电视。一根直径 8mm 的光缆可集成 4×10^3 根光纤，其通信容量远大于电缆。光纤通信具有容量小、功耗少、灵敏度高、抗干扰、保密性能好等优点，在世界各国得到迅速推广。

思考与讨论

　　（1）我们能看到太阳穿过地球的大气层刚从地平线上升起来，如果地球没有大气层，人们看到的日出将提前还是延后？
　　（2）我们知道，光在均匀介质中是沿直线传播的，可是光却能沿着光导纤维弯曲的芯线传播，这跟光的直线传播矛盾吗？

10.2　透　　镜

　　我国晋代《博物志》记有"削冰令圆，举以向日，以艾于后成其影，则得火。"在玻璃尚未问世的年代，我们的祖先已经知道用冰做成凸透镜来会聚阳光以艾草取火了。从古至今，透镜一直有着广泛的应用，就连当代高科技的光纤通信设备也离不开透镜。为了把一路光信号输入极细的光导纤维中，必须要用凸透镜使光线会聚才行。著名的哈勃太空望远镜最重要的部件就是透镜[25]。

10.2.1　透镜

　　两面都磨成球面，或一面是球面，另一面是平面的透明体叫做**球面透镜**，简称**透镜**；中央比边缘厚的叫做**凸透镜**；中央比边缘薄的叫做**凹透镜**。透镜一般用玻璃制成，图10-17 是几种透镜的截面图和符号。

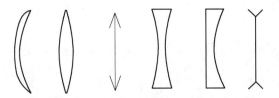

图 10-17　透镜模型的截面图及其符号

　　透镜是利用光的折射性质制成的光学器件，透镜可以设想成是由许多三棱镜的组合。因为三棱镜要使光线向它的底边偏折，所以凸透镜会使光线偏向中央，起会聚作用，也叫做**会聚透镜**；凹透镜会使光线偏向边缘，起发散作用，也叫做**发散透镜**。
　　透镜的中央部分相当于透明平行板。如果透镜的厚度比它的球面半径小得多，透镜中央的平行板厚度可以忽略不计，叫做**薄透镜**。本节研究的是薄透镜。
　　如图 10-18 所示，通过透镜两球面球心的直线叫做**透镜的主光轴**。主光轴与透镜两球面的交点，对薄透镜而言可以看做重合在一起为 O 点，叫做**光心**。凡是通过光心 O 点的光线相当于通过很薄的两面平行的透明板，不改变原来的方向。通过光心的直线都叫做透镜的光轴，除主光轴外，其他的光轴叫做副光轴。

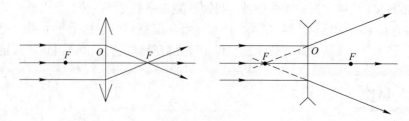

图 10-18 透镜的折射

平行于主光轴的光线，经凸透镜后会聚于主光轴上的一点，这个点叫做**焦点**，用 F 表示。因为这是光线的实际会聚点，所以又叫做**实焦点**。平行于主光轴的光线经凹透镜后被发散，发散光线的反向延长线也交在主光轴上的一点，这个点也叫做焦点。因为不是光线的实际会聚点，所以又叫做**虚焦点**。透镜两侧各有一个焦点，焦点对于光心是对称的。透镜的焦点与光心的距离叫做**焦距**，用 f 表示。

10.2.2 透镜成像

透镜主要用于成像。一个发光点向透镜发出的无数条光线，经过透镜折射后的会聚点就是发光点的像。用几何作图法求发光点的像，当发光点不在主光轴上时利用下列三条光线中的任意两条即可（见图 10-19）。

（1）跟主光轴平行的光线，折射后经过焦点。

（2）经过焦点的光线，折射后跟主光轴平行。

（3）经过光心的光线，通过透镜后方向不变（这是副光轴）。

物体到光心的距离叫做**物距**，用 p 表示；像到光心的距离叫做**像距**，用 p' 表示。

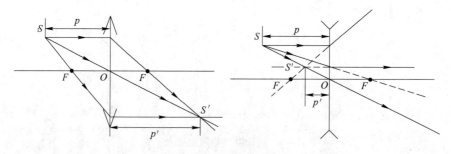

图 10-19 透镜成像

虽然用作图的方法能很快求得透镜所成的像，但是从图中量出的数据总存在误差。下面介绍运用几何原理求得 p, f, p' 之间的函数关系的透镜成像公式。我们以凸透镜为例来推导出该公式。

在图 10-20 中，CD、$B'D$ 是辅助线，从 $\triangle AA'C$ 与 $\triangle OA'F$，$\triangle AA'D$ 与 $\triangle OA'B'$ 的相似关系中，可得到如下关系：

$$\frac{p}{f} = \frac{AC}{OF} = \frac{AA'}{OA'} = \frac{AD}{OB'} = \frac{p + p'}{p'}$$

用 p 除等式左右两端，便得到凸透镜成像公式：

$$\frac{1}{f} = \frac{1}{p'} + \frac{1}{p} \qquad (10\text{-}7)$$

因此，知道 p，f，p' 三者中的两个，即可求出第三个。同理可以证明，凸透镜成虚像和凹透镜成像时，公式仍然成立，但要遵从一个"实正虚负"的符号规则，见表 10-2。

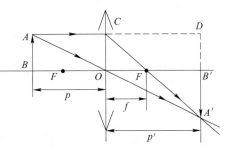

图 10-20 透镜成像

表 10-2 透镜成像规律

透 镜	物距 (p)	焦距 (f)	像距 (p')
凸透镜	正	实焦距为正	实像为正
			虚像为负
凹透镜	正	虚焦距为负	虚像为负

在图 10-20 中，把像的长度 $A'B'$ 跟物体的长度 AB 之比叫做**像的放大率**，用 k 表示。又因为 $\triangle OAB$ 与 $\triangle OA'B'$ 相似，则

$$k = \frac{A'B'}{AB} = \frac{|p'|}{p} \qquad (10\text{-}8)$$

【例题 10-8】

有一物体放在距凸透镜 8cm 处，成的像距透镜 24cm，求透镜的焦距。若物高 2cm，求像高。

解： 像距离透镜 24cm 处，有物像同侧和物像分居透镜两侧两种可能性。

（1）若物像居透镜同侧，则像距为负。据透镜成像公式

$$\frac{1}{f} = \frac{1}{p'} + \frac{1}{p}$$

有

$$\frac{1}{f} = \frac{1}{-24} + \frac{1}{8}$$

解得 $f = 12\text{cm}$。

（2）若物像居透镜两侧，则像距为正。据透镜成像公式

$$\frac{1}{f} = \frac{1}{p'} + \frac{1}{p}$$

有

$$\frac{1}{f} = \frac{1}{24} + \frac{1}{8}$$

解得 $f = 6\text{cm}$。

（3）由放大率公式得

$$k = \frac{A'B'}{AB} = \frac{|p'|}{p}$$

$$A'B' = \frac{|p'|}{p} \times AB = \frac{24}{8} \times 2 = 6\text{cm}$$

10.3　光电效应　光量子学说

光到底是什么？这个问题早就引起人们的关注，不过在很长的时期内对它的认识进展缓慢。直到17世纪才明确地形成了两种学说，一种是以牛顿为代表的微粒说，认为光是从光源发出的一种物质微粒，在均匀的介质中以一定的速度传播；另一种是以荷兰物理学家惠更斯（1629~1695）为代表的波动说，认为光是在空间传播的某种波[3]。

微粒说和波动说都能解释一些光现象，但又不能解释当时发现的全部光现象。由于牛顿在物理学界的威望，再加上波动说还不完善，微粒说在很长时间内占统治地位。

直到19世纪初，英国物理学家托马斯·杨和法国工程师A.J.菲涅尔等通过实验发现了光的干涉现象和衍射现象，证明了光是一种波，使得光的波动说被人们认可。19世纪60年代，麦克斯韦提出光是一种电磁波的假说，赫兹在实验中证实了这种假说。这样，光的波动理论取得了巨大的成功，完全取代了光的微粒说。

但是，19世纪末又发现了光电效应现象，波动说无法解释这个现象。因此，爱因斯坦于20世纪初提出了光子说，认为光具有粒子性，从而解释了光电效应。经过许多物理学家不懈的努力，终于使人们认识到光既是一种粒子，也是一种波，既有粒子性又有波动性。

10.3.1　光电效应

1887年赫兹（1857~1894）首先通过实验发现光电效应。他在电磁波实验中注意到，接收电路中感应出来的电火花，当间隙间的两个端面受到光照射时，火花要变得更强一些。此后，他的同事勒纳德测出了受到光照射的金属表面释放的粒子的比荷，确认释放的粒子是电子，从而证实了这个火花增强现象是光的照射下金属表面发射电子的结果。

如图10-21所示，把一块擦得很亮的锌板连接在验电器上，用弧光灯照射锌板，验电器的指针就张开了，这表示锌板带了电。进一步检查表明锌极带的是正电，这说明在弧光灯的照射下，锌板中有一些自由电子从表面飞出来了，锌板中缺少了电子，于是带了正电。

在光（包括不可见光的射线）的照射下，金属物体发射电子的现象，叫做**光电效应**。发射出来的电子叫做**光电子**。当光电子做定向移动时，就形成了**光电流**。

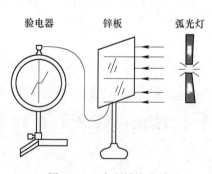

图 10-21　光电效应实验

最初观察到光电效应时，并没有引起物理学家们足够重视。他们认为光是一种电磁波，当它射入金属时，金属里的自由电子会由于变化的电场的作用而做受迫振动。如果光足够强也就是光的振幅足够大，经过一段时间后电子的振幅就会很大，有可能飞出金属表面。

但是，对光电效应的进一步研究发现，各种金属都存在一个极限频率，如果入射光的频率比极限频率低，那么无论光多么强，照射时间多么长，都不会发生光电效应；如果入射光的频率高于极限频率，即使光不强，当它照射到金属表面时也会立即观察到光电子的发射。

经过科学家的研究发现，光电效应具有以下几个规律：

（1）各种金属都存在一个截止频率和截止波长（见表10-3），只有入射光的频率大于金属的截止频率时才能发生光电效应；否则，无论光多么强，照射时间多么长，都不会发生光电效应。

（2）只要高于金属的截止频率的光照射到金属表面，光电子几乎是瞬间产生的，时间不超过 10^{-9} s。

（3）发生光电效应时，光电流的大小与入射光的强度成正比。

（4）光电子从金属中逸出时的初动能与入射光强无关，只随入射光的频率增大而增大。

表 10-3 几种金属的截止频率和截止波长

金 属	铯	钠	锌	银	铂
$\nu_0 \times 10^{14}/\text{Hz}$	4. 55	5. 40	8. 07	11. 5	15. 3
λ_0/nm	666	556	372	260	196

10. 3. 2 光量子学说

1900 年，德国物理学家普朗克（1858～1947）在研究物体热辐射的规律时发现，只有认为电磁波发射和吸收的能量不是连续的，而是一份一份地进行的，理论计算的结果才能与实验事实相符。这每一份能量叫做**能量子**，他认为这每一份能量等于 $h\nu$，其中 ν 是辐射电磁波的频率，h 是一个常量，叫做**普朗克常量**，实验测得 $h = 6.63 \times 10^{-34}$ J·s。

受到普朗克的启发，爱因斯坦（1879～1955）于 1905 年提出，在空间传播的光也是不连续的，而是一份一份的，每一份叫做一个**光量子**，简称**光子**。光子的能量 E 与光的频率 ν 成正比，即

$$E = h\nu \tag{10-9}$$

式中的 h 就是上面讲的普朗克常量，这个学说后来叫做**光子说**。光子说认为，每一个光子的能量只决定于光的频率。例如蓝光的频率比红光高，所以蓝光光子的能量比红光光子的能量大。同样颜色的光，强弱的不同则反映了单位时间内光子数的多少。

光子说能够很好地解释光电效应中为什么存在极限频率。光子照射金属上时，它的能量可以被金属中的某个电子立即全部吸收，电子吸收光子的能量后，它的能量增加。如果能量足够大，电子就能克服金属离子对它的引力，离开金属表面，逃逸出来，成为光电子。不同金属中的离子对电子的约束程度不同，因此电子逃逸出来所做的功也不一样，如果光子的能量 E 小于使电子逃逸出来所需的功，那么无论光多么强，照射时间多么长，也不能使电子从金属中逃逸出来。

在光电效应中，金属中的电子在逸出金属表面时要克服原子核对它的吸引而做功的最小值，叫做这种**金属的逸出功**。表 10-4 列出了几种金属的逸出功。

如果入射光的能量 $h\nu$ 大于金属的逸出功 A，那么有些光电子在脱离金属表面后，还有剩余的能量，即光电子的初动能。由于逸出功 A 是使电子脱离金属所要做功的最小值，

所以光电子的**最大初动能**表示为

$$\frac{1}{2}mv^2 = h\nu - A \qquad (10\text{-}10)$$

表 10-4　几种金属的逸出功

金　属	铯	钠	钙	铀	镁	钛	钨	金	镍
A/eV	1.9	2.2	2.7	3.6	3.7	4.1	4.5	4.8	5.0

式（10-10）叫做**爱因斯坦光电效应方程**。该式表明了光电子从金属中逸出时的初动能只随入射光的频率增大而增大。

当光电子的最大初动能为零时，入射光的频率就是金属的截止频率，即

$$\nu_0 = \frac{A}{h} \qquad (10\text{-}11)$$

【例题 10-9】

如果用波长为 400nm 的紫外线照射铯时，逸出光电子的动能为多少?

解：已知铯的逸出功为 $A = 1.9\text{eV}$，波长为 400nm 的紫光频率为

$$\nu = \frac{c}{\lambda} = \frac{3.0 \times 10^8}{400 \times 10^{-9}} = 7.5 \times 10^{14}\text{Hz}$$

逸出光电子的动能为

$$\frac{1}{2}mv^2 = h\nu - A = \frac{6.63 \times 10^{-34} \times 7.5 \times 10^{14}}{1.6 \times 10^{-19}} - 1.9 = 1.2\text{eV}$$

利用光电效应的原理可制作成真空光电管，实现把光信号转变成电信号。碱金属的极限频率较低，常用来制作真空光电管。如图 10-22a 所示，真空玻璃管内有一半涂着碱金属，如钠、锂、铯等，作为阴极 K，管内另有一个阳极 A。如图 10-22b 所示连接电路，当光照到阴极 K 上时，阴极发出光电子，光电子在电场的作用下飞向阳极，形成了电流。光越强，电流越大；停止光照，电流消失。

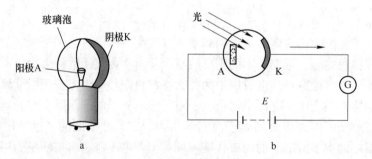

图 10-22　光电管
a—真空光电管；b—电路图

光电管可以在自动控制的机械中控制电路开和关，在有声电影中用于录音和放音等。

光电倍增管是依据光电子发射、二次电子发射和电子光学的原理制成的，透明真空壳体内装有特殊电极的器件。图 10-23 是光电倍增管的工作原理图，从闪烁体出来的光子通

过光导射向光电倍增管的光阴极，由于光电效应，在光阴极上打出光电子。光电子经电子光学输入系统加速、聚焦后射向第一打拿级 D_1（又称倍增级）。每个光电子在打拿极上击出几个电子，这些电子射向第二打拿极 D_2，再经倍增射向第三打拿极 D_3，直到最后一个打拿极。所以，最后射向阳极的电子数目是很多的，阳极把所有电子收集起来，转变成电压脉冲输出。

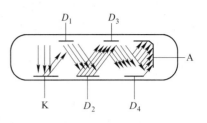

图 10-23　光电倍增管工作原理图

　　由于光电倍增管增益高和响应时间短，又由于它的输出电流和入射光子数成正比，所以它被广泛使用在天体光度测量和天体分光光度测量中。其优点是：测量精度高，可以测量比较暗弱的天体，还可以测量天体光度的快速变化。

10.4　本章重点总结

　　本章依据光的直线传播，以几何知识为基础，数形结合研究光的反射和折射现象，详细地介绍了光的反射定律和平面镜成像、光的折射定律和折射成像，并与实践相结合，介绍了一些光学技术的应用，解释自然界的一些光现象。同时对近代物理光学的发展进行简单的概述，介绍了光电效应对近代物理光学形成的重要意义。

10.4.1　全反射发生的条件

　　（1）光从光密介质射向光疏介质；
　　（2）入射角等于或大于临界角。

10.4.2　透镜成像

　　透镜成像是光的折射的重要应用，应掌握透镜成像作图的三条特殊光线和透镜成像公式。

10.4.3　光电效应

　　了解近代物理光学的发展，知道光到底是什么，知道发生光电效应的条件和光电效应揭示了光具有粒子性的这一性质。

习题

在线答题

10-1　水的折射率定义是光从_____射入_____时，入射角的正弦与折射角的正弦之比。已知水的折射率是 1.33，真空中的光速是 c，则水中的光速等于_____。

10-2　玻璃的折射率是 1.5，水的折射率是 1.33，玻璃中的光速跟水中的光速相比较，_____中的光速较大。当光从水中射入玻璃中时，入射角跟折射角相比较，_____较大。

10-3　光从介质 1 进入介质 2，测得反射角是 30°，折射角是 45°，两者相比较哪种介质是光疏介质？

10-4　光从空气射入某介质，入角为 60°，此时反射光线恰好与折射光线垂直，求介质的折射率，并画出光路图。

10-5　已知光由某种酒精射向空气时的临界角为 48°，求此种酒精的折射率。

10-6　已知金刚石的折射率为 2.42，水的折射率为 1.33，问光线怎样才能发生全反射？发生全反射的临界角为多大？

10-7　光从空气射入水中，光线在水中的折射角最大可能是多少？

10-8　有一架照相机镜头的焦距是 7.5cm，照相底片与镜头的距离不得小于多少厘米？

10-9　凸透镜的焦距是 10cm，物体到透镜的距离是 12cm，光屏应当放在离透镜多远处才能得到清晰的像？像是放大还是缩小？

10-10　凸透镜焦距为 8cm，光线经透镜成实像，像距为 40cm，求物距和放大倍数。

10-11　在焦距 0.04m 的凸透镜前放一个物体，为了使像长是物长的 2 倍，求物距和像距。

10-12　计算波长是 160nm 的紫外线的光子能量。

10-13　三种不同的入射光 A、B、C 分别射在三种不同的金属 a，b，c 表面，均恰能使金属中逸出光电子，若三种入射光的波长 $\lambda_A > \lambda_B > \lambda_C$，则（　　　）。

A. 用入射光 A 照射金属 b 和 c，金属 b 和 c 均可发出光电效应现象

B. 用入射光 A 和 B 照射金属 c，金属 c 可发生光电效应现象

C. 用入射光 C 照射金属 a 与 b，金属 a、b 均可发生光电效应现象

D. 用入射光 B 和 C 照射金属 a，均可使金属 a 发生光电效应现象

10-14　用频率为 ν 的光照射金属表面所产生的光电子垂直进入磁感强度为 B 的匀强磁场中做匀速圆周运动时，其最大半径为 R，电子质量为 m，电荷量是 e，则金属表面光电子的逸出功为＿＿＿＿＿。

10-15　在水中波长为 400nm 的光子的能量为＿＿＿＿＿ J，已知水的折射率为 1.33，普朗克常量 $h = 6.63 \times 10^{-34}$ J·s。

10-16　钠的逸出功为 2.3eV，计算使钠产生光电效应的极限频率。

10-17　黄光的频率是 5.1×10^{14} Hz，功率为 10W 发射黄光的灯，每秒发出多少个光子？

10-18　金属钠产生光电效应的极限频率是 6.0×10^{14} Hz。根据能量转化和守恒定律，计算用波长 0.40μm 的单色光照射金属钠时，产生的光电子的最大初动能是多大？

 ## 内容选读

光学技术的应用

一、隐形眼镜

隐形眼镜又称为角膜接触镜，是一种嵌戴在眼内的微型眼镜片，能矫正近视、远视和散光。

隐形眼镜片的内表面的曲率半径应与人眼的角膜曲率半径相吻合，外表面的曲率半径由配戴者根据矫正的视力度数而定。镜片分为硬片和软片，硬性镜片价格低，寿命长；软性镜片亲水性和透气性好。

隐形眼镜片和角膜与两者之间的液体组合在一起，组成光学系统。眨眼时泪液可在眼睛与镜片之间起清洗和润滑作用。

嵌戴隐形眼镜要注意用眼卫生。长时间阅读、书写和操作计算机的人不宜嵌戴；经常接触强酸、强碱或有毒气体的人应禁止嵌戴；结膜和角膜发炎时应暂停嵌戴。

二、超薄眼镜

度数越大的近视眼镜片焦距越短，所以如果用一般的光学玻璃制造，就必须研磨出较大的曲率，这样的镜片边缘较厚重。超薄镜片比一般镜片玻璃的折射率大，因此镜片研磨出的曲率可以小些，镜片边缘也就不厚了。

三、现代公路上的道路反光标志

高速公路上车辆来往如梭，如果利用油漆画的分道线和道路交通标志，白天有阳光照射，可以看得清，但是在夜间就无法辨认。现代道路反光标志可以使司机在夜间能清楚地辨认出来。它由交通标志基板和反光膜组成，反光膜由透明保护膜、单层排列的玻璃微珠、反射层、胶合层组成，玻璃微珠用高度透明材料制成，直径为 $0.25\sim0.35mm$ ，其后焦点位于其后表面。远处射向反光膜的灯光可以认为是平行光，经玻璃微珠折射会聚于后焦点（即后表面上）；被后表面上高反射率的反射层膜反射，光基本沿原方向返回。若在透明保护膜和胶合层上用红、黄、绿、蓝等色描出图案，公路上汽车自身灯光照射道路反光标志，光被逆向反射和漫反射，汽车司机在几百米之外就可看到明亮的交通标志。

四、数码相机

计算机的图像技术可应用于摄影——数字摄影技术。最新的数字摄影技术已经用计算机芯片代替了传统胶片，用数码相机进行摄影。

数码相机内的计算机芯片是特殊的光敏材料，它将被摄景物的颜色和发光强弱转变成数字信号记录下来，使图像成为数据的集合。经过软件处理后，被摄景物的图像即可显示在计算机的荧屏上，也可打印在相纸上。

五、哈勃望远镜

哈勃太空望远镜长 13.1m，重 1.16×10^4kg ，装有超抛光镜面的直径为 2.4m 的主体镜和直径为 0.3m 的次级镜，并配备天体摄像机等高精尖仪器。它是目前世界上最复杂的望远镜，于 1990 年 4 月由美国"发现者"号航天飞机送入高空轨道。

哈勃太空望远镜的探测能力很强，它能观察到 1.6×10^4km 外飞动的一只萤火虫，能探测出相当于在地球上看清月球上 2 节干电池手电筒发出的闪光。观察距离可达到 150 亿光年，如果它探测到的光来自 150 亿光年之遥，就等于把宇宙历史从现在开始上溯 150 亿年。人们通过它反馈到地球的信息进行分析，可以确定宇宙的年龄，了解星系的形成和演化，揭示其他星球是否有生命等。

六、人造月亮

1993 年 2 月 4 日，人类第一个"人造月亮"实验装置太阳伞由"进步"号运载飞船在太空打开，对着地球背向太阳的一面反射太阳光。太阳伞是由厚度为 $5\mu m$ 的聚酯纤维涤纶薄膜制成的直径为 22m 的圆形光盘，巨大的太阳伞向正处于黑夜的欧洲反射一道宽约 10km 的太阳光，实验时间约 6min，其亮度相当于月亮光的 $2\sim3$ 倍。

科学家拟于 21 世纪在太空设置 100 多把太阳伞，组成永久性的太阳反射光环，按地球需求反射太阳光。有人设想，在太阳伞上附设光电微波发射器，将光能转为电能，发射到地球，从而保护环境和自然资源，造福于人类。

"人造月亮"可以使黑夜变成白昼，节约大量能源，但也存在影响生物圈的生物节律、改变遗传性状等副作用。

参 考 文 献

[1] 宋锋. 文科物理：生活中的物理学 [M]. 北京：科学出版社，2013.

[2] 大卫·哈里德，罗伯特瑞斯尼克，杰尔沃克. 物理学基础 [M]. 李永联，译. 北京：机械工业出版社，2005.

[3] 鲍正祥. 应用物理基础 [M]. 2 版. 南京：南京大学出版社，2012.

[4] 姚淑娜. 应用物理基础（少学时）[M]. 2 版. 北京：机械工业出版社，2019：34-35.

[5] 康颖. 大学物理 [M]. 3 版. 北京：科学出版社，2017.

[6] 钟锡华，周岳明. 大学物理通用教程：力学 [M]. 2 版. 北京：北京大学出版社，2011.

[7] 许娟，贾飞，宋志怀，等. 预科物理基础教程 [M]. 北京：北京大学出版社，2014.

[8] 李景文. 世界十大科学家：伽利略 [M]. 郑州：河南文艺出版社，2016.

[9] 中国专利技术开发公司. 牛顿传：破界创新者 [M]. 北京：中信出版社，2019.

[10] 西溪. 世界十大科学家：牛顿传 [M]. 郑州：河南文艺出版社，2016.

[11] 舒幼生. 力学（物理类）[M]. 北京：北京大学出版社，2005.

[12] 漆安慎，杜婵英. 普通物理学教程：力学 [M]. 北京：高等教育出版社，2000.

[13] 叶伟国，余国详. 大学物理 [M]. 北京：清华大学出版社，2012.

[14] Griffith W T, Brosing J W. 物理学与生活 [M]. 8 版. 秦克诚，译. 北京：电子工业出版社，2018.

[15] 林伟华，邹勇，周嘉萍. 大学物理实验 [M]. 北京：高等教育出版社，2017.

[16] 李学慧，刘军，部德才. 大学物理实验 [M]. 北京：高等教育出版社，2018.

[17] 戴启润. 大学物理 [M]. 郑州：郑州大学出版社，2008.

[18] 赵凯华，陈熙谋. 电磁学 [M]. 2 版. 北京：高等教育出版社，1984.

[19] 张洪欣，沈远茂，韩宁南. 电磁场与电磁波 [M]. 北京：清华大学出版社，2013.

[20] 程守洙，江之永. 普通物理学 [M]. 北京：高等教育出版社，2000.

[21] 倪光炯，王炎森. 物理与文化 [M]. 北京：高等教育出版社，2015.

[22] 母国光，战元龄. 光学 [M]. 2 版. 北京：高等教育出版社，2009.

[23] 保罗·休伊特. 概念物理 [M]. 11 版. 舒小林，译. 北京：机械工业出版社，2015.

[24] 都有为. 物理学大辞典 [M]. 北京：科学出版社，2018.

[25] 马科斯·玻恩，沃耳夫. 光学原理 [M]. 7 版. 北京：电子工业出版社，2009.